现代选矿技术丛书

提金技术

张锦瑞　贾清梅　张　浩　编著

北　京
冶　金　工　业　出　版　社
2013

内 容 提 要

本书简要介绍了黄金的基本知识，重点阐述了黄金提取常用方法的理论基础和生产实践技术，包括金矿石的重选、金矿石的浮选、混汞法提金、氰化法提金、离子交换树脂法提金、其他提金方法以及难浸矿石的预处理等；并介绍了金的冶炼、金的化验和金尾矿综合利用等内容。

本书可供黄金矿山企业的工程技术人员、设计人员及管理人员参考，也可供高等院校选矿、冶金专业本科生及研究生参考。

图书在版编目(CIP)数据

提金技术/张锦瑞，贾清梅，张浩编著. —北京：冶金工业出版社，2013.8

(现代选矿技术丛书)

ISBN 978-7-5024-6370-0

Ⅰ.①提… Ⅱ.①张… ②贾… ③张… Ⅲ.①金矿物—提取冶金 Ⅳ.①TF831.03

中国版本图书馆 CIP 数据核字(2013)第 199464 号

出 版 人　谭学余
地　　址　北京北河沿大街嵩祝院北巷 39 号，邮编 100009
电　　话　(010)64027926　电子信箱　yjcbs@cnmip.com.cn
责任编辑　杨秋奎　美术编辑　彭子赫　版式设计　孙跃红
责任校对　石　静　责任印制　张祺鑫
ISBN 978-7-5024-6370-0
冶金工业出版社出版发行；各地新华书店经销；北京百善印刷厂印刷
2013 年 8 月第 1 版，2013 年 8 月第 1 次印刷
787mm×1092mm　1/16；14.25 印张；341 千字；214 页
48.00 元

冶金工业出版社投稿电话：(010)64027932　投稿信箱：tougao@cnmip.com.cn
冶金工业出版社发行部　电话：(010)64044283　传真：(010)64027893
冶金书店　地址：北京东四西大街 46 号(100010)　电话：(010)65289081(兼传真)

前　言

我国黄金资源丰富，是世界上最早生产和使用黄金的国家之一，黄金生产已经跻身世界产金大国之列。目前全国有黄金矿山几百家，氰化厂家万余家。2008 年中国黄金产量首次超过南非，至 2011 年已连续 4 年保持全球第一。

随着世界黄金消费及价格的刺激作用，黄金的选矿与提取技术得到迅速的发展。同时，随着黄金矿山开采规模的不断扩大，尾矿逐年增加，产生严重的环境问题。因此，黄金尾矿作为二次资源的综合回收利用技术也得以迅速发展。

为了适应我国黄金生产发展的需要，作者根据当前国内外的有关科研与工程实践新技术，参考近年来的文献资料，编写了本书。书中介绍了黄金的基本知识，着重阐述了黄金提取常用方法的理论基础和生产实践知识，并介绍了黄金尾矿再选及综合利用基础知识。

本书由河北联合大学矿业学院张锦瑞（第 1、2、4、6 章）、贾清梅（第 3、5、7、8、13 章），河北联合大学迁安学院张浩（第 9～12 章）编写。参加编写的还有河北联合大学矿业学院的王伟之、李凤久、赵礼兵等。全书由张锦瑞定稿。

本书参考和引用了有关文献，谨向这些文献的作者致以真诚的谢意。

由于作者水平所限，书中不足之处，敬请各位专家和读者批评指正。

作　者

2013 年 6 月

目　录

1 绪　论

金是人类最早开采和使用的一种贵金属。金具有可贵的抗蚀性、良好的物理力学性能和很强的稳定性，所以其用途十分广泛。长期以来，金主要用作货币和制造首饰及装饰品。20 世纪 60 年代后期，由于镀金技术的飞速发展，金及其合金在喷气发动机、火箭、超音速飞机、核反应堆、电子器械和宇宙航行等方面得到广泛应用，已成为发展高新科学技术不可缺少的原材料。由于金在现代尖端科学技术领域中日益发挥重要作用，所以世界各国都非常重视金的生产，大力进行勘探、开采及选矿、冶炼方面的研究、开发和利用工作。

为了适应工业生产和科学发展的需要以及增加外汇储备，我国将大力发展黄金生产列为国策。国家不仅对黄金生产管理体制做了调整，并且大力开展金矿地质勘探、矿山建设和科研设计工作，目前在全国各地先后发现了一批新的金矿，不断扩大老企业的生产规模，积极研究、引进和消化新技术、新设备，使黄金生产工艺流程、机械装备和生产指标提高到了一个新的水平。

1.1　金的性质及用途

金位于化学元素周期表第六周期，第 I 副族，是贵金属之一，与铜、银一起通称铜族元素。金的原子数为 79，原子量为 196.9665（Au^{197}），原子半径为 0.14mm，熔点为 1064.43℃，沸点为 2808℃，莫氏硬度为 2.5 ~ 3，金的同位素已发现 23 个，但自然界只有 Au^{197} 的同位体。

金的电负性、电离势和氧化还原电位均很高，从而决定了金属于惰性元素，在自然界中主要呈自然元素状态存在。

1.1.1　金的物理性质

金具有面心立方体结晶晶格，晶格常数在 0℃ 时为 4.07×10^{-10}m，在 25℃ 时为 4.07855×10^{-10}m。20℃ 时相邻原子的最小距离为 2.884×10^{-10}m，原子直径为 2.873×10^{-10}m，离子半径（6 配位数的）为 13.7×10^{-10}m（Ⅰ）和 0.85×10^{-10}m（Ⅲ）。

纯金具有瑰丽的金黄色，是唯一的黄色金属元素。其颜色随所含杂质而变，含银和铂会使金的颜色变浅，而含铜量增加颜色变深，金粉碎后成粉末或碾成薄金箔等，颜色可呈青紫色、红色、紫色乃至深褐色到黑色。

在室温下用 X 射线测得金的密度是 19.299g/cm³，计算时采用 19.3g/cm³。自然金的密度随其成色及杂质种类之不同而异，通常是 15.10 ~ 18.30g/cm³。

金的硬度低，在纯金上用指甲可划出痕迹。纯金具有良好的延展性（延展率为 40% ~50%）。金的延展性在金属中排在第五位，但在压延下加工性能排在第一位，可将金碾压成1μm的金箔，拉成比头发还细的金丝。不过金中若含有少量铅、铋、镉、锑、碲、砷、锡等杂质时会变脆。如金箔中含铋达0.05%时，甚至可用手搓碎。

金的熔点为1064.43℃，沸点为2808℃。金的挥发性很小，在1100～1300℃之间挥发性微不足道。金的挥发速度与加热时周围的气氛有关，在空气中熔化金时金的挥发损失约为0.01%～0.025%。

金的电阻率0℃时是2.06μΩ·cm，其导电性能仅次于银和铜而居于第三位。金的导热性能也很高，金的热导率为0.317W/(m·K)。

1.1.2 金的化学性质

金的化学性质非常稳定，在自然界仅与碲生成天然化合物——碲化金，在低温或高温时均不被氧直接氧化，而以自然金的形态存在。

常见的金的化合价是一价和三价，其标准电极电位（还原电位）很高，分别为$\varepsilon^{\ominus}_{Au^{+}/Au}=1.73V$和$\varepsilon^{\ominus}_{Au^{3+}/Au}=1.498V$，所以金的化学性质相当稳定。无论是在低温或高温下，都不能被氧直接氧化，也不与氢、氮和碳化合。在一般条件下也不与干卤素起反应。

常温下，金不溶于单独的无机酸（如硝酸、盐酸或硫酸），也不被强碱所侵蚀。但溶于王水（一份硝酸和三份盐酸的混酸）、液氯及碱金属或碱土金属的氰化物溶液中。此外，金还溶于硫酸与硝酸的混合酸、碱金属硫化物、酸性硫脲液、硫代硫酸盐溶液，多硫化铵溶液，碱金属氯化物或溴化物存在下的铬酸、硒酸、碲酸与硫酸的混合物及任何能产生新生氯的混合溶液中。化学家N.C.巴格拉季恩于1843年证实在有氧或氧化剂的存在下，金溶于氰化物盐类的水溶液。U.H.普拉克辛和M.A.科楚贺娃指出在少量酸和氧化剂存在下，金溶于硫脲溶液中。能使金溶解的溶剂还有氯水、溴水、硫代硫酸盐溶液及铵盐存在下的混酸等。金在这些溶液中往往形成络合物而稳定存在。

金虽然在通常条件下化学性质稳定，但在一定条件下，金可生成许多无机化合物和有机化合物。如金的氧化物（Au_2O、Au_2O_3）、氢氧化物（AuOH、$Au(OH)_3$）、氯化物（AuCl、$AuCl_3$）、氯亚金酸（H_3AuCl_4）、氯金酸（$HAuCl_4$）、氟化物（AuF_3）、溴化物（AuBr、$AuBr_3$）及络合溴化物（$Me[AuBr_2]$、$Me[AuBr_4]$），碘化物（AuI）、氰化物（AuCN）、硫化物（Au_2S、AuS_2、Au_2S_3）以及碳化物、碲化物、硒化物等。浓氨水与氯化金或氯金酸溶液作用，可制取具有爆炸性的雷金酸。然而，金的化合物和络合物往往是不稳定的。有的加热时易分解，某些化合物在光照下就会分解。这些化合物极易被还原，凡比金更负电性的金属（如镁、铝、锌、铁等）、某些有机酸（如甲酸、草酸、联氨等）以及某些气体（如氢、一氧化碳、二氧化硫）等，都可以作为还原剂使金的化合物还原。

金能与许多金属如银、铜、汞等形成固溶体或互化物合金。合金组成及金属含量的不同会引起合金颜色、硬度、塑性等性质的变化。金与汞可以任何比例形成合金，金汞合金称为金汞齐，金汞齐因含量不同可呈固体或液体状态产出。

1.1.3 金的用途

由于金的化学性质稳定，质量和外形不易发生变化以及良好的机械加工性能和夺目的颜色光泽等一系列特殊性能，自古以来就是制造装潢品和首饰的理想材料。金又是理想的货币材料，因为金同时具有货币的“价值尺度、流通手段、储藏手段、支付手段和世界货币”这五种职能，所以到目前为止还没有一种商品可以代替它作为“国际货币”。一个国家黄金储备多少，常常是这个国家财力大小的一种标志。

黄金具有熔点高、耐强酸、导电性能好等特点，加之它的合金（如金镍合金、金钴合金、金钯合金、金铂合金等）具有良好的抗弧能力和抗拉抗磨能力，因此，黄金被广泛用于电气－电子工业及宇航工业上。金及其合金能焊接对焊缝的强度及抗氧化性要求很高的耐热合金件，如：喷气发动机、火箭、热核反应堆、超音速飞机等的零件。1969 年人类首先登上月球的阿波罗 11 号火箭的通信器材和电子计算机就使用了约 1t 的贵金属材料。各种镀金部件可在高温条件下或酸性介质中工作，广泛用于制造高速开关的电接触元件、高精度的电阻元件，还可包在绝缘材料如石英、压电石英、玻璃、塑料等表面，用作导电膜或导电层。

金具有很好的延展性，可制成纸的几十分之一厚度的金箔。金箔具有非常特殊的光学性能，对红外线有强烈的反射作用，如 0.3mm 的金箔膜对红外线的反射率达 98.44%。因此，可将黄金加工成不同厚度的金箔，使其具有不同的光泽和反射率，用于军事设施的红外线探测仪和反导弹装置中。贴在玻璃上的薄金箔能有效地反射紫外线和红外线，是特殊的滤光材料。

黄金色彩华丽，永不褪色，日常生活中常用于制造装饰品，其中主要用来制造工艺品，世界各国均有许多名贵的金质的或其合金的工艺装饰品，如我国出土文物中的“金缕玉衣”、现代的项链、耳环、戒指、头饰等。

金在医疗部门及一般工业上也得到普遍的应用。如镶牙，治疗风湿关节炎，皮肤溃疡以及用金的放射性同位素 198 进行肝脏病的检查和治疗癌症方面都有所进展。在一般工业中广泛用于制造仪表零件、笔尖、玻璃染色、光学仪器、刻度温度计及在人造纤维工业中用来制造金铂合金喷丝线头等。

1.2 金的矿床地质

1.2.1 国外金矿床的分类

矿床分类是阐明自然规律的一种方法，反映人类对矿床成因和成矿过程的认识程度。正确的矿床分类对了解成矿作用的实质，掌握矿床形成的规律和特征，促进成矿理论的发展，发现新的矿点，查明矿床的实际工业价值以及对其发展远景做出评价等方面都具有重要的意义。

金矿床的分类至今没有一个统一的标准，不同的学者从不同角度研究有不同的分类方法。如艾孟斯（1937 年）以岩浆分异演化、岩浆热液成矿的理论将金矿床分为五类；苏联马加克扬（1974 年）根据金矿建造和成矿温度将矿床分为七类；博罗达耶夫斯卡娅（1974 年）按成矿深度和成矿作用将金矿床分为内生和外生两大类，其中又将内生矿床分为近地表、中深和深成三个亚类。而巴歇（1982 年）的分类是建立在地质构造、围岩性质及矿物组合基础上，偏重于成因，且强调金的长期性特征，将金矿床分为三大类，八种类型和十二亚类。

1.2.2 国内金矿床的分类

1.2.2.1 按成矿作用分类

中国地质学会矿床专业委员会贵金属组拟定的中国金矿床成因分类是以成矿作用为分类的基本原则，按物质来源和成矿作用进行分类为一级分类，按围岩建造矿物组合再进行分类分别为二、三级分类。按这一分类方案将中国金矿床共划分为七大类、十六亚类。其中变质热液金矿床（金的产量第一，储量第二）和混合岩化热液金矿床（我国独特的金矿床类型，金的产量第二，储量第一）是我国目前最重要的金矿床类型，工业意义最大。其次是火山和次火山－热液金矿床。

1.2.2.2 按产出地质特征结合工业利用情况分类

地质部1984年颁布的《岩金矿地质勘探规范》将国内岩金矿床按产出地质特征并结合工业利用情况分为石英脉型金矿床、破碎带蚀变岩型金矿床、细脉浸染型金矿床、石英－方解石脉型金矿床四大类。

A 石英脉型金矿床

石英脉型金矿床为主要的脉金矿床类型，该矿床分布广、数量多，是我国当前黄金生产重要的资源基础。

石英脉型金矿床围岩主要是变质岩，中酸性岩浆岩。石英脉常成群成带分布，脉长由几米至几千米不等，厚度由几厘米至几十米，一般零点几米至几米，沿断裂呈透镜状，脉状断续分布。围岩蚀变因岩性不同而有区别，较常见的有硅化、绿泥石化、黄铁矿化、绢云母化等。脉石矿物除石英外，有少量长石、绿泥石、绢云母、方解石、重晶石等；金属矿物以黄铁矿为主，其次有黄铜矿、方铅矿、闪锌矿、磁黄铁矿、毒砂、黑钨矿、白钨矿、磁铁矿等。金常与一定期次的硫化物有关，矿床规模由小型至大型均有，往往由几个（或较多）矿床组成矿田而有较大远景，形成重要的金产地。

按石英脉的形态可分为三个亚类：

（1）石英单脉型金矿床：石英脉以规整的单脉产出，有分枝复合；金矿床常与石英脉吻合，或在脉内的一侧或两侧，也有在脉中间部位的，还有的与脉侧强蚀变岩一起组成矿体，如辽宁的五龙矿床。

（2）石英复脉型金矿床：由若干不规则的石英脉与蚀变的围岩组成脉带，石英脉分枝复合频繁，金矿体赋存于脉带中，矿体包括石英脉和围岩，形态复杂，如河北省金厂峪金矿床。

（3）石英网脉型金矿床：由许多石英细脉沿微裂隙充代围岩形成强烈硅化的硅质岩。在硅质岩中常有交代不完全的围岩残块，硅质岩的中部或深部往往过渡为石英单脉。产在硅质岩内的金矿体较贫，如云南省墨江金矿床。

B 破碎带蚀变岩型金矿床

破碎带蚀变岩型金矿床是我国近些年来发现并确定的重要工业类型，总储量仅次于石英脉型金矿床。围岩为中－酸性岩浆岩、变质岩、混合岩，矿体严格受断裂构造控制，既产于较大的断裂带，也见于小的断裂带中。围岩蚀变以硅化为主，以黄铁绢英岩化为特征。矿体主要赋存于黄铁绢英岩中，脉石矿物以石英、绢云母为主，金属矿物以黄铁矿为主，矿石多呈细脉浸染状，金多与硫化物连生。构造发育程度高的，矿床规模大，长几百米至千余米，厚度几米至几十米，形态较简单，矿床规模多为中型至特大型，如山东省焦家、三山岛等金矿床。

C 细脉浸染型金矿床

细脉浸染型金矿床也称斑岩型或次火山岩型金矿床。围岩以中－酸性浅成侵入岩、次火山岩、角砾岩为主。矿体多赋存于此类岩体的顶部、边部或超出边部进入围岩中，形成饼状、筒状、漏斗状等不规则形态。围岩蚀变有硅化、青磐岩化，因岩性不同可出现白云岩化、高岭土化、绢云母化等。常见低温石英及胶状黄铁矿。银:金>1，金属矿物以黄铁矿为主，有少量黄铜矿、方铅矿、闪锌矿、磁黄铁矿等。矿石主要呈细脉浸染状、角砾状。矿床规模由小型至特大型，如黑龙江省团结沟金矿床。

D 石英－方解石脉型金矿床

石英－方解石脉型金矿床产于中、新生代火山岩中或在碳酸盐岩层及少量碎屑岩中的矿床。矿脉由石英，方解石组成。与火山岩有关的近地表部位银含量常大大高于金。围岩蚀变有广泛的青磐岩化。近矿有硅化、冰长石化、碳酸盐化，但个别矿床蚀变很弱。脉石矿物为玉髓或低温石英、冰长石、蛋白石、方解石。脉内梳状、晶簇状构造发育、复脉多，有两脉交叉处常形成矿柱。矿化极不均匀，金属矿物组合随成因不同由简单到复杂。矿床规模多为中小型。如吉林省鹁鸽砬子金矿床、广西壮族自治区叫曼金矿床。

随着金矿床地质工作的深入开展，国外较著名的矿床类型如卡林型、霍姆斯塔克型、兰德型金矿床在我国也有一定的突破和进展。如贵州省板其金矿床则属于卡林型金矿。此外一些特殊的金矿床亦有发现，如四川康安县境内偏岩子金矿床则为一种罕见的氟镁石型金矿床。

1.2.2.3 从金提取工艺角度分类

若从金提取工艺角度出发，通常还可根据矿床产出地质特征不同分为岩金矿床、砂金矿床和伴生金矿床。我国砂金矿床分布较广，其中有86%的砂金矿分布在黑龙江、吉林、内蒙古、河北、湖南、陕西、江西、甘肃、青海、新疆、云南、四川、广东等省或自治区内，无论是储量和产量都具有重要位置。伴生金矿床可分为斑岩铜钼矿床、岩浆型铜钼矿床、黄铁矿型铜矿床等。尽管伴生金矿床中含金量一般较低，但因其储量和产量大，因此伴生金的综合回收也是我国目前产金的重要来源之一。

1.2.3 脉金的矿石类型

根据我国的实际情况，结合选矿工艺特性脉金矿石可分为贫硫化物金矿石、多硫化物金矿石、多金属含金矿石、含金氧化矿石、复杂含金矿石五类。

1.2.3.1 贫硫化物金矿石

贫硫化物金矿石中金是唯一的有用组分，硫化物含量少且多为黄铁矿，此外有些情况下，伴生铜、锌、铅、钨、钼等。这种矿石多为石英脉型或热液蚀变型，自然金粒度较大，可用简单的选矿方法获得较高的选别指标。根据矿石浸染粒度及金与硫化物或石英的共生关系，可以采用不同的选矿方法，若金粒较粗可采用重选或混汞法回收，细粒金多采用浮选后精矿氰化流程处理，对于粒度细而且含泥高的矿石采用全泥氰化可能更好。

1.2.3.2 多硫化物金矿石

多硫化物金矿石中硫化物主要是黄铁矿和磁黄铁矿，硫含量高，金与黄铁矿关系密切，一般用浮选富集硫化物和金。由于自然金粒度较小，且多被黄铁矿所包裹，所以精矿氰化提金较困难，尤其矿石中含少量砷、锑、碳等有害元素时，则应预先处理然后氰化，否则金的回收指标不会太高。

1.2.3.3 *多金属含金矿石*

多金属含金矿石中金主要是伴生金，矿石中往往含有铜、铜铅、铅锌银、钨锑等两种以上的有用金属矿物。这类矿石的特点是硫化物也有相当的数量（10%～20%），自然金除与黄铁矿关系密切外，还与铜、铅等矿物紧密共生，自然金颗粒相对来说较大，但粒度变化区间大，分布极不均匀，而且随开采深度而变化。一般是用浮选法将金富集在有色金属矿物精矿中，在冶炼过程中综合回收金。

1.2.3.4 *含金氧化矿石*

含金氧化矿石通常存在于较浅的表层氧化带中，金绝大部分赋存在主要脉石矿物和金属氧化矿物（例如褐铁矿）中。由于金粒表面常被氧化铁薄膜覆盖，而使其可选性较差。可视矿石氧化程度的不同、自然金粒度大小的不同采用“混汞或重选—氰化”、“浮选—氰化”而更多采用“全泥氰化”工艺处理。

1.2.3.5 *复杂含金矿石*

复杂含金矿石中除含金外，还含有相当数量的锑、砷、碲、泥质和炭质矿物，这些杂质给金的选别造成很大困难，其工艺流程复杂化，均属难选矿石之列。一般是先浮选获得金精矿，然后用不同的方法使精矿有害杂质氧化分解，再用氰化法从焙砂或浸渣中提取金和银。若浮选尾矿不能废弃时，可单独用氰化法回收其中的金银。

1.2.4 金的矿物

目前世界上已发现的金矿物和含金矿物有98种，常见的有47种，而金的工业矿物仅有10多种，其中主要是自然金，常含有银并与银构成固溶体系列，如银金矿、银铜金矿、铜金矿等。金与铂族元素呈类质同象混入，有钯金矿、铑金矿、铂银金矿、钯铜金矿、锇铱金矿等。

金与铋结合的铋金矿，与碲结合的碲金矿、亮碲金矿、白碲金银矿、针碲金银矿、碲铜金矿和叶碲金矿等均有发现。

目前只发现一种金和银的硫化矿物——硫金银矿和一种金和银的硒化物矿物——硒金银矿物，没有发现单一的金的硫化矿物和金的硒化矿物。

1.3 金的工艺矿物学

工艺矿物学是指导和服务于选冶工艺研究的矿物学研究，其任务是为确定选冶方法，预测选冶指标，检查选冶效果，以及配合选冶理论研究提供依据。主要的研究内容可以大致概括为以下几个方面：

（1）化学组成和矿物组成。

（2）有价和有害元素的赋存形态以及各相态的含量。

（3）矿物的晶体化学特性、物理、化学、表面物理的表面化学性质，以及如何利用和改变这些性质为选冶服务。

（4）矿物的结构构造，即矿物的形态、粒度、分布、相互关系、嵌布类型等以及它们被加工和利用过程中的特性及变化。

金矿石的工艺矿物学研究也不例外，但由于金在矿石中的含量低，金矿物类型较单一，加之金选冶工艺的特殊性，因此对金的粒度测定和统计，对金在不同矿物中的分布和存在状态的测定分析，对影响氰化和混汞的金粒表面性质的研究，对影响氰化和混汞的有害元素、有害矿物的研究和测定等，是金矿石工艺矿物学研究的重点。

1.3.1 金的赋存状态

金的赋存状态是指金在矿石中的存在形式，主要是确定金究竟是以何种矿物存在，或以分散状态存在于何种矿物中，并作定量和尽可能查清分散相的性状。金的赋存状态是由原子结构和晶体化学性质及伴生元素的种类、数量和性质决定的。金在矿石中可呈以下三种赋存状态：

（1）夹杂金。矿石中不同尺寸的金矿物颗粒或粒子，与其相邻矿物中元素无化学键关系，只是一种伴生关系，即“独立矿物”是矿石中金赋存的主要状态。

（2）类质同象金。类质同象金是指矿石中金部分替换数上与其相差悬殊的元素而进入矿物的晶格或空位之中。如金与银的原子半径相近，分别为144.2pm和144.5pm，所以它们可互相替换进入对方矿物晶格，构成类质同象金，即固溶体状态。类质同象金是矿石中金赋存的主要状态。

（3）吸附金。吸附金以离子或离子团的形式被符号相反的离子团所吸附。如贵州黔西南金矿，分布面积大，含金品位较高，属大型金矿床。但未发现可见的自然金和其他金的独立矿物。而且该矿床金在硫化物中的分布率仅占原矿的5.38%，实际上占总量93.71%的金赋存在以水云母为主的黏土矿物中，研究认为粒度约为0.1μm的胶体金被云母为主的黏土矿物所吸附，是一种新类型金矿。

查清矿石中金矿物种类是重要的。虽然已经知道在自然界中金多呈自然金和金银系列的矿物存在，但有的金矿床也存在一些金与半金属元素如碲、铋等形式的天然化合物，它们不能用混汞和氰化提取，应采用其他相应的工艺，否则会造成金属流失，同时也不能正确地评价选冶工艺的合理性。即使是金-银系列的矿物，也应根据其金、银含量定出亚种类为宜，因为银含量高的矿物表面容易形成一层薄膜，影响混汞和氰化效果。使用电子探针或化学物相分析均能查清金矿物种类。

1.3.2 金在矿石中的配分

金在矿石中的配分是指在一定的磨矿细度下，矿粉中金矿物，主要载体矿物所负载的金的质量分数。通常将样品破碎到小于0.5mm占100%后进行矿物量测定和提取单矿物，然后根据矿物量和单矿物含量含金品位计算主要矿物的含金近似值，进而计算出金在载体矿物中的比例。

金的这一特性也关系到选冶工艺条件的选择和工艺指标的好坏。如当矿石中金的主要载体矿物是黄铁矿而不是石英脉石时，浮选时添加适量的硫酸铜可提高浮选回收率。

1.3.3 金粒嵌连关系

金粒是指不同尺寸的各种金矿物颗粒的总称。金粒的嵌连关系是指金粒的空间位置，可用金粒和其他矿物的相互关系来表征，金粒嵌连关系分为裂隙金粒、粒间金粒、包裹金粒三类。裂隙金粒中金矿物颗粒界线被裂隙壁所限制，即金粒位于一种矿物的裂隙（纹）中。粒间金粒是指金粒界线与两种或两种以上其他矿物颗粒界线相邻或相切，也就是金粒处于两种或更多种矿物颗粒之间。包裹金粒界线被其他矿物颗粒界线所限制，但不相切，即金颗粒被一种矿物颗粒完全封闭。

处于矿石力学上薄弱部位的金，如裂隙金、孔洞中或是弱化了的矿物颗粒界面中的金粒，在破磨过程中将会优先解离，溶液可通过这些结构的部位扩散后与金粒接触作用。而包裹金尤其呈微-亚微粒包裹的金粒由于被封闭而难以与溶液接触，所以氰化提金或混汞提金效果都不会令人满意。

1.3.4 金粒粒度

金粒的粒度测定和金粒嵌连性质测定一样是选择金矿处理工艺的重要依据。金粒的粒度系指金粒所占空间的大小，用其能通过的筛孔的最小尺寸表示，或用金粒短径方向上能通过筛孔的最大截距表示。当用镜下测定时多用粒子直径或宽×长尺寸来表示单个金粒大小。

金粒粒级范围的划分方法很多，国内学者结合选矿工艺特征将金粒分类。一般认为0.3mm是浮选和混汞的上限，0.01mm是机械选矿的下限，而0.074mm是氰化提金粒度上限，也是通常磨矿细度的标准界限。0.5μm则是光学显微镜所能检测的限度。依此可将金粒划分为：巨粒金（大于2.0mm）、粗粒金（0.3~2.0mm）、中粒金（0.074~0.3mm）、细粒金（0.01~0.074mm）和微粒金（0.0005~0.01mm），粒度小于0.5μm的金粒为次（亚）显微金，只有借助电子显微镜方可判定的金粒。

巨粒金和粗粒金只能用重选法富集，中、细粒金可用混汞法提取，细粒金应用浮选法或氰化回收最有效，而微粒金及次显微金由于难以甚至不可能单体解离或暴露，只能在载体矿物精矿的冶炼过程中提取。

1.3.5 金的化学成分

自然界中金粒的成分主要是金和银。按颗粒中金银比例不同将自然金与金银系列矿物分类见表1-1。

表1-1 金粒的化学成分 (%)

金矿物	自然金	含银自然金	银金矿	金银矿	含金自然银	自然银
Au	>90	80~90	50~80	20~50	10~20	<10
Ag	<10	20~10	50~20	80~50	90~80	>90

电子探针是目前确定单个金粒成分最有效的方法。如要确定金矿物的平均成分，最好采用重砂提取—化学分析方法或化学溶矿—残渣分析方法。只有知道金矿物的平均成分才会对了解选冶过程及产品质量起一定作用。

通常谈及金的品质时多用“成色”一词，这是个商业术语，主要用于描述冶炼产品、金制品中金的含量和杂质含量的。常用含金的千分数或开制数表示，两者的关系见表1-2。

表 1-2　含金千分数与开制数的关系

含金百分数/%	含金千分数/‰	开制数/K
100	1000	24
91.7	917	22
75.0	750	18
58.5	585	14
41.6	416	10

1.3.6　金粒形状

金粒形状是指金粒占有的三维空间之间的关系。

按三维尺寸之间的关系，即长（l）、宽（w）、厚（t）之间的关系，以 t/w 和 w/l 比值表征分类见表 1-3。可用实体显微镜测定。

表 1-3　金粒形状之一

金粒形状	叶片状	棒状	球粒状	圆板状
t/w	很小	≈1	≈1	很小
w/l	很小	很小	≈1	≈1

按二维尺寸间的关系，结合金粒界线特点分类见表 1-4，适于矿相显微镜下测定。

表 1-4　金粒形状之二

l/w	1~1.5	1.5~3	3~5	>5
连角圆滑	浑圆状态	麦粒状	叶片状	针线状
边界平整棱角鲜明	角粒状	长角粒状	板片状	针线状
边界不平整有尖角和枝杈	尖角粒状	枝杈状	枝杈状	枝杈状

1.3.7　金粒表面薄膜

金粒表面覆盖膜是指表面有一层薄膜或失去光泽的金粒。按表面薄膜覆盖的程度可划分为无膜、不完全表膜、完全表膜。

（1）无膜：表面清洁，光滑。

（2）不完全表膜：表面没有完全覆盖或虽被完全覆盖，但表膜具有多孔性质。

（3）完全表膜：金粒被完全覆盖或完全失去光泽。据其结构疏松程度，又可分为两个亚类。一个亚类是疏松的覆膜，4h 机械搅拌能使部分或全部脱除；另一个亚类是微密的覆膜，只能用化学方法除去。

薄膜的覆盖隔离了药剂与金粒的作用对混汞、浮选及氰化提金等都有不利的影响。金粒表面覆膜可通过各种仪器分析和测定其结构和成分。

1.4 世界黄金生产量和储备量

1.4.1 世界黄金生产量

世界黄金的生产总量，据经济学家的估算：自人类发现黄金以来至20世纪80年代约生产了9万~12.4万吨。其中，自公元前4500年至公元1492年的6000年中，亚、非、欧三大洲生产了约1.25万吨（表1-5）。美洲大陆发现后1492~1800年全世界生产了约0.7万吨，1801~1900年生产了约1.1万吨，1901~1980年的80年中生产了约8万余吨。后者约占70%以上。

表1-5 中世纪以前世界黄金产量 (t)

时 代	纪 年	非洲	欧洲	亚洲	小计
石器青铜器时代	公元前4500~2100	730	50	140	920
青铜器时代	公元前2100~1200	1720	400	525	2645
铁器时代	公元前1200~50	1415	1810	895	4120
古罗马时代	公元前50~公元500	320	1710	542	2572
中世纪	公元500~1492	838	571	903	2312
合 计		5023	4541	3005	12569

注：中世纪前南美黄金产量无资料统计，而北美洲和大洋洲黄金生产都在此之后。

21世纪以来黄金产量得以飞速增长，主要在于：

（1）1886年南非威特沃斯兰德（Witwatersrand）巨大含金砾岩金矿田的发现。现今世界上规模最大的10个大金矿都集中在这里，至1986年南非区生产黄金4.27万吨。

（2）1886年氰化提金技术的发明。此工艺于1889年首先成功应用于新西兰后，1890年英国格拉斯人J.S. 麦克阿瑟（Macarthur）将氰化法引进南非。当时南非用混汞—重选法处理含金硫化矿，金的回收率提高至近90%。它使南非黄金产量大增。

（3）现今南非的许多老矿山都已进入深井开拓期，现代技术的发展使它们能获得矿井深度达4000m的采矿新技术。

（4）19世纪美国、加拿大、澳大利亚富砂矿床的发现和开采，在全世界掀起了几次黄金热，并推动了这些国家的经济大发展。20世纪以来，世界各国为了发展经济都注重黄金生产。特别是第二次世界大战以后，人类进入了一个较为稳定的发展时期。经济的发展又促进了黄金勘探和开采的投入。

近代世界黄金的年产量，在20世纪50年代突破1000t，60年代中期达1400t。由于南非和苏联的产量猛增，1970年达1560t。70年代以来，世界政局动荡，西方国家物价暴涨和工业不景气，黄金产量急剧下降。随着产量的下降，黄金价格不断上涨，又使各黄金生产国加大勘探和开采的资金投入，使80年代黄金生产量明显上升。除南非和苏联产金量下降外，其他国家都有明显增长。至1990年总产量达到1900t。黄金产量近几年的快速增长，主要是这几年的金价平均稳定增长，这就能使采金者获得较大的利润，进而又促进了投资的增长，使得现今每年新探明的黄金储量都远远超过当年的开采量，新的矿山不断投产。

我国的黄金工业发展速度非常快，平均年递增率在10%左右，1978年我国黄金产量仅为19.67t，1995年我国黄金产量突破100t，2003年达到200t，据中国黄金协会最新统计数据显示，2010年我国黄金产量达到340.876t，黄金产量排名前5位的省份依次为山东、河南、江西、云南、福建，产量占全国总产量的59.82%。2008年中国黄金产量首次超过南非，至2011年已连续4年保持全球第一产金大国的地位。此前，自1905年以来南非一直保持着世界产金第一的位置。南非黄金产量的持续下滑改变了世界黄金生产大国的排名格局。2008年以前，南非一直保持着世界第一黄金生产大国的地位。从2008年开始，南非排名开始下降。不过，南非黄金产量下降的原因要排除其储量问题。2007年南非黄金储量6000t，占世界总量的14.3%，储量基础为36000t，约占世界储量基础的40%，居世界第一位。南非黄金矿绝大部分分布在东北地区和维特奥特斯兰德盆地。金矿床位于盆地的砾岩中，属于古砾岩型金矿，是世界各类金矿中储量、产量最大的矿床类型。因此，从中长期看，南非仍具有绝对的先天资源优势。

目前世界上约有70个国家生产黄金，其中有些国家年生产只有几十至几百千克，大多数在10t以下。由于各家统计资料来源不同，出入较大。综合各家报道，将2005~2010年世界主要产金国家矿产金年产量列于表1-6。

表1-6 世界主要黄金生产国矿产金产量 (t)

国 名	2005年	2006年	2007年	2008年	2009年	2010年
中 国	224.1	247.2	270.5	282.0	313.9	340.9
南 非	296.3	272.1	272.0	220.1	219.8	203.3
澳大利亚	262.9	247.0	248.0	219.0	223.5	260.9
美 国	261.7	242.0	239.5	230.0	221.4	233.9
秘 鲁	207.8	203.3	169.5	179.0	182.4	162.0
俄罗斯	175.5	159.3	169.2	165.0	205.2	203.4
印度尼西亚	166.6	58.8	146.7	95.0	160.4	136.6
加拿大	118.5	104.2	101.2	95.0	96.0	92.2

注：以上数据来源于世界黄金协会、中国黄金年鉴、英国地质调查（2008年7月）及其他可得到的来源。

1.4.2 世界黄金的储备量

据经济学家的估算，世界黄金的存量正以年率1.6%的速度增长，世界黄金的现存量约为7.7万吨。这些黄金除私人储备、首饰、装饰品和一些国家的小金库储备量外，大宗黄金多集中存放在世界上为数不多的几个大金库中。通过买卖，成交的黄金大多数只在库内过户，从一个储藏间推至另一个储藏间，并不运走。如美国四大金库之一的纽约自由街33号联邦储备银行金库，就在该银行地下24m深处。它的储藏量约相当各发达国家官方黄金储备总量的三分之一，1981年达1.3万吨，到2010年下降为8133.5t。

世界各国的黄金储备很不平衡。美国是20世纪黄金储备最多的国家，1913年为1940t。经二次世界大战以后，至1950年上升至20280t的最高峰，约占发达国家黄金总储量的70%。1960年和1967年两次美元危机，黄金大量流失，至1985年已降至8220t，约占发达国家官方储备的28%。综合有关资料，80年代中后期世界各国官方的黄金储备约33100t。世界三大国际金融组织约6100t（其中国际货币基金组织3210t，欧洲货币基金组织2660t，国际结算银行230t）。世界黄金的总储量自1990年起逐步下降，2000年起各国黄金总储量也开始下降。但两者下降幅度非常缓慢，平均每年减少量仅为2%左右。时至今日，各国依然持有黄金近2.7万吨，全世界共有实物黄金储备3万多吨。世界各国黄金储备排名表更新于2010年12月（表1－7），我国当前的黄金的储备量已达到1000多吨，成为世界第六大储金国。但千吨的黄金相对于我国的经济地位和高额的外储备依然略显单薄。

表1－7　世界黄金储备　（t）

美国	德国	国际货币基金组织	意大利	法国	中国	瑞士
8133.5	3401.8	2966.8	2451.8	2435.4	1054.1	1040.1
俄罗斯	日本	荷兰	印度	欧洲央行	中国台湾	葡萄牙
775.2	765.2	612.5	557.7	501.4	423.6	382.5

注：数据来源于国际货币基金组织（IMF）的国际金融统计数据库（IFS）2010年12月版。

1.5 金矿石选冶方法

1.5.1 从矿石中富集金的方法

主要依据矿石的矿床类型、矿物形态、结构和共生组合等特征来选择从矿石中富集金、银的方法。不同矿床通常使用的富集方法如下：

（1）砂金矿床。良好砂矿床的自然金多与脉石分离，金粒解离呈单体存在于砂砾中。但坡积或洪积矿床中的金粒只有少量已从脉石中解离出来，因此需要首先进行破碎。这些矿石通常经预处理后，用重选法产出精矿，再经混汞法或氰化法（或先混汞捕集粗粒金再氰化）处理。

（2）嵌布于石英脉中的单体自然金，通常将矿石破碎后直接用混汞法或氰化法处理。

（3）嵌布于硫化铁（黄铁矿、磁黄铁矿或毒砂）中的自然金，或与锑、砷、铜、镍矿物共生或呈碲化金存在的金，通常先经过浮选或焙烧，然后用氰化法处理所得的精矿或焙砂。如矿石为次生硫化铜、硫化碲及金赋存于碳质页岩中，使用氰化法处理有困难时，则经浮选后用其他方法处理精矿再用氰化法处理尾矿。

（4）与铁、铜、镍硫化矿物伴生的少量金，多嵌布于这些硫化矿物的晶格内。此类矿石以生产铜、镍等为主。矿石经浮选获得的精矿送冶炼厂处理，在产出铜、镍等的同时综合回收金、银。这些矿石中的金、银提高了矿床的总价值。

（5）从矿物学上说，金在自然界中常常以各自的矿物共生在一起，或呈天然合金并成一体。如自然金的组分，除金外还常含有0～30%的银。金矿石中的银则可采用回收金相似的方法富集，以合金形式回收，然后再分离提纯；有时则先经过分离，再分别提纯。铂族金属也常常与金共生或伴生在一起，处理时可以综合回收。

从各种金矿石中富集金的原则流程见表1－8。

表1－8 从各种金矿石中富集金的原则流程

矿 石	主要组分	原 则 流 程
自然金（砂矿）	Au，AgAu	重选—混汞
自然金（脉金）	Au，AgAu	（1）重选—混汞； （2）重选—混汞—氰化； （3）浮选—氰化； （4）直接全泥氰化
铜金矿	Au，Cu_2S	（1）浮选，铜精矿送冶炼厂，尾矿氰化； （2）混合浮选，精矿混汞后送冶炼厂，尾矿氰化
碲金矿	Au，Au_2Te	（1）混合浮选，精矿加氯氧化或氰化，尾矿氰化； （2）金浮选，氰化或焙烧后再氰化
含金黄铁矿	Au，FeS_2	（1）浮选，精矿送冶炼厂，尾矿氰化； （2）浮选，精矿氧化焙烧后再磨矿后氰化
含金磁铁矿	Au，Fe_3O_4	矿浆加石灰充气后氰化
砷金矿	Au，FeAsS	（1）浮选，精矿焙烧后氰化，尾矿单独氰化； （2）浮选，精矿焙烧再磨矿后与尾矿一起氰化
含金碳质矿石	Au，C	（1）化学法氧化后氰化； （2）加煤油抑制石墨后氰化； （3）浮选，焙烧后氰化

1.5.2 金精矿的焙烧

金矿石经选矿后产出的某些精矿，在冶炼前通常都必须经过焙烧以分解除去硫、砷、碲等杂质，并使其中的金还原。精矿经焙烧处理能简化冶炼过程，降低生产成本，提高金回收率。

1.5.2.1 硫金精矿的氧化焙烧

硫金精矿的主要组分为硫化铁（黄铁矿、磁黄铁矿和少量毒砂（FeAsS）），通过焙烧可使精矿转化为多孔的氧化铁焙砂，并使原来呈次显微结构的金粒在氰化液中更易溶解。

根据卡尔古利金矿的实践，当黄铁矿在具有过剩空气的炉中焙烧时，发生下述反应生成淡棕色焙砂：

$$4FeS_2 + 11O_2 \longrightarrow 2Fe_2O_3 + 8SO_2 \quad (1-1)$$

当焙烧是在控制温度下缓慢地进行（初期550℃，终止时近700℃）时，则可获得易为氰化物溶解的红棕色多孔焙砂。如在限制空气加入量的条件下焙烧，则会产出黑色的磁铁矿焙砂：

$$3FeS_2 + 8O_2 \longrightarrow Fe_3O_4 + 6SO_2 \quad (1-2)$$

毒砂在焙烧时，则因下述反应生成淡棕色焙砂：

$$2FeAsS + 5O_2 \longrightarrow Fe_2O_3 + As_2O_3 + 2SO_2 \quad (1-3)$$

焙烧过程中所产出的三氧化二砷必须从炉气中经冷却回收。

从焙烧炉烟气冷却液中除去砷的方法是将溶液 pH 值调整至 9，此时砷和其他重金属即沉淀。加入亚铁或三价铁盐使砷沉淀同样有效。前苏联采用通氯和加硫酸亚铁相结合（与净化含氰废液相似）的方法除去含砷溶液的砷也有效。

当供焙烧的精矿中含有多于 0.5% 的锑时，会使焙烧过程中熔砂熔结，给氰化作业带来不利影响。铅的存在给焙烧所造成的困难是众所周知的。且当原料含铅大于 0.2% 时，大量残留在焙砂中的铅便被带进氰化过程。铜的存在虽对焙烧作业影响不大，但进入氰化过程后需消耗大量的氰化物。焙烧时加入少量的氯化钠，能提高金的氰化提取率，但可能会增加金在焙烧时的挥发损失。

焙烧通常是在单膛爱德华（Edward）炉或沸腾层焙烧炉中进行，而坎贝尔红海（Campbell Red Lake）矿业公司则采用双膛乡尔（Dorr）沸腾炉。第一膛供入有限的空气，在 570℃焙烧产出黑色焙砂，再入第二炉供入过量空气在 770℃焙烧获得红色焙砂。

1.5.2.2 碲金精矿的氧化焙烧

碲金精矿中的碲化金，在碱性氰化液中经长时间氰化虽可分解，但经过预先焙烧使金还原呈金属状态，更易分解。

$$Au_2Te + O_2 \longrightarrow 2Au + TeO_2 \quad (1-4)$$

此外，当碲化物与黄铁矿等硫化物共生时，通过焙烧还可同时将它们除去。

1.5.2.3 砷金精矿的氧化焙烧

与毒砂共生的金矿床，经浮选产出的精矿含有大量砷，通常先经焙烧脱砷后，再用氰化法处理。

砷金精矿的焙烧通常在沸腾焙烧炉内进行。挥发的砷经布袋收尘以白砒（As_2O_3）形式回收，硫以二氧化硫形式回收。其总反应式为：

$$2FeAsS + 5O_2 \longrightarrow As_2O_3 + Fe_2O_3 + 2SO_2 \quad (1-5)$$

沸腾焙烧过程中生成的 As_2O_3 具有很强的挥发性，当温度高于 120℃时即开始升华进入炉气中。但由于炉内氧化剂（空气及易被还原的 SO_3 和 Fe_2O_3 等）的作用，会使尚未挥发的 As_2O_3 氧化生成挥发性小的 As_2O_5。随着炉温的增加，三价砷更易氧化成五价砷。当炉料中存在碱金属氧化物时，生成的五价砷便与碱金属氧化物化合成砷酸盐：

$$As_2O_5 + 3CaO = Ca_3(AsO_4)_2 \quad (1-6)$$

因此，炉料中含有碱金属氧化物会使焙砂中的砷含量增高。为了提高砷的脱除率，可往炉料中加入少量还原剂（如炭粉等）促使五价砷还原成三价后挥发，以降低焙砂中的砷含量。

由此可见，高价砷的生成和还原程度，与焙烧温度、炉内气氛和炉气排出速度及炉料中碱金属含量等因素有关。为了控制前三个因素，砷金矿的焙烧多分两段进行。即先在 550～650℃且空气供应不足的弱氧化气氛中脱砷，后在略高的温度和空气过剩的强氧化气氛中脱硫，以提高砷的挥发率，降低焙砂中的含砷量，不同焙烧温度砷硫的脱除率见表 1－9。

表1-9 不同焙烧温度砷硫的脱除率

焙烧温度/℃	As脱除率/%	S脱除率/%
450	4.4	0
530	98.3	94.4
1100	99.4	99.5

砷金矿沸腾焙烧脱砷存在的另一个主要问题是金的损失。金的沸点高（2860℃），金矿石在不高于1300℃的通常条件下熔炼，金的“挥发”损失是微不足道的。但在砷金矿焙烧时，尽管温度较低，金的损失却很大。这主要是由于砷的存在，在高于700℃温度下焙烧时，砷与金生成了低沸点的砷金合金而挥发。当焙烧温度低于650℃时，含砷矿物则会首先分解挥发出砷，而不会生成易挥发的砷金合金，从而可减少金的挥发损失。根据早期实践，将砷金矿直接加进温度802℃的焙烧炉中焙烧时，由于温度过高，焙砂中金的损失可达33.7%，这样的损失率是相当惊人的。随着焙烧工艺的改进，金的这种损失逐渐降低。据1961年加拿大黄刀金矿的沸腾焙烧实践，金在烟尘中的损失为5.5%。1969年苏联外贝加尔达拉松矿床的沸腾焙烧实践表明，焙砂中金的回收率为96.1%～97%，产出的商品白砒中含金1～2g/t。

综合上述情况可以认为：砷金矿的沸腾焙烧脱砷，最好在弱氧化气氛中和较低的温度（650℃）下进行，更不应将炉料直接加入高温炉中焙烧，且炉料中应配入少量还原剂。如果需预先制团、制粒后焙烧，则应尽量不使用含氧化钙等碱金属物作黏结剂。

我国某金矿，为了获得含砷小于3%的金精矿，1975年曾将砷金矿制成矿块，于隧道窑中进行焙烧脱砷、硫试验。试验用含砷19.61%、硫21.01%、粒度小于2mm的砷金精矿，配入5%的黄泥压制成290mm×217mm×120mm的蜂窝状矿块，经自然风干后，置于用炉渣和高温水泥捣制的载矿船上，加入隧道窑中逐渐升温至900℃焙烧2h。获得的平均指标为：块矿率62.28%，砷的挥发率97.18%，矿块含砷小于1%；硫的挥发率61.31%，矿块含硫10%左右。产出的白砒中，含As_2O_3 85.42%～96.73%，金小于1g/t。

2 金矿石的重选

2.1 概述

重选法是利用矿粒的密度和粒度的差异，借助于介质流体动力和外界产生的各种机械力的联合作用，造成适宜的松散分层和分离条件，从而获得不同密度或不同粒度产品的工艺过程。矿石采用重选分离的难易程度，可用下式评定：

$$E=(\delta_2-\rho)/(\delta_1-\rho)$$

式中 δ_1，δ_2——分别为矿石中有用矿物、脉石矿物的密度；

ρ——重选介质的密度。

根据 E 值，矿石分选的难易程度可分为极易重选（$E>2.5$）、容易重选（$E=2.5\sim1.75$）、中等可选（$E=1.75\sim1.5$）、比较难选（$E=1.5\sim1.25$）和极难重选（$E<1.25$）几个等级。由于金矿石中金矿物的密度较脉石矿物大得多，E 值较大，故金矿石宜采用重选法处理。在国内外的选金厂中，采用重选是极为普遍的。

重选不仅是砂金矿石的传统提金方法，而且是最基本的选矿方法，又是目前含有游离金、品位极低的含金矿石及尾矿等进行粗选的唯一方法，也是回收难溶金最优先采用的方法。圆形跳汰机已广泛地应用于100L以上的采金船上，小溜槽和摇床仍是广泛采用的精选设备。

大多数含金矿石中都含有一定数量的粗粒游离金（+0.1mm），用浮选法、湿法冶金处理都难以回收，因此重选多用于选别砂金。重选常用于脉金在浮选和浸出前后回收单体解离的粗粒金，并常与混汞法配合使用。一般重选法能够回收的金的粒度下限为0.01mm。

在氰化选厂中，原生矿床的含金矿石中含有足够多的粗粒金，而这些粗粒金能在矿石准备回路中从连生体中解离出来，可用重选进行预选回收。这使得在重选—氰化联合流程中，重选不仅能预选出金矿石中的氰化粒度的金颗粒，而且能够选出氧化矿金或金的矿物包裹体，而有助于简化氰化流程。

在从金矿石中选金的现代化生产实践中，广泛应用的重选设备有跳汰机、溜槽、摇床、螺旋选矿机、圆锥选矿机、短锥水力旋流器、圆筒选矿机和新型离心选矿机等，部分选金常用的重选设备见表2-1。

表 2-1 部分选金常用重选设备

机型	尺寸	平均处理量	速度	给矿浓度(体积分数)/%	用途
隔膜或柱塞式矿物跳汰机	最大 1.2m×1.1m	4.0t/(h·m²)(0.2mm 锡石)	300r/min	10(包括洗水)	粒度较粗的精矿的粗选、精选和扫选
圆形跳汰机	ϕ7.5m(41.7m²)	10t/(h·m²)(0.2mm 锡石)			大量用在采金船上
摇床	2.0m×4.6m	0.05~0.25 t/(h·m²)(重矿物)	265r/min(20mm 冲程)	15	用于金矿的精选
矿泥摇床	2.0m×4.6m	0.01~0.06 t/(h·m²)	300r/min(10mm 冲程)	15	用于一般摇床不能处理的细粒,适于精选摇动翻床的精矿
摇动翻床	1.2m×1.5m	2.5t/h	200~300r/min	1~4	处理非常细的金矿物的粗选
横流皮带溜槽	2.75m×2.4m	0.5t/h		10	与矿泥摇床的用途类似
螺旋选矿机	ϕ0.6m 高 2.9m	每头 1.5t/h	无	6~20(加 30~60L/min 洗水)	用于砂金矿的选别,精选圆锥选矿机的精矿,适于在磨矿循环中进行粗选
尖缩溜槽	0.9m×0.25m ~1.8m×0.4m	2~4t/h	无	30~45	选别砂金矿等含金矿物;用于处理量达不到采用圆锥选矿机的要求或者要求回路灵活的地方
多层圆盘重选机	ϕ2.9m(三层)	25m³/h	0.12~0.24 r/min	25~35(固体量)	用于砂金、脉金和含金硫化矿的选别,含金尾矿的选别
圆锥选矿机	ϕ2.0m	65~90t/h	无	35~40	选别砂金矿等
短锥水力旋流器	ϕ0.1m	0.8t/h	给矿压力(0.05~1.5MPa)	5~25(最佳 10~15)	含金尾矿或低品位金矿的粗选
KEN-DSEN 选金盆		6~8t/h	100r/min		含金物料及尾矿的富集及选别
Kelsey 离心跳汰机	ϕ1.0m	50t/h	200~800r/min		含金物料及尾矿的富集及选别
Kenlson 离心机(流态化)	ϕ1.2m	100t/h	≥400r/min		用于砂金矿选别,脉金和含金硫化物、氧化矿、氰化、碳浆法前,以及磨矿和分级中回收单体金

2.2 重力选金方法及选别设备

2.2.1 跳汰机选金

跳汰选别原理可简述为被分离的矿物颗粒在振动(脉冲)的垂直交流介质中,依其相对密度的不同沿垂直面分层而得到分离，最常用的介质为水，而介质的脉冲由专门的传动机构产生。分选过程大致为将待分选的矿石给到跳汰室筛板上构成床层。水流上升时床层就被推动松散，密度大的颗粒滞后于密度小的颗粒，相对留在了下面；接着水流下降，床层趋于紧密，重矿物颗粒又首先进入底层，如此经过反复的松散—紧密，最后达到矿物按密度分层。将上层和下层矿物按一定方式分别排出后，即得到精矿和尾矿。

跳汰机有多种结构形式，按推动水流运动机构的不同可分为以下五类：活塞跳汰机、隔膜跳汰机、无活塞跳汰机、水力鼓动跳汰机、动筛跳汰机。活塞跳汰机是最早出现的交变水流跳汰机，早在1830～1840年间首先在德国哈兹（Harz）矿区使用，故又称哈兹跳汰机。其特点是采用偏心连杆机构带动活塞运动。但存在活塞四周漏水问题，后来改用橡胶隔膜代替。隔膜跳汰机自19世纪30年代开始被推广应用，成为目前处理金等金属矿石的主要机型。1892年制成了用风力推动水流运动的跳汰机，取消了原有的活塞，故称为无活塞跳汰机，又称为鲍姆（Baum）跳汰机，至今仍大量用在选煤厂。水力鼓动跳汰机是通过阀门间歇地鼓入上升水流进行物料的选别，目前应用已不多。动筛跳汰机与上述筛板固定的跳汰机不同，这种跳汰机水体不动，而让筛框作上下振动。机械的动筛跳汰机因结构复杂现已大多被淘汰。但动筛跳汰机能够有力地松散大块矿石床层，且有省水、节能的优点，近年来采用新型液压传动，又有重新推广应用的趋势。

选矿用的隔膜跳汰机按隔膜安装位置的不同，分为三种类型：（1）旁动（或上动）式隔膜跳汰机，隔膜位于跳汰室旁侧；（2）下动式隔膜跳汰机，隔膜水平地设在跳汰室下方，并有可动锥底形式和将隔膜安装在筛板下方的两种形式；（3）侧动式隔膜跳汰机，隔膜垂直安装在机箱筛下侧壁上，分为内隔膜和外隔膜两种。

选金常用的跳汰机主要为各种类型的隔膜跳汰机，我国选金厂多采用典瓦尔型隔膜跳汰机。前苏联选金厂中广泛应用的是MOⅡ型双室、三室和四室跳汰机。圆形跳汰机在采金船上已得到广泛的应用，直径为2.4m、3.6m、5.5m和7.5m的圆形跳汰机生产能力分别为19～38m^3/h、38～85m^3/h、85～175m^3/h、175～350m^3/h，试验表明，这种跳汰机对含金矿物的回收率比普通跳汰机要高，最高时可达95%。另有报道，高频圆形跳汰机比普通跳汰机回收率高10%～15%。

圆形跳汰机的特点是给矿与水一起给到跳汰机的中心，跳汰室上面有耙动机构，通过刮板的旋转使入选物料较为均匀地分配到床层表面，并使物料输送加快。安装在锥体斜壁上的隔膜传动装置，采用液压机构，形成锥齿波振动。由于它的后缩行程快，向下行程慢，几乎没有跳汰机筛下水。这种圆形跳汰机特别适用于处理含细粒金的砂金矿。

近几年来，在选金厂推广单位生产能力大的跳汰机又开始受到特别重视，如前苏联的克利夫兰型和空气脉动式跳汰机。跳汰机应用的另一特点是广泛用于磨矿循环中回收游离金。由于磨矿时金本身的相对密度大和本身不被磨碎，重颗粒游离金在磨矿—分级过程中在循环负荷中富集。跳汰机因单位面积的生产能力大，可以处理低液固比值的矿浆，因此可安装在分级机前，分离出磨机排矿中的粗粒金，产出粗精矿。

影响跳汰选金回收率和品位的主要工艺参数是人工床层规格、脉冲频率及振幅、筛下水流的上升速度、生产能力和给矿浓度等。同时物料的含泥量也明显影响选金效果，当入选物料含有较多泥时，应采用预先脱泥后再入选以提高选别指标。

2.2.2 溜槽选金

溜槽选金是在斜槽中借助于斜面水流进行选金的方法，20 世纪 70 年代各种类型的溜槽是选金的主体设备，得到了广泛的应用，现在在许多选金厂仍继续使用。现在，可动溜槽取代了原有的溜槽，已研制出振动式、摇动式、脉动式，形状由原来的条型发展成为尖缩形、螺旋形、多头螺旋形等多种多样的形式。

溜槽选别设备可分为固定溜槽、振动溜槽、溜槽筛、可动式机械溜槽和可翻转式溜槽等。溜槽按作业制度分为浅填溜槽（小溜槽）和深填溜槽。前者用于选别粒度小于 16mm 的砂金矿，后者适用于大粒度砂金矿，给矿粒度可达 50～100mm。

溜槽的捕集覆面分为硬、软两种。硬覆面为各种形状的格条；软覆面为毡类、有纹橡胶、呢绒铺垫。软覆面溜槽选别的砂矿最大粒度不超过 1～2mm。

用溜槽选金的回收率主要取决于按面积或宽度的单位给矿量、矿浆浓度、溜槽倾角、槽面特性、入选物料的金含量和粒度组成。

前苏联研究表明，溜槽尾矿小于 8mm 损失的金颗粒为：粗粒金 0.5mm，4%～6%；0.25～0.5mm，25%～32%；0.15～0.25mm，20%～30%；0.074～0.15mm，12%～20%；细粒金小于 0.074mm，12%～31%。尾矿中金的平均粒度为 0.2mm；而大部分金为 0.15mm，占 40%。

振动溜槽是固定溜槽的改进型，形成了复合选金力场，可通过强烈振动使矿料松散，而有利于强化对金的回收。

溜槽筛是将矿料在水流中的湿式筛分与按相对密度选别结合在一起的新型设备，形状为具有平行壁和双层底的尖缩溜槽。选别时矿料以薄流层沿导向板给到溜槽的上底面，进而流到沿上底面铺设的筛网上，细粒物料，特别是重矿物，穿过运动着的物料层和筛孔进入溜槽的下底面，在沿下底面运动的过程中，筛下产品被分层，精矿或是通过槽底的横向窄缝排出，或是由扇形排料流的底层截取。这种设备在采金船上使用较多。

可动式机械溜槽分为可动式溜槽（皮带溜槽）和翻转式溜槽两类，现已有分段组合可动式金属结构溜槽、可动式溜槽和翻转式溜槽等。这些设备已在采金船上得到应用。可动式溜槽特点是通过溜槽的转动和压力水的冲洗，无需取出捕集覆面就可以清洗精矿，洗矿所用时间大为降低，可显著提高溜槽作业效率。

国外已开发出一些新型尖缩溜槽，其中怀特（Wright）型尖缩溜槽，可节省占地面积进行多台装配安装，对选别砂金具有更好的效果。

翻转式溜槽的结构包括两个底面相对，并可沿长轴翻转的溜槽，已完成作业的溜槽翻转并清洗精矿时，由已经经过清洗的另一溜槽进行选别作业。翻转式溜槽可作为采金船有效的精选设备。

2.2.3 摇床选金

摇床属于流膜类选矿设备，它是由早期的振动溜槽发展而来。摇床选矿过程包括床面推动和水流所产生的松散分层和搬运分带两个基本内容。由于摇床具有富集比高而处理能力低的特点，广泛应用于砂金矿的精选。对于砂金矿的精选，精矿中金的回收率可达到 98%～99%，因此，摇床常作为精选设备与跳汰机、螺旋选矿机、圆锥选矿机等配合使用。

摇床根据所选别的矿石粒度的不同，可分为粗砂床（大于0.5mm）、细砂床（0.5～0.074mm）和刻槽床（0.074～0.037mm）三种。我国应用得最多的摇床是6－S摇床、云锡式摇床、弹簧摇床、悬挂式多层摇床和悬面式多层摇床。

影响摇床选别效果的工艺参数是摇床的冲程和冲次、倾角、床面形状及格条形式、处理量、给矿浓度和冲洗水量。因此，许多国家都进行了新型摇床、摇床结构和新型床面等方面的研究，以提高摇床的选别效果和处理能力。在提高生产能力方面，菱形床面摇床和多层摇床是最有前途的。菱形床面摇床与传统矩形和梯形床面摇床相比，具有更大的有效作业面积，其处理能力和选别指标均较高，国外选金厂较多采用这种床面，而国内则普遍应用梯形床面。国外Duplex的改进型摇床床面相当于两个普通床面的并联，在砂金精选中应用渐多，该机适于选别含微细粒金、泥质金。其主要优点是富集比高，它可以取代在矿泥摇床上实现的两个作业。

40层巴特莱－莫药利摇动翻床，是目前处理细粒物料处理能力最大的摇床，床面由树脂黏合的玻璃纤维制成，据试验可回收小于5μm的微细粒级金。

对于摇床的新型覆面材料，已提出采用玻璃纤维、特殊橡胶和金属合金。

近年来，对于缺水地区，已开发了新型风力摇床重选设备。在比利时，对来自沙漠无水地区的几种矿石进行了风力选矿试验。矿石为石英、低硫化物矿石，含金13～18g/t。磨到0.1mm时，金达到充分解离。选矿设备为三种形式的风力摇床：巴特莱（Bartly）、基普－凯利（Keep－Kelly）和巴利（Barry）型摇床。粗磨最佳磨矿细度是0.42～0.2mm，粗选获得了如下指标：用巴特莱摇床时，金的回收率为95.3%，选矿比为8；用基普－凯利摇床，金的回收率77.7%，选矿比大于40；用巴利摇床，金的回收率为93.6%，选矿比为5，能耗为20kW·h/t。

2.2.4 圆筒选矿机选金

圆筒选矿机在提金厂用于磨矿回路中分离游离金。圆筒选矿机是一空心圆筒，其内衬橡胶带有高2～4mm的格条。格条方向与圆筒母线成150°角。圆筒与水平线成70°～90°角安装，并可绕其水平轴旋转，转速为2～6r/min。圆筒里面设有上下喷淋器和精矿溜槽。原料以矿浆形式送至圆筒的上端，当物料向下运动时，发生分层。为了很好地分层，通过下部喷淋器加入补充给水。沉落到圆筒表面上的金和其他重矿物颗粒被格条捕集，并向上输送，在此，由上部喷淋水冲入精矿溜槽。脉石轻颗粒由水流冲向圆筒下部带出。圆筒选矿机比跳汰机回收的金更细，而且其生产率比溜槽高。

在南非的老选矿厂中，与磨矿组成回路的重选—氰化标准流程为第一段磨矿与分级机构成回路，分级机溢流进入第二段水力旋流器分级，其溢流进入氰化流程。第二段分级的沉砂进入第二段磨矿机磨矿，磨矿产品再进入第三段水力旋流器分级，水力旋流器的溢流与第一段分级机的溢流合并进入氰化流程，其沉砂进入琼斯圆筒选矿机中重选。圆筒选矿机的尾矿经脱水之后，进入第二段磨矿机中再磨；圆筒选矿机的精矿用皮带选矿机或摇床精选。琼斯圆筒选矿机和皮带选矿机不断用大量新鲜水冲洗矿物表面以防止矿物表面上聚集相对密度大的矿物（碳酸盐矿物）和碎铁的覆盖物。该标准流程重选的金的回收率可达50%，矿石中可氰化金的损失从0.6%降到0.3%。

圆筒选矿机生产能力不高而且要手工操作。在大型选金厂，现在已使用赖切特多层圆锥选矿机和螺旋选矿机，产出的精矿用精选摇床精选。但多层圆锥选矿机和螺旋选矿机富集比不够高。

2.2.5 螺旋选矿机选金

将一个窄的长槽绕垂直轴线弯曲成螺旋状，便构成螺旋选矿机或螺选溜槽，所以它们仍属溜槽类选别设备。螺旋选矿机和螺旋溜槽两者的主要区别在于槽断面形状不同，相应地其他结构参数也有所不同。

螺旋选矿机槽体断面轮廓线为二次抛物线或椭圆的1/4部分，现常用复合形槽体或其他更有利于分选的轮廓线。槽底除沿纵向（矿流方向）有坡度外，沿横向（经向）亦有相当的向内倾斜。矿浆自上部给入后，在沿槽流动过程中粒群发生分层和分带，进入底层的重矿物颗粒沿槽底的横向坡度向内缘移动，位于上层的轻矿物则随回流动的矿浆沿着槽的外侧向下运动，最后由槽的末端排出，成为尾矿。沿槽内侧移动的重矿物颗粒速度较低，通过槽面上的一系列排料孔排出。由上面排料孔得到的重产品质量最高，可作为最终精矿，由下面各孔排出的产品质量逐渐降低，可作为中矿返回处理。从槽的内缘给入冲洗水，可以提高重产品的质量。新结构的 Mark 赖切特（Reichert）300 型螺旋选矿机在美国和加拿大的一些选金厂已用于回收细粒金。

螺旋溜槽的结构特点是断面呈立方抛线形状，底面更为平缓。目前，国内外已开发出旋转螺旋溜槽、振动螺旋溜槽和振摆螺旋溜槽。

螺旋选矿机比螺旋溜槽更广泛地应用于砂金矿的选别中，并在国内外已得到广泛的应用，在采金船上广泛应用于粗选和扫选，而螺旋溜槽则主要用于选别砂金矿中的细砂或矿泥，用螺旋溜槽可回收粒度细至40~50μm 的金粒。

与跳汰机相比，螺旋选矿机无运动部件，结构简单，占地面积少，操作控制简单，生产费用低。但存在圆球形金粒的回收率低、富集比不高等缺点。对含黏土质砂金矿，用螺旋选矿机比用跳汰机选别效果好；同时试验表明，矿砂在给入螺旋选矿机之前预选脱泥，不仅对稳定选别过程有良好的作用，而且矿砂经脱泥后选别，金的作业回收率平均提高3%~4%。

螺旋选金效果主要与螺旋半径、断面形状及长度和螺旋线的导程角等因素有关。试验已表明，用螺旋选矿机处理粒度为1.4~0.044mm，矿浆浓度为20%~50%固体的物料时，直径600mm 的螺旋选矿机的生产能力最佳，单螺旋最高为1.3~2.7t/h。研究结果也表明，装在采金船上的螺旋选矿机选别砂金矿具有相当高的作业效率。

目前，螺旋选矿机的发展是大型化、螺旋的多头化和断面形状的复合化，以提高设备的处理量和选别指标。

2.2.6 圆锥选矿机选金

圆锥选矿机最早由澳大利亚昆士兰索思波特矿产公司的研究室主任赖切特(E. Reichert)制成，故又称为赖切特圆锥选矿机。赖切特多层圆锥选矿机已在南非和澳大利亚的一些选厂成功应用。

圆锥选矿机可看作是将圆形配置的尖缩溜槽的侧壁去掉，而形成的圆锥工作面，由于消除了尖缩溜槽的侧壁效应（侧壁速度梯度引起的旋涡）和对矿浆流动的阻力，因而改善了分选效果和提高了单位槽面处理能力。圆锥选矿机组是由多层槽面构成的，它目前已广泛用于采金船和选金厂中。

当前应用的圆锥选矿机多是将分选锥作垂直多层配置，在一台设备上实现连续的粗、精、扫选作业。图2－1所示为三段圆锥选矿机的工作过程。为平衡各作业的矿量，给矿量大的粗选和扫选圆锥被制成双层。层面间距离约70mm，在分配锥的周边等距离地间断开口，将矿浆均匀地分配到两个锥面上。精选用圆锥是单层的。由精选圆锥得重产品再在尖缩溜槽上精选。这样由一个双层锥、1～2个单层锥和一组尖缩溜槽组成的组合体称作一个分选段。底层最末段通常不再设单锥。由各段双锥排出的重产品进入单锥精选时，需加水降低深入度，而轻产品在进入扫选锥分选前，最好脱出部分水量。设备最后产出废弃尾矿和粗精矿，另有产率大约占20%的中矿返回本设备循环处理。

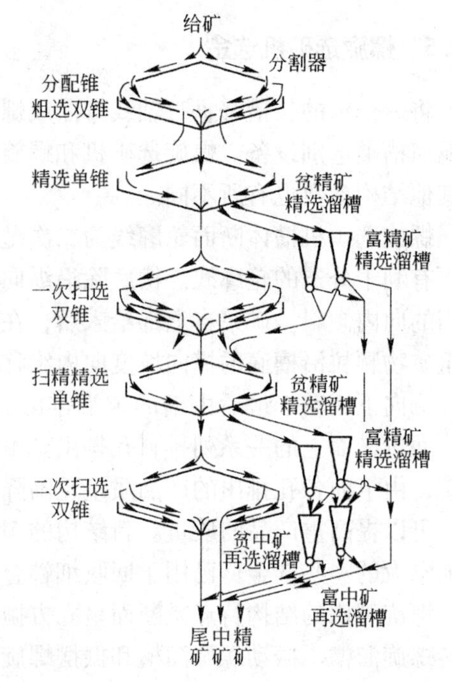

图2－1 三段圆锥选矿机的工作过程

影响圆锥选矿机工作的因素与尖缩溜槽相同，适宜的处理粒度范围是3～0.15mm，小于0.15mm粒度分选效果不好。目前ϕ2m圆锥选矿机处理能力可达60～100t/(台·h)。ϕ3m的处理能力可达200～300t。广州有色金属研究院已研制了三段圆锥选矿机，机组处理能力为55～65t/(台·h)。

圆锥选矿机具有处理能力大、生产成本低和回收率高的优点，但富集比较低，适合于处理数量大的低品位矿石，是粗选和扫选的好设备。在瑞典的波立登选矿厂的多金属重选流程中，也采用圆锥选矿机和螺旋选矿机来回收伴生金。

B. Holland－Batt报道了多层圆锥选矿机用于澳大利亚西方采矿联合公司金厂的生产情况。选矿工艺流程包括矿石准备和重选，具体重选流程为用球磨机磨矿，用筛子脱泥，脱泥粒级为1.5mm。粗选用2层和5层圆锥选矿机，中矿用一台15层圆锥选机精选循环。中矿循环圆锥选矿机的精矿用精选摇床精选，摇床尾矿返回原流程。为了解离没有磨碎的一部分矿石，所有圆锥选矿机的旋流器尾矿返回到磨矿，旋流器溢流送往浮选。

2.2.7 短锥水力旋流器选金

一般选厂采用的普通水力旋流器，其锥角不大于20°，其作用主要是对物料按粒度进行分级或脱泥，被处理物料组分的相对密度对其影响不大。试验表明，当旋流器锥角从20°逐步增大到120°，在排矿嘴直径不变的情况下，沉砂产率由60%左右逐步下降到30%左右，而重矿粒的回收率却都稳定在75%左右，这在选金时表现得更为明显。由此可见，随着锥角的不断增大，入选物料中各矿物组分之间的相对密度差对分选所起的作用就变得越来越大。当旋流器的锥角不小于90°时，水力旋流器对矿物的分选主要是按相对密度来进行。

旋流器锥角增大时，沉砂产率相应变小，而重矿物在沉砂中的回收率则基本稳定，也就是说富矿比随锥角的增大而提高。由此可见增大旋流器锥角对相对密度大的矿物可以获得很好的分选效果，其原因是在钝角的圆锥内表面上形成了由粗粒和重粒子组成的旋转床层，这一床层比小锥角旋流器锥面上床层松散，而且排出速度较低，这样就有利于重粒子的渗入。同时还可以防止上升水流对渗入床层中的重矿粒的冲刷作用，从而使重矿粒子在离心力的作用下，得到较大的富集后从沉砂口排出。生产实践表明，在大处理量的情况下，它对细粒金的选别效率很高，同时，用短锥水力旋流器回收细粒游离金，指标优于跳汰机、螺旋选矿机和圆锥选矿机。因此，短锥水力旋流器在20世纪80年代在回收颗粒小于0.15mm的游离金方面在国内外得到了最广泛的应用，特别是在含金尾砂的粗选中得到了极广泛的应用。苏联阿尔泰矿区的一个选矿厂1982年前在第一段磨矿中用跳汰机预选回收金。跳汰精矿再磨之后用摇床精选，再进行混汞。精选尾矿中，细粒游离金和与硫化物大量共生的金含量都很高。采用短锥水力旋流器扫选，扫选精矿磨至小于0.074mm占50%～60%后上摇床精选可使精选尾矿中的金的回收率提高4%～6%。有资料研究表明，在短锥水力旋流器中不同粒级的金颗粒回收率为：0.25～0.5mm，99.3%；0.15～0.25mm，85.7%；0.074～0.15mm，81.6%；小于0.074mm，74.1%。此时，物料的富集比为12.5。

美国开发并试验了直径100mm双短锥水力旋流器的半工业装置。用短锥水力旋流器选别经预先分级，其粒级为-0.84mm的固定溜槽尾矿。1984年在现场试验时，短锥水力旋流器的生产能力为800kg/h，给料金品位0.137g/t，精矿中的金回收率为92%，精矿金品位1.07g/t，短锥水力旋流器的精矿用螺旋选矿机和浮选进一步精选。螺旋选矿机的选矿比为13，作业回收率91%，精矿的金品位20.6g/t，浮选时，选矿比为146，作业回收率93%，浮选精矿中金品位为1500g/t。

在我国短锥旋流器不仅在许多砂金矿中得到了应用，而且在伴生金矿中用于预选回收尾矿中的含金矿物。

由于短锥旋流器属于外加压力的用于分选细粒物料的旋流器型离心选别设备，施加于矿粒的离心力场有限，不能达到高富集比，因此特别适用于处理贫料的粗选作业产出粗精矿。

2.2.8 选金离心盘

利用复合力场强化重选过程是当今重力选矿发展的主要方向，其原理主要为增大作用在矿粒上的质量力，扩大待分选矿粒的物理性质差异和改善矿粒的分选条件。在复合力场重选设备中，以离心力场为主的复合力场离心选矿机国内外研究的最多和最为成功。复合力场离心选矿机继20世纪70年代溜槽、80年代短锥水力旋流器之后，成为90年代广泛使用的选金设备。复合力场离心选矿机包括最早使用的离心选金盘（盆）和高离心力场各种离心选矿机。

离心盘（盆）选机为黄金离心分选最先使用的离心力场选别设备。基本结构为呈半径球形分选盘，垂直安装，内壁有带环形沟槽的胶衬，由中空轴带动旋转。选别时黄金与重砂沉积在环形沟槽中，定时切断给矿、停止运转、排出精矿。其富集比高、耗水量小，一般适于选别 -9mm 的物料。

澳大利亚昆士兰矿产有限公司开发的盆式选金机（Knudsen 选金盆），则完全是曲线体，内壁沟槽形成疏密变化，适用于处理小于 6 ~ 8mm 的砂金，中心转速为 102 ~ 105r/min、生产能力为 6 ~ 8t/h。

对于盆体曲线选型，如把盆体切割 1/4 来看，恰如螺旋溜槽纵断面一样，其曲线选型可以沿螺旋溜槽特性进行。根据螺旋溜槽断面形状不同，大致可分为：属于椭圆形的有美国的汉弗莱 24A 型、24C 型；英国的 GEC - Elliott175 型、135 型；瑞典的萨拉型，前苏联的 CBM - 750A 型、CB2 - 750 型、CB2 - 1000 型、CB2 - 1500 型等；属于圆形的有前苏联的 CBM - 1200 型、CB1 - 600 型、GB1 - 650 型、GB1 - 1200 型；属于立方抛线型有前苏联的 ШB2 - 1000、ШB2 - 1250 型，中国 Bll - 1200 型、Bll - 900 型、Bll - 600 型、Bll - 400 型；属于特殊型的有斜直线倒锥台，如中国的 77 - 12 型螺旋、前苏联的雅 · CJIBM 型以及多曲线复合型、翁氏螺旋选矿机。

目前国内已开发出锥形离心盘、离心淘金盆、新型曲面旋流选金机和新型离心淘金盆。

锥形离心盘是一个倒立空心台锥，内壁衬有橡胶条形成沟槽，离心加速度约为重力速度的 7 倍，适应选取粒度 0.2 ~ 4mm 的含金物料，富集 400 ~ 1000 倍，但不能有效回收较细粒级（ -0.2mm 的含金物料，目前已有 ϕ600mm 锥形离心盘等规格）。LP - ϕ500mm、LP - ϕ1000mm 选金机，基本与上述选金机类似，台锥上加一节短圆筒，极限倾斜 45°，盘的材质改用注压塑料，据称富集比可达 80 ~ 100 倍。它们的共同点是从边缘到中心部位的台阶沟槽高度均相等。另一种碟状分选机，在平圆板上加工成等腰倒三角形的沟槽，常用作精选设备。

离心选金机其原理与锥形离心盘相同，只是改变了盘体形状，使盘形变成了盆形，具有更好的选别细粒金的性能，其结构好似一口铁锅，上部近似锥台，下部由曲面体组成，内壁铺有橡胶衬。试验表明，对 0.074 ~ 0.5mm 金粒回收率达 93.74% 以上。

新曲面旋流选金机实际上是把短锥旋流器、锥形离心盘和离心选金机三者的优点结合在一起，这种选金机的上部为圆筒形，中部为台锥，下部近似半球体。其给矿方式如水力旋流器（水压 4.9 ~ 6.8kPa），产率的分配影响因素亦和水力旋流器相同。

新型离心淘金盆是由福建宁德县选矿设备制造厂等开发研制的，其特点是新型离心淘金盆的直径基数是参照美国 I. B. 汉弗莱标准螺旋选矿机和澳大利亚 Knusden 的淘金盆进行修正的。对于4600 型新型离心淘金盆，对选别 0.074 ~ 1.00mm 的含金物料有更好的效果。

中南工业大学研制的曲面涡流淘金机，是在曲面旋流选金器的基础上发展起来的。在曲面旋流器下附加精选用的涡流部分，由此处加入补加水进行沉砂的二次精选，达到最终淘洗的目的。此设备安装在 1001 采金船的尾矿槽中补充回收黄金取得显著的效果，当给矿含金品位为 2.8g/t 时，获得品位为 265.54g/t 的精矿，作业回收率达 94.0%。

与离心盘选机相应的还有一种选别黄金的倾斜离心盘选机，由于设备为倾斜安装，精矿与尾矿可连续排出，故可连续作业选别黄金。

2.2.9 复合力场离心选矿机选金

2.2.9.1 离心跳汰选矿机

Paraedyne 离心跳汰机于 1977 年在美国获得专利，由英国采砂船公司研制。其设备结构主要为可旋转的倒锥和下动锥斗两个部分组成。倒锥上有筛网，网内装铁球团矿，补加水由侧面给入。矿浆由中心给矿管给入旋转动锥后，受到离心力和水流上、下脉动力的作用得到分选，精矿通过筛网排到下动锥斗内由精矿口排出，而尾矿被抛入尾矿槽后排出。

这种离心跳汰机已在采砂船上应用，与尤巴跳汰机作了相比。处理能力为 100t/h 的机种，相当于四台三室尤巴跳汰机。离心跳汰机转筒末端直径 900mm，转速为 90r/min，离心加速度为 $4g$，跳汰室面积为 $2m^2$，转筒的驱动电动机为 7.5kW，活动锥斗的电机功率为 5kW。它采用铁矿球团矿为人工矿石，耗水量仅为普通跳汰机的 1/6，而单位面积处理量为普通跳汰机的 7 倍左右。

与 Paraedyne 离心跳汰机类似的还有英国 Donald J. Gross 型和美国的 Indeco 型离心跳汰机。前者其结构与 Paraedyne 类似，转筒的转速为 50r/min，电动机为 7.5kW，脉动装置的电动机为 2.5kW，转筒的锥角为 45°，选别细粒物料时处理量为 10 ~ 12t/h。美国 Indeco 离心跳汰机，该机在 1981 年获得美国与南非等国专利权。它是在 Paraedyne 型的基础上改进而成，转筒由截锥形改为圆柱形以使各处的离心力均匀，用一台脉动水泵代替了活动锥斗，水以一定的频率周期进入转筒的固定槽体。转筒的内外两层筛网的筛孔均较大，中间的筛网才是实际需要的网目。离心加速度为 $10g$，此时床层将基本达到垂直分布。该机的回收下限粒度为 0.0353mm，处理量为 10 ~ 20t/h，可选别相对密度差仅为 0.2 的物料。在美国与加拿大进行的选矿试验获得了满意的结果。

Kelsey 离心跳汰机是由澳大利亚研制生产的，目前这种设备已有四种规格：0.2t/h、5t/h、20t/h 和 50t/h（处理能力）。Kelsey 离心跳汰机的离心转筒由布料旋转混合器、阻挡人工物料的抛物面楔条筛和收集并排出精矿的筛下室构成。脉动作用是由许多隔膜产生的。它与其他离心机相比，具有以下主要特点：离心力强度较高，可达 20 ~ $160g$；高频低幅脉动，冲程小于 2.5mm，冲次约为 2000r/min；筛室与筛网同步旋转，筛下室不产生强制涡流，精矿透筛后以更大的离心力沉降，浓缩后被排出跳汰室。由于有以上特点，它的有效回收粒度下限为 20μm，入选物料相对密度可在 1 ~ 1.5。该设备在回收尾矿时也取得了较好结果，选别含金 1.7g/t 的尾矿，可得含金 120g/t 的精矿。离心力更大的样机回收粒度下限可达 10μm。Granny Smith 金矿山对一种新的和更难处理的 Waliaby 矿床，在 2002 年中期安装了 3 台 Kelsey 跳汰机，用于处理 CIP（碳浆法）厂的尾矿，处理量为 250 ~ 300t/h。

2.2.9.2 离心摇床类选矿机

多重力选矿机是离心摇床类选矿机的典型设备，它是由英国 Mozley 公司研制的。工业型多重力选矿机（MGS）是由两个背靠背的转鼓（半锥角为 1°）所组成的双联离心选矿机，转鼓为 ϕ1200mm × 900mm，转速为 90 ~ 150r/min，转鼓在旋转的同时还作水平正弦振动，频率为 4 ~ 6 次/s。转鼓内还有精矿刮板、耙矿器和洗涤水装置。该机最大的特点是叠加振动提供了附加剪切作用；特制的耙矿器对矿层的强制松散，起到了强化富集和输送精矿的作用。在英国 Wheal Jane 锡选厂，用 MGS 处理 Sn 1.53%、-75μm 占 83.54%的锡矿泥，可得含 Sn 45%、回收率为 83%的精矿。而摇床在相似回收率的情况下，只能获得含锡品位 33%的精矿。该设备具有回收微细粒金的良好潜在优势。

2.2.9.3 流态化床层离心选矿机

一般的流膜类离心选矿机容易在鼓壁上造成物料的堆积，形成一密实的矿层，产生“结构表面”现象，其他精矿难以穿过这一矿层。这不利于目的矿物的有效回收，并造成选别周期短、选矿富集比低。而这类离心选矿机的独特之处是使用反冲压力水来松散（流态化）精矿层。所谓反冲水就是径向流动方向与矿粒离心沉降方向相反的压力水。最内层精矿层呈流态化床层，目的矿物能轻易穿过而得到富集，轻矿物则始终保持分散状态便于排走。同时，由于流态化床层的存在，可提高旋转锥体的转速，以提高设备处理能力和分选效率。目前工业化应用最成功的流态化床层离心选矿机有尼尔森（Knelson）离心选矿机、法尔康（Falcon）离心选矿机和超转筒（super bowl）离心选矿机。

A 尼尔森离心选矿机

尼尔森离心选矿机于 1980 年开始在加拿大工业上使用。它的分选机构由两个立式同心转筒构成。外转筒为不锈钢圆柱体，主要作用是与内转筒构成一个密封水套，并且带动内转筒旋转。内转筒是一个半锥度为 15°的塑料锥形分选器。其内侧由数圈来复条组成。在每两条来复圈之间，有一圈按一定间隔排列的切向进水孔。

尼尔森离心机工作时，内转筒的内表面处的离心加速度可达 60g。含金矿浆进入旋转的内转筒底部之后，被离心力抛向转筒内壁。同时，反冲水从内外转筒之间的水套流过内壁上的进水孔，使陷于来复圈之间的矿层松散或流态化。在离心力和反冲水的共同作用下，单体金或含金重矿物能够克服反冲水的径向阻力而离心沉降或钻隙渗透到精矿床内。脉石因所受的离心力较小，难以克服反冲水的作用，被轴向水流的冲力和离心力的轴向分力共同作用而旋出内转筒，成为尾矿。该离心机的选别周期取决于给矿性质，脉矿一般为 4~10h，砂金矿为 8~24h。富集于来复圈之间的精矿可以间歇地或连续地排到精矿槽内。间歇排精矿是在停机后通过人工冲洗或自动控制冲洗来实现。人工冲洗约需 10min，自动控制冲洗约需 2min。连续排精矿实际上通过安装在内转筒外侧的可变提取集管装置来实现。目前有六种规格的尼尔森离心机在工业上使用，规格最小为 7.5cm，最大为 120cm，固体处理量可达 100t/h。

在砂金选矿方面，尼尔森离心机可消除细泥的影响，有效地回收自然金。澳大利亚的梅塔纳矿物公司的一个砂金选厂，采用尼尔森离心机代替跳汰机之后，金回收率提高了 35%。加拿大多姆（Dome）金矿安装了北美最大的以尼尔森离心机为主的主体砂矿重选流程，取得了较好效益。

在含金脉矿、氧化矿和硫化矿选矿方面，尼尔森离心机的安装和使用出现了两个引人注目的情况：其一是把尼尔森离心机安装于浮选、氰化或炭浆化等作业的前面，以便早收多收粗粒金，例如巴西的梅罗·戴·奥罗（Merro De Ouro）金矿在氰化作业前安装了一台 76cm 尼尔森离心机回收浮选精矿中的金，获得金产量占全厂总产量的 50%的金精矿；其二是把尼尔森离心机安装在磨矿回路内，通常设在第一段旋流器沉砂下面，以便回收返砂中的金和降低磨矿时金涂抹在磨矿介质上的损失。加拿大普拉塞·多姆（Placer Dome）公司的坎佩尔（Campbell）金选厂用两台 76cm 的尼尔森离心机代替了磨矿回路中原有的跳汰机之后，金的重选回收率从原来用跳汰机的36%提高到50%。加拿大可鲁麦克（Colomac）岩金矿，年产金6.2t，居全国第一，北美第二。选厂日处理能力10000t，采用重选—炭浸提金工艺。原矿经直径9.8m自磨机和两台球磨机磨至小于0.074mm占70%，由旋流器分级，溢流浓缩后进入炭浸系统，沉砂由螺旋溜槽和摇床回收单体金后冶炼。加拿大卡姆崎比（Camchib）公司用尖缩溜槽处理球磨机排矿，其精矿回收率为10%~20%，富集比为2，尾矿进入分级机，溜槽精矿用尼尔森选矿机两段精选，获得含金5%~10%的精矿，再由摇床精选至含金65%后入炉冶炼。

从复杂硫化矿中使用重选法回收金历来是一个相当棘手的难题。但是帕斯明科(Pas-minco）采矿公司的罗斯贝利（Rosebery）选矿厂自从在磨矿中应用了尼尔森离心机之后，金的回收率增加了7%~18%。应当指出，如果含金硫化矿的给矿粒度过粗，或者其中的游离金含量较低，尼尔森离心机的效率也会降低。

由于尼尔森离心选矿机工作性能优越，到2007年底，尼尔森离心选矿机已在世界上70多个国家得到应用，累计安装2700多台（套），均取得了好的选矿指标。澳大利亚有一半的金选厂都使用尼尔森离心选矿机。

我国近几年紫金山金矿等单位引进尼尔森离心选矿机进行了重选回收金的工业应用试验，尼尔森选矿机不仅对粗粒和中粒金具有很好的回收能力，而且也能有效回收细粒金(0.01~0.04mm)，为进一步工业应用尼尔森选矿机打下了良好的基础。

国内目前也有单位生产了与尼尔森离心选矿机相类似的水套式离心选金机等设备，并在选金厂得到了较广泛的应用。水套式离心选矿机作为一种新型的重选设备已经在广西龙头山金矿等金矿山得到了较好的应用。该设备可以在磨矿流程中早收、快收已经单体解离的单体金，对于类似的含有单体金的岩金矿山、砂金矿山有很好的推广价值。

B 法尔康离心选矿机

法尔康离心选矿机是一种立式离心机，由加拿大法尔康黄金选矿机有限公司（Falcon Gold Concentrators Inc.）公司研制和生产的，其分选转筒的高度约为直径的2倍。法尔康离心选矿机选矿时，给矿进入高速旋转的转筒底部之后，转筒内的叶轮把矿浆均匀地分配到筒壁上。在300g的离心力作用下，重矿粒沉降在筒壁上，轻矿粒与水流一起被排出转筒外。

法尔康离心机的精矿排除方式有两种：间歇式和连续式。法尔康B型离心机采用间歇式排精矿，即停机后把精矿从转筒内冲洗至筒底，再由中空的主轴排出。法尔康C型离心机为连续式排矿，即精矿由一系列平面整体流动贮槽、夹紧阀和排出口组成的装置连续地排泄出转筒外侧。B型机适用于要求产率低的细粒金的回收，例如细粒单体金的回收和尾矿扫选。C型机适用于细粒金的粗选，以及细粒煤的精选、铁和锡细泥的回收等。法尔康C型离心机的固体处理能力可达300t/h以上，给矿粒度一般小于0.833mm。2007年，云南省昆明中南科技公司引进了一台工业型法尔康离心选矿机用于回收云南某锌锡矿的重选—浮选尾矿中的细粒锡，取得了较好的效果，但其工艺流程、设备运行的稳定性和生产成本是设备应用的关键。

C 超转筒离心选矿机

超转筒离心选矿机与法尔康离心选矿机相类似，也是由加拿大法尔康黄金选矿机有限公司研制和生产的新型离心选矿机。图2-2所示为SB4型实验室超转筒（super bowl）离心选矿机。该机的主要核心为一立式塑料内转筒。其下部呈倒锥形，内壁光滑。其上部由两个来复圈槽组成，槽底均匀地钻有一圈小水孔，以便让反冲水进入槽内松散（流态化）精矿床层。该设备有两种转速可供选择，分别产生相当于 120g 和 200g 的离心加速度。

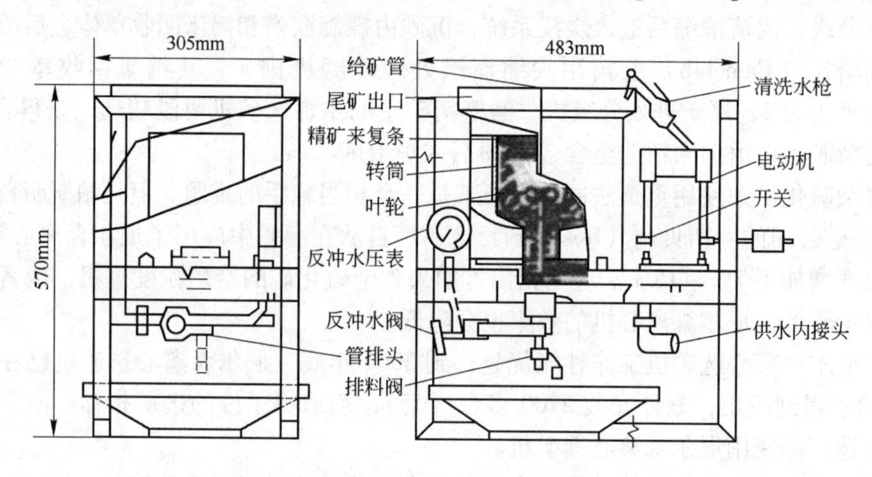

图 2－2 SB4 型实验室超转筒离心选矿机

给矿矿浆导入内转筒之后，重矿物迅速离心沉降在转筒的下半部，它们中的一部分向上移动至来复槽内。反冲水将槽内矿物松散和精选。轻矿物因所受离心力小，被冲洗出转筒外成为尾矿。最后，在停机和中断给矿给水的间歇，卸下内转筒，将其中精矿冲入精矿槽中。对于大型超转筒式离心机，精矿由一套嵌入式喷洒集管冲洗到精矿槽中。由于这种离心机能够在高给矿量条件下很好地回收单体金，它已用于砂金粗选、磨矿回路中金的回收、粗精矿粗选以及选矿试验等。

2.2.9.4 其他类型离心选矿机

国内研制的射流离心选矿机和逆流离心选矿机可有效回收 －5μm 的微细粒锡石，进一步改进后有可能用于回收微细粒金。由北京矿冶研究总院等研制的 SL1200 新型射流离心选矿机 2006 年在华锡集团长坡选矿厂进行了工业性试验。

2.2.10 多层圆盘重选机

前苏联黑色选矿设计院发明研制的低振动轨道离心力场多层重选机，具有选别粒度细、处理能力大的特点。该机由分选圆盘、振动传动电机、平台、方柱、矿浆分配器、接矿槽等部分组成。图 2－3 所示为 KOⅡ－3 型三层轨道圆盘重选机结构。目前，根据要求的处理量，已开发出 3 盘、15 盘和 30 盘多层分选机，其主要技术参数见表 2－2。

轨道圆盘重选机的分选原理为：矿浆从分配器经给矿机流入圆盘的锥面上。由于分选面同时发生旋转运动和轨道运动，使浮在水流上的轻颗粒排出分选设备，不滞留在锥面上，流入产品接收槽中。留在圆盘上的颗粒进入洗涤带，在振动运动和水流作用下使较轻的颗粒排出，然后颗粒再进入冲洗带，靠安在刀片上的喷嘴，将精矿从圆盘上冲入精矿接收槽。精矿的产出率，有用矿物品位以及回收率靠改变圆盘的旋转速度、振动频率以及洗涤水量加以调节。

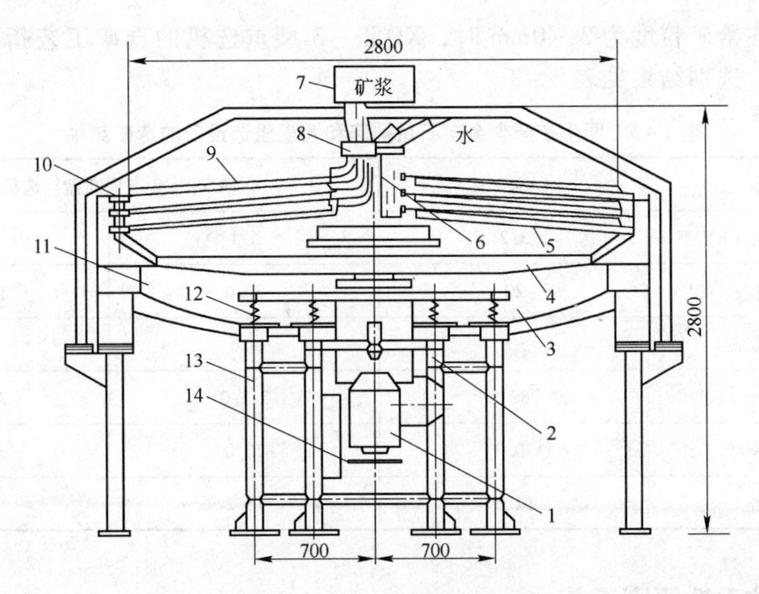

图2-3 KOⅡ-3型三层轨道圆盘重选机结构

1—振动传动电动机；2—从动齿轮；3—平台；4—支撑圆盘；5—刮板；6—给水管；7—矿浆分配管；8—给料器；9—分选圆盘；10—销钉；11—接矿槽；12—支撑振动弹簧；13—立柱；14—三角皮带传动装置

表2-2 多层圆盘重选机主要技术参数

设备型号		KOⅡ-1实验室型	KOⅡ-3	A-15	A-30
盘数/个		1	3	15	30
盘直径/mm		1000	2900	2500	2500
矿石处理量/$t \cdot h^{-1}$	3(0.5)~0mm		5~10		
	0.1~0mm		3.0	15	30
	-0.044mm占95%		约1.8	9	达18
容积处理量/$m^3 \cdot h^{-1}$			达25	达70	达150
额定功率/kW			3.8	12	18
盘振幅/mm			3~5	3~6	3~6
盘转速/$r \cdot s^{-1}$			0.0023	0.0023	0.0023
盘振动频率/$r \cdot s^{-1}$			约0.004	约0.004	约0.004
外形尺寸/mm			4~7.5	5~6	5~6
直径/mm		1200	3200	4000	4230
高/mm		3000	1808	4000	4300
设备质量/kg			2770	8000	1500

利用多层圆盘重选机选金具有良好的选矿效果，例如用KOⅡ-3型三层圆盘重选机选别前苏联某金选厂重选精矿的精选尾矿（含金10~14g/t，粒度1~0mm），选别处理后获得精矿含金400~800g/t，总回收率大于70%，设备处理量大于5t/(台·h)。KOⅡ-3型重选设备与CKM-1型单层摇床，处理该选厂跳汰精矿的对比

试验表明，在给矿粒度为 3 ~ 0mm 时，KOⅡ –3 型重选机的选矿工艺指标比摇床的指标还略好。选别结果见表 2 –3。

表 2 –3 原生矿床含金矿石用摇床和圆盘重选设备的选矿结果

指 标	CKM –1	KOⅡ –3 三层圆盘重选机	
处理量/t·(台·h)$^{-1}$	3.2	5.1	10.0
粗料中金含量/g·t^{-1}	20	20.6	13.97
精矿产率/%	5.0	4.6	3.4
精矿金含量/g·t^{-1}	280.8	313.0	276.0
矿金回收率/%	70.0	70.0	67.2
富集比	14.0	15.2	19.7

2.3 砂金矿重选原则工艺

砂金矿的选矿原则是首先用重选法最大限度地从原矿砂中回收金及其伴生的各种重矿物，再进一步用重选、浮选、混汞和磁选等方法联合作业将金与其他重矿物进行分离，并综合回收有用矿物。

砂金矿选别一般分为破碎与筛分、脱泥、选别等过程。

2.3.1 破碎与筛分

砂金矿一般含有胶结泥团，其粒径大于 100mm 的泥团若不破碎，将在筛分过程中随废石一起排出，造成金随泥团的损失。另外，胶泥还能胶结在砾石或卵石上，如不碎解也会在筛分过程中造成金的损失。同时，破碎筛分作业能排除 20% ~40% 的废石（砾石、卵石），是砂金选矿不可缺少的作业。

碎散设备按其结构可分为以下四类：圆筒型（圆筒筛、圆筒擦洗机）、螺旋型（槽式和剑式洗矿机）、振动型（平面振动型、振动圆筒型）、水力型（管式水力提升机、水力提升机—洗矿槽）。

对中等可洗性的砂矿，圆筒擦洗机有足够高的碎散及分级效果；对于黏土含量高的难洗砂矿，常采用螺旋型甚至振动型碎散设备进行多段作业进行碎散。

在采金船上，碎解与筛分作业是一起在圆筒筛内完成的。圆筒筛内装有间断的螺旋角钢和高压洗涤水。在陆地固定选金厂，则设置洗矿床进行碎解与筛分。筛分设备多为格筛、振动筛，并采用反复冲洗。合理筛分参数的确定必须依据砂金矿中金的粒度组成。筛上冲水既能提高筛分效率，又能进一步碎解胶泥，因此，砂金矿的筛分多为水筛。水筛高压冲水量根据洗矿要求而定，同时最好能满足下段选别作业对浓度的要求。

2.3.2 脱泥

砂金矿中一般小于 0.1mm 的物料不含金或含金甚微。例如珲春金矿和桦南金矿的砂金矿中小于 0.1mm 的金分别只占 0.15% 和 0.18%，而同粒级矿泥却占砂金矿量的 13.77%。另外，小于0.1mm 的金俗称漂浮金，在选别过程中也很难回收，而同粒级的矿泥却对选别过程，特别是机械选别过程起干扰作用。所以，在砂金矿机械选矿厂内，将小于0.1mm 的矿泥脱掉。脱泥设备为各种规格的脱泥斗。而溜槽选金允许的物料粒级宽，且处理量大，因而溜槽选别之前多不脱泥。

2.3.3 选别

重选法是处理砂金矿最经济、最有效的方法。但由于砂金矿中金的粒度组成不同，以及各种回收金重选设备的有效粒度界限不同，所以砂金矿合理的选别流程常是几种重选设备的联合作业，选用的重选设备主要有溜槽、跳汰机、螺旋分选机、摇床、离心选矿机和圆锥选矿机。

粗选段得出的含金粗精矿，金品位约为 100g/t，对于含金粗精矿的处理有三种方法：(1) 用淘金盘人工淘出金粒后重砂丢弃；(2) 用混汞筒进行内混汞，获得汞膏后重砂抛弃；(3) 用人工淘洗或混汞提取金后，重砂集中送精选厂处理，用磁选、电选等方法分别回收各种重砂矿物。

砂金矿的选金回收率，两段溜槽选别为 70% ~74%，溜槽粗选、跳汰扫选、摇床精选流程为 75% ~80%。

2.4 采金船及其选金工艺

现代的采金船是漂浮在水面上的采选联合设施。砂金矿床用采金船开采较其他开采方法具有机械化程度高、生产能力大、开采成本低和生产劳动条件好等优点。目前，这种方法已在国内外得到广泛应用。采金船主要适于开采位于地下水位以下的宽河谷砂金矿床、坡度不大的小溪砂金矿床以及含水的厚层海滨和湖滨砂金矿床。

按照选别工艺流程，可分为溜槽型、跳汰机型、溜槽、螺旋选矿机型以及其他组合型等。目前，国内采金船上的选金工艺流程有：单一固定溜槽流程，溜槽—跳汰—摇床流程和三段跳汰流程等。如珲春金矿 250L 采金船采用溜槽—跳汰—摇床流程，呼玛金矿局从荷兰 MTE 公司引进的 300L 采金船用三段跳汰流程，以及许多砂金矿山采用大型固定溜槽选金，小型固定溜槽加淘金盘进行精选流程。我国采金船选矿工艺流程的发展趋势为强化矿砂的碎散，做好选前准备工作；工艺流程向多样化发展；实行多级筛分、分级入选；增加扫选作业，提高采金船的工艺水平；推广和应用对细粒金、片状金回收效果好的离心选矿设备。

采金船的分类可按挖斗的容积分为大型（斗容大于 250L）、中型（210 ~150L）和小型（斗容小于 150L）三大类。而根据采金船挖掘的深度，可分为深挖（大于 20m）、中挖（20 ~7m）和浅挖（小于 7m）的三种类型。

中国砂金资源丰富，采金历史悠久。新中国成立后，我国采金工作者自行设计和制造了各种类型的采金船。目前采金船开采已成为我国砂金矿床开采的主要方法，其产量约占砂金总产量的 60%。现在已有斗容积分别为 50L、100L、150L、250L、300L 的链斗式采金船近 200 只，分布在黑龙江、吉林、四川、湖南等省区。我国砂金矿开采使用的采金船，其主要技术性能指标列于表 2-4。

表2-4 采金船主要技术性能

采金船规格/L	50	100	150	250	300
挖斗容量/L	50	100	150	250	300
水下挖掘深度/m	6	7.5	10	15	11
生产能力/$m^3 \cdot d^{-1}$	500	1800	3000~4000	6600~8300	8100
装机容量/kW	138		620	1300	
质量/t	100	420	500~600	1350~1400	1050

采金船的生产过程是：从挖斗卸下的含金砂矿，经受矿漏斗给入圆筒筛进行洗矿、碎解和筛分，筛上砾石用胶带机或砾石溜槽排至船尾的采空区；筛下矿砂则通过密封分配器给入选别设备进行粗扫选，获得的粗金矿有的在船上精选和人工淘洗直接获得产品金，多数则送到岸上精选厂集中处理。

近十年来，我国采金船选矿在强化漏矿回收、减少漏矿损失和从圆筒筛筛上产品中回收金等方面取得了实效。根据矿砂、砂金在圆筒筛纵向的分布规律以及固定溜槽负荷率大小对固定溜槽选金回收率的影响，用双层固定溜槽代替单层溜槽布置于圆筒筛的前半部的改造和设计更符合采金船生产实际。用具有离心力场的曲面涡流淘金机对圆形跳汰机尾矿扫选，更有利于以圆形跳汰机为主选设备的选矿工艺流程对细粒金的回收。按物料的性质不同，工艺流程已从单一溜槽选矿发展为由溜槽选矿、跳汰选矿、摇床选矿以及离心选矿等多种重选方法组合复合选矿工艺流程，使采金船选矿工艺流程趋于完善和合理。

2.5 砂金矿重选工艺及技术发展

溜槽是最原始也是最普遍使用的一种重选设备，但由于其回收率低，劳动强度大，已逐渐被可动溜槽所取代，已研制出的溜槽有振动式、摇动式、脉动式。类型由原来的条型发展成为尖缩型、螺旋型、多头螺旋型等。多头螺旋溜槽在砂金矿选矿中已得到较好的应用。

高频圆形跳汰机和荷兰的HIC圆形跳汰机应用大大地提高了采金船的处理能力和效率。高频圆形跳汰机回收率比普通跳汰机高出10%~15%。每套设备可处理砂矿20m^3/h，大型采金船上可安装18套。秘鲁的一条链斗式近海采金船，采用三段跳汰粗选流程，年处理量为350×$10^4 m^3$。美国加利福尼亚州圣湖安金矿，采用的是重选流程。初段在地下进行，地表选厂由一排6台1065mm×1065mm粗选跳汰机进行选别，然后再由二次、三次跳汰机进行两次选别（也是采用三段跳汰机粗选），尾砂通过一台螺旋溜槽与矿泥分离。跳汰精矿用摇床进行富集，最后再由一台ϕ0.9m旋转螺旋盘精选，产品含金95%，直接入炉冶炼。我国的100L以上采金船一般都采用圆形跳汰机作为主选设备，陕西省安康金矿采金船采用圆形跳汰机三段跳汰粗选、一段摇床精选流程，并用可动溜槽回收圆形跳汰机尾砂中的金，有效地提高了采金船的选金回收率。

小溜槽和摇床仍是广泛采用的精选设备，Duplex的改进型摇床在砂金精选中应用渐多。离心力场的重选设备在砂金矿，特别是采金船上的应用越来越显示出良好的发展前景。如螺纹面的旋转摇动淘金盘、锥筒式螺旋选矿机、离心选矿机、离心跳汰机等设备均对回收细粒金有效，基本上解决了细粒金重选回收率低的问题。其中最具代表性的就是尼尔森选矿机。

在我国砂金生产上，鼓动溜槽和各种洗选机组的投入以及圆形与矩形跳汰机、离心选矿机的研制成功，锯齿波、小型梯形跳汰机、STG－20型砂金洗选机组和涡流淘金机等设备的问世，迅速缩短了我国与国外在重选技术设备上的距离。特别是由长春黄金研究院研制生产的STL型水套式离心选矿机，选别入选粒度小于4mm的砂金，金的回收率为93%；在入选粒度小于2.5mm时，金的回收率可达99%。STL30型、STL60型水套式离心选矿机可视生产规模大小，既可单机使用，也可并联使用。国内外许多砂金和岩金矿山将该设备应用于工业生产，并取得了较好的经济效益。

2.6 砂金矿选金生产实例

2.6.1 采金船选金生产实例

珲春金矿250L采金船于1974年在吉林省珲春金矿正式投产。珲春金矿属含金砾岩砂矿和河谷冲积砂矿床。含金砂砾层厚度为4.5m。在矿砂中含泥一般在1.2%～1.5%，属于易洗少泥矿砂。矿砂含金平均为0.19～0.23g/m^3，砂金颗粒大于0.5mm者占65.41%，以中粒为主，砂金成色83.3%。伴生矿物主要有磁铁矿、钛铁矿、褐铁矿、金红石、锆英石等。

该船挖斗链由84个容量为25L挖斗组成，挖斗链运转速度为26～36斗/min，水下挖掘最大深度为9m，平底船尺寸（长×宽×高）为24.81m×20m×2.7m，吃水深度2m，采金船总重1524t。采金船生产能力为240～280m^3/h，总耗水量2660～3000m^3/h。

选金工艺流程：先用横向溜槽回收粗、中粒金，随后从横向溜槽尾矿中用粗选跳汰机回收微细粒金，所得粗精矿用跳汰机和摇床再精选，最后用混汞筒提金。采金船金总回收率为75%～80%，其中横向溜槽金回收率为52%～55%，粗选跳汰为23%～25%。

主要设备：圆筒筛规格ϕ2.7m×10.8m，转速7.5r/min，倾角8°，筛孔分五段，分别为8mm、10mm、12mm、14mm、16mm，筛内水压45Pa。溜槽安装角度7.5°，长4.3m，宽0.6m。圆筒筛两侧各19个，全船共38个，总面积96m^2。作业的液固比为12∶1，跳汰机为尤巴型1000mm×1000mm四室垂直隔膜式跳汰机，共10台。跳汰作业矿浆浓度40%～60%。摇床为6－S型摇床。混汞筒为ϕ900mm×1200mm，一次装料350～400kg，混汞时间1.5h。250L采金船选金工艺流程如图2－4所示。

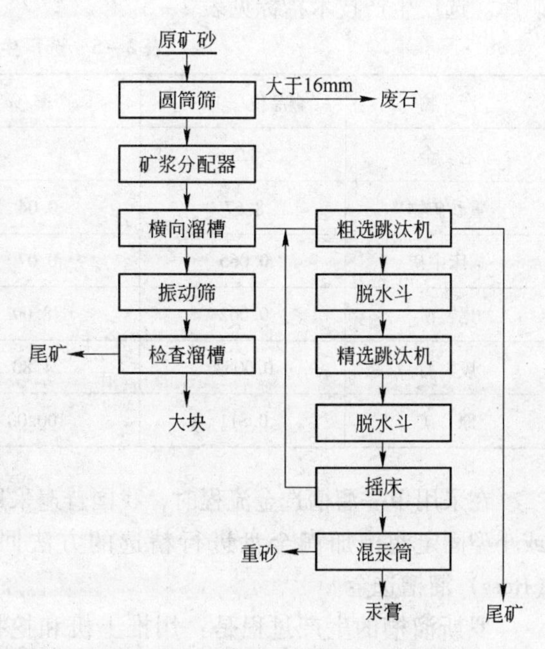

图2－4 250L采金船工艺流程

2.6.2 固定式选金厂的生产实例

目前我国砂金矿的开采除用采金船外，

尚有机采机选的露天开采法、水力开采法和浅井坑道开采法等。当采用这些方法开采砂金矿时，一般相应建立固定式选厂集中处理原矿砂；或者用移动式选厂随采场的推进而迁移。

固定式选金厂的选金工艺不像采金船受船体面积和空间的限制，可以选用较先进的选别流程，选择各种设备联合进行多段选别，因而选金回收率比较高，且可综合回收各种重砂矿物。尽管固定式选金厂有很多优点，但由于砂金矿床含矿层薄，采矿推进速度快，原矿运输距离逐年增加。另外，选金厂的集中供水、尾矿排放及采空区的复田等，大大增加了复杂性，增加选金成本。因此，国内外的采金工作普遍在研制移动式选金厂。

国内哈尼河金矿选厂为典型的大型机选厂。哈尼河金矿位于内蒙古乌拉特中后旗。砂金矿体赋存于白山壕大沟内，为第四纪冲积砂矿。原矿砂中除自然金外，共生矿物以磁铁矿、钛铁矿较多；金红石、锆英石、独居石、褐铁矿次之。自然金的粒度较大，多在1～0.1mm级别内，-0.074mm级别含金甚微（约占0.35%），金的地质品位1.78g/m^3，入选原矿砂金品位0.85g/m^3。原矿砂内不含胶质黏土，属易洗易选砂金矿。

哈尼河金矿采用挖掘机、推土机、装载机进行机械化开采，汽车运输；选矿新建机选厂，1977年投产。目前机选与溜槽选并存，采选综合生产能力为100t/d。

选厂采用二段跳汰粗选、摇床精选的工艺流程。原矿砂由汽车运至选厂卸入有效容积13m^{3}的受矿斗，然后送1250mm×2500mm振动筛进行洗矿筛分。筛上大于16mm砾石丢弃，筛下产品进1200mm×2000mm×3600mm梯形跳汰机选别。跳汰产品进入四室水力分级机分为+1mm、1～0.3mm、0.3～0.1mm、0.1～0.074mm四级，前两级由典瓦尔跳汰机进行二段选别，后两级进摇床选别。第二段跳汰选别所得粗精矿再经摇床精选、淘金盘人工淘洗得出毛金和重砂产品。跳汰机、摇床尾矿和分级机溢流合并经两段砂泵扬送到尾矿库。选厂生产技术指标见表2-5。

表2-5　选厂生产技术指标

产　物	金品位/g·t^{-1}	产率/%	产量/t·d^{-1}	回收率/%
毛　金	8.5			93.38
重砂矿物	8.67	0.04	0.24	0.394
摇床中矿	0.065	0.07	0.42	0.094
尾　矿	0.062	78.09	468.54	6.0
废　石	0.0081	21.80	130.8	0.22
原　矿	0.811	100.00	600	100.00

在采用单一溜槽选金流程时，我国普遍采用大型固定溜槽粗选，粗精矿单独用淘金盘或小型固定溜槽加淘金盘进行精选的方法回收金。美国、加拿大等则采用新型罗斯（Ross）溜槽选金。

罗斯溜槽的生产过程是：用推土机和挖掘机将含金矿砂装入溜槽上端的供矿箱，以大量高压水喷洗矿砂，在充分洗选条件下，矿砂经带有筛孔的钢板进行筛选，细粒矿砂经漏斗底部被分配到两侧溜槽。两侧溜槽底部铺有塑料毡，在塑料毡上铺有带孔的格条，当含金矿浆流经格条时，按密度和粒度进行分层，金被富集在溜槽底部的塑料毡上。

新型罗斯采金方法生产能力大，不需建立永久性厂房，搬迁容易，维护方便，成本低，生产稳定可靠，细粒金能得到充分回收，选矿回收率达80% ~85%，它特别适用于开采小而富的砂金矿、阶地砂金矿，以及难以用采金船开采的砂金矿。

国内对罗斯溜槽进行了广泛的试验研究。结合我国国情并吸取罗斯溜槽的特点，北京有色冶金设计研究总院研制了移动式洗选溜槽，黑龙江黄金公司研制了龙江-1型溜槽，对于砂金矿的处理取得较好效果。

3 金矿石的浮选

3.1 概述

浮选是黄金生产中处理脉金矿石的重要方法之一。如金铜、金锑、金铜铅锌硫等含金硫化矿石，以及不能直接用混汞法或氰化法处理的难浸矿石和某些重选尾矿，浮选得到含金精矿，然后再从中提取金。对于低品位金矿可采用浮选，精矿进行氰化浸出的工艺流程。但浮选法也存在局限性，对于单一的石英质金矿石，浮选效果不佳。对于粗粒嵌布自然金多的矿石（当金粒大于0.2mm时），浮选法就很难处理。

对于金的可浮性，高成色金比低成色金的可浮性好，同时金的粒度对可浮性的影响极大，研究表明大于0.8mm颗粒难浮，0.4～0.8mm只浮5%～6%，0.25～0.4mm只浮25%，小于0.25mm可浮96%，一般可浮粒度上限为0.4mm。因此，在浮选前必须用重选、混汞或其他方法选出所有的粗粒金。

在金浮选实践中影响其浮选的因素如下：

（1）矿石性质。金粒的物理条件（粒度、形状、局部组成变化、表面覆盖膜）、矿石的矿物组成（黄铁矿、毒砂、贱金属硫化矿物和石英等）、干扰矿物（叶蜡石、炭）和非矿石物质（水泥充填物、矿山木材和磨损的铁屑）。

（2）浮选化学条件。包括捕收剂、起泡剂、活化剂、抑制剂、pH值调整剂和气氛（空气、氧气、氮气）等，但每种矿石所需要的药剂较为简单。

（3）物理操作条件包括矿浆浓度（15%～45%）、调浆和浮选时的充气强度（过强或过弱都是有害的）、浮选温度、浮选机及其叶轮的设计等。

浮选法在处理自然金和银金矿矿石中有多种方法，包括混合浮选所有含金矿物，磨矿回路中应用单槽浮选机，冲积砂矿采用重选—浮选流程，无捕收剂浮选，用选择性高的捕收剂从硫化铁矿石或贱金属矿石中浮选自然金，强化浮选金矿石氰化后剩下的其他含金矿物，在酸性回路中浮选自然金，浮选获得铜金混合精矿，泥砂分选等。

对于金矿石，在选矿技术和工艺方面，破碎磨矿主要通过改变破碎磨矿流程、更换高效破碎和筛分设备来降低入磨产品粒度，实现“多碎少磨”而提高效率、降低成本的目的。而浮选法常与其他方法联合使用，以获得最佳效果，其方法主要如下：

（1）单一浮选法。该法适用于处理有色金属矿石，浮选精矿送冶炼厂综合回收，而对于含有能消耗大量氰化物物质的矿石，采用浮选去杂—浮选法，即用浮选分选出有害杂质，然后用浮选法回收大部分金到浮选精矿中，尾矿氰化补充回收金。

（2）重选—浮选法。用重选先选出粗粒金，再浮选选出细粒金，并氰化精矿，但浮选精矿在氰化前一般都进行细磨。

（3）混汞—浮选法。金回收率可达60%～70%。

（4）浮选—浸出或浮选—预处理—浸出法。主要用于难处理及低品位金矿的处理。

（5）多种复杂联合流程。

3.2 浮选药剂

用于金矿石浮选的浮选药剂可分为捕收剂、调整剂和起泡剂三大类，其目的是通过调节矿浆的物理化学特性，扩大金矿物或含金矿物与脉石间亲疏水性的差异使之更好地分选，提高金的浮选回收率。

3.2.1 捕收剂

选金常用的捕收剂有乙基黄药、丁基黄药、异戊基黄药、甲酚黑药、丁铵黑药、羟肟酸钠和油酸等，其中黑药类、羟肟酸钠和Z-200号药剂捕收剂常与黄药类捕收剂混合使用以提高浮选效果和降低药耗。浮选新药剂主要是高效、低用量、低成本、无毒或者少毒混合药剂。

国内珲春金铜矿单独使用Z-200号也获得了良好效果。美国的一项专利还介绍了用烷基异羟肟酸盐浮选金，金回收率提高3%~5%，金品位提高了12g/t。另有报道，用捕收剂十二烷基磺酸钠在酸性条件下，以高锰酸钾为黄铁矿氧化抑制剂，从黄铁矿和毒砂的混合精矿中浮选含金毒砂，能获得良好效果。Basilio等人用二甲酚基-硫代磷酸盐浮选硫化矿可提高伴生金、银回收率。经改性后的二硫代氨基甲酸盐在分子N和S的位置上引入（连接）烷基、烯基和芳基能显著地改善对金、银的捕收性能。例如，俄罗斯采用N，N-二乙基氰乙基二硫代氨基甲酸盐新药剂代替黄药浮选辉铜矿和金，大幅度减少了黄铁矿抑制剂的用量。

黑药是选别单体游离金有效的捕收剂之一，特别是高牌号黑药效果更好，丁基铵黑药对微细粒单体金有较高的捕收能力。Z-200号药剂、水解聚丙烯酰胺也是微细粒单体金有效捕收剂，Z-200号药剂具有起泡性能。十二烷基硫醇及药剂DOW-250是选别显微金及胶体金的捕收剂。戊基及辛基黄药可选别单体金、砷黄铁矿及表面污染的硫化矿。巯基苯并噻唑可从黄铁矿中浮选金。

国内外黄金矿山在混合用药方面已取得了很好的效果，其中普遍应用的是捕收剂丁基黄药与丁基铵黑药的混合使用。用异戊基黄药代替丁黄药与丁基铵黑药混用，已在选金厂推广应用。其他捕收剂的组合应用也有报道。Nagarai采用烷基（C8~10）异羟肟基丙基钠黄药和二硫代磷酸盐组合作捕收剂从矿石中回收金，金回收率提高了8.4%，利用烯丙基硫代氨基酯与二硫代磷酸盐组合，回收铂族金属和金，贵金属回收率从单一用药的75.93%~82.65%提高到88.49%。氰胺公司采用黑药和N—烯丙基—O—异丁基硫代氨基甲酸酯混合物浮选金银和铂族金属。陕西某含砷难处理金矿石采用Y-89高效捕收剂与丁基黄药组合药剂浮选，获得了金精矿品位为59.84g/t、Au回收率为87.46%的较好指标。山东牟平金矿使用35号捕收剂代替丁基铵黑药与黄药混合使用，工业试验金品位提高9.69%，金回收率提高1.65%；山东新城金矿则用25号黑药与丁基黄药混合使用，金品位提高4.65g/t、银品位提高21g/t，回收率提高1.83%、银提高39%、铜提高1.19%。Lierde等人研究用2-巯基苯并噻唑与黄药混合（1∶3）可以显著提高毒砂和金的回收率；用6-乙基-2-巯基苯并噻唑浮选金矿尾矿，用量仅为38g/t，比单用巯基苯并噻唑金、银的回收率都可提高9%。法国采用钾黄药和巯基苯并噻唑浮选含金毒砂矿石，提高了金精矿品位。湖北某铜矿用P-60与异丁基黄药混合使用浮选硫化矿，使金回收率提高了5.77%。

3.2.2 调整剂

调整剂的作用是改变矿物表面的性质、改善浮选的条件。根据其作用性质可分为五类：

（1）pH值调整剂。pH值调整剂的目的是调节矿浆的酸碱度，用以控制矿物表面性质，矿浆化学组成及其他各种药剂的作用条件，从而改善浮选效果。选金最常用的有石灰、碳酸钠、硫酸等。

（2）活化剂。活化剂的目的是为了增强矿物同捕收剂的作用效果，使难浮矿物活化后易被捕收剂捕收，选金常用的有硫化钠、硝酸铅、硫酸铜等。硫化钠对金有抑制作用，用作氧化矿硫化活化剂时，分批添加较好。

硫酸铜是常用的活化剂，对金、碲金矿、辉锑矿、黄铁矿、磁黄铁矿和砷黄铁矿，能提高金的品位和回收率。硫酸铜能提高粗粒黄铁矿的浮选回收率和总的浮选。辉锑矿为载金矿物时，常用硫酸铅或硝酸铅作为活化剂，金厂峪金矿使用硫酸铜作载金黄铁矿的活化剂，使回收率提高2.11%。广西金牙金矿在对难处理矿石的试验研究中，使用硫酸作活化剂，改善毒砂的可浮性，使金回收率高达93.97%。乌拉嘎金矿采用硫酸铵作活化剂，闭路试验回收率可提高5.69%；珲春金铜矿使用亚硫酸抑制含砷矿物，工业试验金品位提高10g/t（金回收率相近），铜品位提高5%，铜回收率提高3%~5%。金、铜精矿中含砷则降至0.3%以下。

（3）抑制剂。抑制剂的目的是提高矿物表面的亲水性，阻止矿物同捕收剂作用，使矿物可浮性受到抑制，从而实现矿物的分离。选金常用的有石灰、硫化钠、硫酸、硫酸锌、亚硫酸钠、重铬酸钾、水玻璃、淀粉、糊精、栲胶（单宁）等。

栲胶、淀粉、木质磺酸盐和羧甲基纤维素等抑制剂，都已用于金的浮选流程中，以抑制滑石、炭质组分、含铝矿物、氧化铁和锰的矿泥、叶蜡石和碳酸盐等，丹宁酸能较好地抑制绿泥石。在酸性条件下、高锰酸钾为氧化剂时，采用氧化矿捕收剂十二烷基磺酸钠，从黄铁矿和毒砂的混合精矿中浮选含金毒砂效果良好；在中性介质中，使用组合抑制剂氯化钙和腐殖酸钠成功抑制了被Cu^{2+}活化的铁闪锌矿和磁黄铁矿。朱申红在分离含金黄铁矿和毒砂时，使用腐殖酸钠作抑制剂，能够显著地消除重金属离子（例如Cu^{2+}、Fe^{2+}、Fe^{3+}）对含金黄铁矿和毒砂两种矿物分选产生的不利影响。硫酸锌和氰化钠混合使用形成的氰化络合物能够有效地抑制铜或者锌，减少因抑制铜造成的金溶解。用不同的含硫试剂，例如硫化钠、亚硫酸钠和连二硫酸钠等可作含金砷黄铁矿的抑制剂。

（4）絮凝剂。絮凝剂的目的是使矿物细颗粒聚集成大颗粒，以加速其在水中的沉降；利用选择性絮凝进行絮凝—脱泥及絮凝—浮选。常用的有聚丙烯酰铵、淀粉等。

（5）分散剂。分散剂的目的是阻止细矿粒聚集，作用与絮凝剂相反。常用的有水玻璃、磷酸盐等。

3.2.3 起泡剂

起泡剂的作用是产生浮选所需的大量而稳定的气泡。常用的起泡剂有松醇油（俗称2

号油）、醚醇、樟脑油等。

在浮选单体金时，泡沫的强度与稳定性很重要。目前在国外大多数选金厂将聚乙二醇醚类起泡剂与另一种起泡剂配合使用。处理铜金矿石，当需要将铜精矿销售给冶炼厂而提高选择性时，就应采用 MIBC（甲基异丁基甲醇）一类弱起泡剂。

国内新型起泡剂的应用有了突破。河南金渠金矿使用 BQ－2（1.1－2 萜烯醇油）作起泡剂，工业试验结果表明，用量比 2 号油减少 10～15g/t 的情况下，回收率相近，金品位提高了 4～8g/t，且价格便宜，泡沫层厚而不黏。焦家金矿使用 11 号油的起泡剂取代 2 号油，生产实践表明，在回收率相近的情况下，金品位可提高 8g/t，用量仅为 2 号油的 1/2。

3.3 金及含金矿物的浮选特性

3.3.1 金

自然金的表面通常都因受有机物污染而疏水，因此尤其是细粒金的可浮性好、未被沾污的适宜粒度的金，用起泡剂就很易浮选。金浮选最常用的是黄药类捕收剂，并常与其他捕收剂配合使用，以提高金的回收率。硫化物离子能活化金的浮选，硫酸铜活化作用不大。而 Fe^{3+} 却起抑制作用。石灰、苏打对游离金的浮选起抑制作用，胺类捕收剂也已在工业上用于金的浮选。

杂戊基黄原酸盐、戊基黄原酸盐、黑药、杂戊基黄原酸盐和二苯硫脲混合，对于含游离金的矿石来说，这些药剂都是良好的捕收剂。

3.3.2 碲金矿

金的碲化物有较好的可浮性，常只需使用起泡剂就能浮选。加入捕收剂会导致碲金矿和其他硫化矿，如黄铁矿的非选择性浮选。在加拿大安大略省怀特－哈葛莱符（Wright－Hargreaves）金矿，加入石灰和氰化物抑制黄铁矿，用起泡剂浮选碲金矿。

3.3.3 方锑金矿—辉锑矿

一般认为锑金矿的浮选特性与锑矿相似。辉锑矿在 pH 值大于 5 时是一种不易浮选的矿物。使用高级黄药时不加活化剂也能使其浮选，但只能在酸性和中性介质（需活化）中才能很好地浮选。

3.3.4 油母岩

油母岩（碳铀钍矿）是一种含铀的炭质矿石，其中金的含量可达到 300g/t，并且在进入浮选厂的给料中含有高达 30% 的金。尽管它很易浮选，但当使用古尔胶类抑制剂时，它常被包裹在生成的叶蜡石团聚物中。在这些情况下使用分散剂和煤油类捕收剂能提高油母岩的回收率。燃料油与起泡剂配合使用时，金矿中的炭质组分能更好地浮选。

3.3.5 黄铁矿

当黄铁矿表面没有氧化时，可浮性较好。浮选黄铁矿最常用的是黄药类捕收剂。但常与三硫代氨基甲酸酯、硫代氨基甲酸酯和苯并噻唑的混合使用。据报道，胺类捕收剂能在不使用酸处理的条件下浮选经氰化后的黄铁矿；在浮选含金的黄铁矿石时，添加水解聚丙烯酰胺能减少丁基黄药的消耗。

3.3.6 砷黄铁矿

砷黄铁矿有着与黄铁矿十分相似的性质。

3.3.7 磁黄铁矿

磁黄铁矿在酸性和中性介质中很易被浮选，在碱性介质中产生的表面覆盖层会降低浮选回收率。

3.3.8 铜金矿石和混合硫化矿

当含金铜矿石和斑岩铜矿只含很少量的金时，直接氰化是不经济的，处理这些矿石都是先产出铜金混合精矿，然后再送往冶炼厂进行处理。浮选时常混用黄药和辅助捕收剂。如果金同时嵌布在铜矿物、硫矿物中，则有两种浮选方法：一是浮选得到混合精矿；二是产出铜精矿和含金硫铁精矿。如果金嵌布在铜矿物中并呈粗粒的自然金存在时，则在浮选之前，必须采用重选等方法处理。若金除嵌布在铜矿物中外，还以极细粒嵌布在脉石矿物中，则在浮选铜矿物之后，需对其尾矿进行氰化处理，以提高对金的回收效果。

浮选法分离含金多金属硫化矿矿石时，由于金属细粒嵌布，并与某些硫化物共生，金难以与硫化矿物进行分离，一般根据冶金对精矿的要求和复杂硫化矿的工艺矿学特性，制定浮选工艺流程，产出不同金属的含金精矿。

3.3.9 黄铁矿—砷黄铁矿

在黄铁矿—砷黄铁矿含金共生矿中，金常与砷黄铁矿共生紧密。虽然通常是抑制砷黄铁矿，但为了用加压氧化或细菌浸出法处理含金砷精矿，需采用从黄铁矿中选择性浮选砷黄铁矿的方法。然而用细菌氧化法处理浮选精矿时，细菌对残余的浮选药剂非常敏感，因此在采用这一方法前很重要的是先要确定浮选药剂的毒性。细菌氧化没有在采用焙烧工艺时对最低硫品位方面的制约因素。在硫砷分离时，用氧化剂或还原剂的方法调整黄铁矿和砷黄铁矿的氧化状态是实现选择性分离的关键。高锰酸钾是一种常用氧化剂，当用作砷黄铁矿的抑制剂时，常需使矿浆氧化还原电位控制在 400 ~ 500mV 之间。当用过二硫酸钾时，它不仅能抑制砷黄铁矿，而且还能活化黄铁矿。像偏亚硫酸钠和氧化镁这样一些调整剂，都能明显地提高这两种矿物的种分选效果。据报道，二硫代磷酸盐与二硫代氨基甲酸酯，可使砷黄铁矿和黄铁矿的回收率分别提高约 60% 和 20% 。

3.3.10 磁黄铁矿—黄铁矿/砷黄铁矿

在金的氰化浸出工艺中，已成功地采用选择性的分离除去磁黄铁矿以降低氰化物和氧的耗量。在浮选前对矿浆进行预充气能实现黄铁矿和砷黄铁矿从磁黄铁矿中的选择性浮选。采用氧化剂作调整剂也能实现这种工艺，在浮选时常采用辅助捕收剂的二硫代磷酸以提高对黄铁矿的选择性。

3.3.11 辉锑矿—黄铁矿/砷黄铁矿

很多含有辉锑矿、方锑金矿的含金矿床中，都存在有砷黄铁矿和黄铁矿，并且有大量的金常与这两种矿物共生。因为锑在氰化浸出过程中是干扰矿物，所以很希望能将它与其他矿物分离。可在较高的 pH 值下抑制辉锑矿和用硫酸铜活化砷黄铁矿/黄铁矿的方法进行浮选。反之，就在中性 pH 值并加入硝酸铅以活化辉锑矿的条件下进行硫化矿混合浮选，然后用加入氢氧化钠和浮选经铜活化过的砷黄铁矿/黄铁矿的方法，使辉锑矿与其他硫化矿分离。

3.3.12 铜—黄铁矿/砷黄铁矿/磁黄铁矿

当需使含金的铜矿石与其他硫化矿石分离时，一般都是在高 pH 值下加入抑制剂抑制其他硫化矿进行铜矿物的浮选，采用这种方法就可选择性地产出符合冶炼要求的合格含金铜精矿。

3.4 影响金浮选的工艺因素

3.4.1 pH 值

对于含金矿物的浮选，矿浆 pH 值的控制极为重要。通过调节矿浆 pH 值，可控制矿浆中的离子分子组成、矿物组分的溶解药剂与矿物表面的作用以及矿物的可浮性等。不同的含金矿物和伴生的脉石矿物往往具有各自最佳浮选 pH 值，绝大多数的含金硫化矿在碱性介质中可浮性较好，而黄铁矿、磁黄铁矿和辉锑矿则在酸性介质中浮选效果好，这些矿物的浮选都存在一个临界 pH 值。对于大多数捕收剂而言，矿物可浮性排列如下：辉铜矿 > 黄铜矿 > 黄铁矿 > 方铅矿 > 闪锌矿。在浮选铜矿物和优先浮选铅锌硫化矿时，可采用石灰抑制硫铁矿物并调矿浆 pH 值。如果硫铁矿物中含有贵金属时，为了消除石灰的不利影响，可采用苏打（$pH < 10$）或苛性钠（$pH > 10$）调 pH 值。对于被石灰抑制的硫铁矿，可用硫酸、硫酸铜和硫酸铵等进行活化后浮选。

矿浆浮选 pH 值有时还需综合考虑前面的处理工艺，例如在对浸出铀或对氧化残渣酸浸以后进行浮选时，常在低 pH 值或中性 pH 值下进行。另外，尽可能在脉石易浮的 pH 值范围以外选择浮选 pH 值。

3.4.2 矿浆电位

大量研究证明矿浆电位对硫化矿和贵金属浮选有重要作用，在各种浮选系统中电位与浮选回收率存在明显的关系。研究已经证明，由于捕收剂的阳极反应会导致硫化矿和贵金属产生较好的疏水性，其原因是捕收剂的阳极反应与阴极过程（例如氧的还原）构成氧化还原反应，捕收剂的阳极反应使矿物表面形成更好的疏水层。例如黄铁矿的浮选主要是由于黄药在其表面氧化形成双黄药并吸附于表面而引起的，因此既可控制矿浆电位使黄铁矿可浮，也可控制矿浆电位使黄铁矿的浮选受到抑制。

试验研究还证明，对于不同的硫化矿物有不同的浮选特征矿浆电位，只有在适当的矿浆电位下，硫化矿物才表现出良好的可浮性及分离特性。但在过高的正电位下，由于各种不同硫化矿物的浮选电位范围将会发生重叠，而使几种硫化矿物能被同时浮选，从而降低了矿物浮选的选择性。这种选择性的降低可能是由于元素硫、硫代硫酸盐、金属氢氧化物和其他表面氧化物的形成，以及这些产物无选择性吸附所引起的。为了创造硫化矿的最佳浮选条件，可通过添加适当的调整剂调节矿浆电位，实现含金硫化矿的有效浮选或分离。

3.4.3 物理因素

影响含金矿石的浮选效果的物理因素包括：粒度、气泡大小、温度、矿浆浓度、充气和搅拌速度以及在浮选槽中的停留时间。这些因素的影响对大多数浮选体系都是相同的。

（1）温度。温度升高到50℃前会提高浮选速度和精矿品位，主要是由于降低了矿浆及泡沫的黏度和从泡沫中净化除去了脉石颗粒。温度高于60℃时浮选指标就降低，可能是由于捕收剂的解吸作用。控制浮选矿浆温度的技术已在某些选金厂得到应用，以保持达到一定的浮选指标，尤其在冬季，在很多浮选金的工厂中温度一般都保持在25℃以上。

（2）矿浆浓度。粗选时矿浆浓度一般为25%～40%，在精选时矿浆浓度则相应地降低。研究已表明，金矿石的最佳浮选矿浆浓度为20%～30%，而粗粒金在稠矿浆（40%～60%）时浮选较好。

（3）粒度。入选粒度根据矿石性质和矿物单体解离需要而定。一般而言，铅锌矿磨至－0.59～－0.074mm，铜矿石磨至－0.40～0.074mm，含金黄铁矿磨至－0.20mm。在浮选易选矿石时，－12μm粒级金的回收率可达80%以上。在浮选尾矿时，回收率较低的主要原因是由于粗粒黄铁矿连生体的回收率较低，而这些连生体中含有较高比例的金。在金矿石的浮选中，控制浮选槽中的充气，搅拌速度和矿浆浓度是非常重要的。在紊流条件下能有效回收的金上限粒度可高达0.71mm（回收率大于80%）。在生产实践中，发现含金黄铁矿的粒度越粗，浮选速度越快，并且由于夹杂的脉石组分较少，精矿品位也就越高。

（4）浮选时间。不同的含金矿物的浮选都存在一个最佳浮选时间，并取决于矿石性质、浮选机类型和所用的浮选药剂的性质。与浮选细粒物料和尾矿相比，粗粒易选矿石中的金和黄铁矿具有更快的浮选速度，所需的浮选时间较短。

3.4.4 矿石浮选的化学调浆

在含金矿石浮选时，化学调浆与预处理是很重要的。如磨矿介质、预充气、药剂浓度和添加顺序，用氧气、氮气或二氧化硫调浆等，对提高浮选效率都起着一定的作用。通过延长调浆时间和提高叶轮转速，能提高黄铁矿的浮选速度和浮选回收率。在处理新的或堆存的老的氰化残渣时，必须先用SO_2或硫酸对矿石进行酸活化处理，以除去金粒或黄铁矿颗粒上的表面氧化层。对存放一段时间的黄铁矿来说，在浮选前也必须先进行酸活化处理。

用浮选法处理氰化浸渣时，可能存在有相当数量的石灰和氰化物。尾矿坝的回水中也可能含有一部分氰化物。氰化物本身就是黄铁矿的一种抑制剂，甚至很少量的氰化物都会对浮选产生很大的影响。这就要求用硫酸铜在酸性和中性pH值条件下对给矿进行活化处理，以消除石灰和氰化物的抑制作用影响。然而，用胺类捕收剂能在不用酸性预调浆的条件下浮选氰化后的黄铁矿。

在浮选前先用氧气、氮气或二氧化硫对黄铁矿进行调浆的实验室试验结果表明，这些气体都会影响矿浆电位值，从而影响硫化矿的浮选效果。一般地说，在控制一定的条件下使用富氧气体能提高黄铁矿的浮选回收率，提高矿浆中氧的浓度就能提高黄药的吸附量，并能提高矿浆的氧化还原电位和改善泡沫的状态。在有其他硫化矿存在时，用氮气进行处理后也能提高黄铁矿浮选的选择性。往矿浆中通入SO_2使矿浆酸化，能使硫品位从12%提高到19%（回收率85%）。

3.4.5 浮选工艺

浮选工艺流程是影响矿物浮选的重要因素之一，它反映了被处理矿石的工艺特性。不同类型的矿石需用不同的流程处理，流程的合理选择主要取决于矿石的性质和对精矿的质量的要求，同时也应考虑便于操作和最经济有效、最大限度地回收有用矿物和伴生有用成分。

金矿石和含金矿石的浮选工艺与金及含金矿物的浮选特性密切相关，对于含金金属矿和多金属矿的浮选及分离与其载金矿物的浮选及分离方法相近。金浮选流程也为适应矿石性质的需要而逐步多样化。国内外试验和采用的有阶段磨浮、泥砂分选、优先富集、分支串流和异步混合浮选等流程。为早收、快收一部分可浮性好的含金矿物，在粗选的前部采用可浮出部分合格精矿的优先富集作业，在老选厂中多有采用。国内泥砂分选在焦家、银洞坡等金矿已获生产应用。分支浮选流程也先后被河北、内蒙古、河南等地的金矿山采用，对入选原矿品位低于4~5g/t的矿石，效果很明显。珲春金铜矿处理金呈粗细不均匀嵌布的低品位金铜矿石，采用阶段磨浮流程（二段磨浮流程）后，金、铜回收率分别提高了5.43%和8.06%。异步混合浮选流程是依据多金属矿石中一种或几种矿物存在易浮和难浮两部分时，按先易后难顺序分步进行混合浮选，其原理与等可浮浮选流程相似。山东百里店金矿采用该流程处理含金铅锌硫化矿，金、铅、锌的回收率比常规混合浮选分别提高了0.9%、3.58%和2.02%。

目前，在黄金选矿理论与技术研究方面，主要集中在含金硫化矿的选择性浮选、自然金和银金矿的无捕收剂浮选、含砷高硫难选金矿石的浮选方法、提高金银回收率的方法、尾矿的浮选、铂族金属浮选时电化学测量的应用等方面的机理研究，但还无重大突破性理论研究成果。在黄金选矿工艺改造方面，主要通过改变工艺流程结构来提高贵金属的指标，获得经济效益。

3.4.6 浮选设备

浮选机是实现浮选过程的重要设备，浮选技术经济指标的好坏，与所用浮选机的性能密切相关。在浮选设备方面，一直是沿着高效、节能、大型化方向发展，一些选厂选用了一些最新研制的新型设备，浮选柱、充填式浮选机、BS-K4新型高效浮选机和闪速浮选机的应用是重要的进展。

就金的浮选来说，应用新型闪速浮选机能显著提高单体金的浮选回收率，已在许多选厂得到推广应用。闪速浮选机很适于在选金中作为中间选别作业，安装在磨矿与分级机之间，取代混汞或重选设备快速回收粗粒金，湖北鸡笼山金矿已有应用。闪速浮选机由芬兰奥托昆普公司研制，在哈马斯蒂铜选厂（含铜1%和少量金）试验结果铜回收率提高3%，金回收率提高20%～25%；闪速浮选机还可应用于非氰化处理选厂的尾矿石，如处理铜金矿，有资料表明可提高铜回收率3%，金回收率20%～25%。美国矿山局也研制出一种分离式闪速浮选机，据介绍其浮选时间仅为普通浮选机的1/9。

我国在浮选机改型方面也进行了许多研究，对老式的A型浮选机作了改进，新近研制的有SF型、BS－K4型、JJF型、QF型、CHF－Y型等高效浮选机也相继在黄金矿山推广应用。如祁雨沟金矿采用BS－K4新型浮选机，流程为一粗、二精、二扫。粗选用4台BS－K4浮选机，两次精选选用5A浮选机2台，两次扫选各选用3台BS－K4浮选机，有效提高了浮选指标。精矿品位由原来的17.44g/t提高到24g/t，尾矿品位由0.55g/t降低到0.3g/t；在招远、焦家、蚕庄、遂昌等10余个金矿使用后，选别指标均高于XJK型浮选机，节能近50%。同时，浮选机大型化在国内也受到了重视，近几年在一些大、中型选厂陆续安装了几种$4m^3$类型的浮选机，其中BS－K4型在招远、焦家、蚕庄及遂昌等十余个金矿使用后，生产实践证明其选别指标均优于XJK型浮选机，且节约能耗近40%。蚕庄金矿金品位提高8g/t；金回收率提高1.8%；招远金矿品位提高15g/t。大水清金矿安装了SF4型浮选机，珲春金铜矿安装了SF4型和JJF4型联合浮选机组，五龙金矿四道沟分矿安装了CHF－$14m^3$，金厂峪金矿安装了CHF－$4m^3$浮选机，实践证明大型浮选机在这些矿山的应用都获得了良好的效果。

3.5 金矿石的浮选综合流程

3.5.1 单一浮选流程

含金多金属硫化矿多用浮选法处理，浮选所得硫化矿精矿，送冶炼处理回收金。此法适用于处理金呈细粒嵌布于可浮较高的含金硫化矿石英脉矿石和多金属硫化矿，以及含炭质脉石的矿石。

红花沟金矿选厂处理的硫化矿中，主要金属矿物为黄铁矿、磁黄铁矿、银金矿、自然金、黄铜矿、方铅矿，脉石矿物为石英、方解石、绢云母等，原矿含金14.4g/t，嵌布粒度为0.005～0.01mm，属易选金矿。原矿粗磨（小于0.074mm占50%～55%）后一粗和三扫选别后，得含金为190.7g/t的硫精矿，金回收率为95%～96%，黄药用量110g/t，松油用量78g/t。

3.5.2 重选—浮选流程

重选工艺在岩金矿山的应用虽不是主要提金手段，但作为辅助工艺却是一种既经济又简便的有效方法。其优点有：（1）在粗磨矿条件下，重选回收单体尽可直接产出成品，资金周转快，无污染；（2）重选对粗粒金的优先提取可避免尾矿中的金属流失；（3）预先提取粗粒金后，可大大缩短氰化物浸出时间和降低氰化物消耗；（4）重选精矿的冶炼回收率明显高于浮选精矿冶炼回收率。

（1）重选—浮选流程。重选—浮选流程适用于组成简单、部分自然金呈粗粒嵌布的矿石。矿石先进行重选，原矿经粗磨，用跳汰等重选方法选出粗粒金矿，尾矿经再磨后用浮选处理，所得金精矿送冶炼厂，在冶炼过程中回收金。瑞典波立登公司从

1985年起在所属有关选厂推广应用了金塔（gold tower）设备机组，包括圆锥选矿机、螺旋溜槽和摇床，处理磨矿回路中的沉砂，使选厂金回收率平均提高5%。南非波拉金矿矿石类型为石英脉含金矿石，选厂处理能力为600t/d，选矿流程为重选—浮选，在磨矿分级回路中用1m×2m尤巴型双室跳汰机回收大于0.1mm的粗粒金。跳汰精矿用摇床精选两次，获得含金70%以上的精矿直接熔炼。瑞典北部的Bjorkdal金矿也采用重选—浮选工艺。

（2）浮选—重选流程。浮选—重选流程适用于金和硫化矿紧密共生的矿石。原矿经磨矿后先进行浮选，浮选精矿用冶炼方法回收，浮选尾矿中尚有少量难浮的硫化矿颗粒，用溜槽等重选方法回收。采用此流程的有湘西沃溪选厂等。

（3）重选—浮选—重选流程。秦岭金矿文峪选厂所处理的矿石性质复杂，金粒嵌布极不均匀，主要金属矿物有方铅矿、黄铜矿、黄铁矿等12种以上矿物；主要脉石矿物为石英、绢云母、绿泥石等。原矿含金9g/t，经粗磨，用重选回收含金的铅精矿，重选尾矿再磨，进行铜铅混合浮选，分离得单一精矿，混浮尾矿再用重选回收未回收的金。金的总回收率为95.2%。

3.5.3 混汞—浮选流程

原矿经粗磨后，用混汞法回收单体金，混汞尾矿经再磨后，用浮选法回收。此流程适用于金呈粗细粒不均匀嵌布的金矿及含金多金属硫化矿。

南京铜井金铜矿选厂自从1960年投产以来，由于矿石性质变化先后采用了单一浮选、重选—浮选流程。处理的矿石为含金铜石英脉矿床，金属矿物主要有黄铜矿、斑铜矿及辉铜矿等，脉石矿物有石英、方解石等。金以游离金为主，呈粒状和片状产出，最大粒度为0.15mm，一般为0.07～0.08mm。选厂先对矿石进行粗磨（小于0.074mm占55%），然后先进行混汞，混汞金的回收率为40%～50%，混汞尾矿再进行浮选；浮选流程为一粗二精一扫，所得精矿含金14～16g/t，回收率为40%，含铜16%～18%，回收率为93%～95%。原矿含金1～2g/t，含铜0.6%～1.0%时，粗选丁黄药和丁铵黑药用量分别为16g/t和65g/t，松醇油65g/t，扫选丁黄药和丁铵黑药及松醇油用量均为15g/t。目前河北张家口、辽宁二道沟、吉林夹皮沟、山东沂南等不少金矿还应用此工艺。辽宁二道沟金矿原为单一浮选流程，根据矿石性质改为混汞加浮选联合流程，总回收率提高7.81%（混汞回收率达64.6%），尾矿品位由0.74g/t降到0.32g/t。

3.5.4 浮选—氰化流程

3.5.4.1 浮选—精矿氰化流程

采用浮选—精矿氰化流程的国内外选厂较多，适用于处理金与矿粒紧密共生的矿石，浮选所得精矿进行氰化处理。如美国的Kenslgton金矿采用浮选—精矿氰化流程。招远金矿玲珑选厂采用浮选—氰化流程处理多金属矿。金属矿物主要有黄铁矿、黄铜矿、自然金、闪锌矿、方铅矿、银铅矿等；其中黄铁矿含量占金属矿总量的91%；脉石矿物有石英、云母、斜长石等。其中石英占脉石矿物总量的72.5%。金以细粒状、星点状及细脉状存在于黄铁矿、黄铜矿和石英中，原矿含金7.7g/t。原矿先粗磨至小于0.074mm占50%，进行铜金硫混合浮选，所得混合精矿用旋流器分级，沉砂磨至小于0.074mm占

98%，分级后进行分离浮选得铜精矿。铜精矿含铜3.5%，含金250~350g/t，金回收率为68%。混合精矿分选尾矿为含金黄铁矿精矿，送氰化处理。原矿混合浮选药剂制度为碳酸钠545g/t，松醇油50g/t，乙黄药100g/t，浮选矿浆pH值为7~8；分离浮选抑制剂为氰化钠和石灰，矿浆pH值为12~13；黄铁矿氰化作业药剂制度为氰化钠5~6kg/t，石灰364g/t。

3.5.4.2　浮选—尾矿氰化流程

矿石经磨矿后，用浮选得含金精矿，尾矿因含金仍较多，又难以用选矿方法回收，用氰化处理。此流程适用于处理金粒嵌布较细的含金硫化矿。

3.5.4.3　浮选—预处理—氰化流程

浮选所得金精矿，直接氰化效果差时，先用焙烧、细菌氧化和加压氧化等方法预处理后，再氰化浸金。此流程适用于处理细粒嵌布而含硫含砷高的含金黄铁矿等难浸含金硫化矿。澳大利亚对难处理的矿石，先用浮选法回收包括硫化碲、自由金和黄铁矿等载金矿物，所得精矿在650℃焙烧，把黄铁矿转化成多孔的含金黄铁矿，然后再用炭浆法回收金。南非吉米公司采用浮选法作为细菌浸出前的预选作业，用于选别含砷、硫难处理矿石。美国霍姆斯特公司的Mclamghlin矿用浮选回收金和含金硫化矿，浮选精矿则用于加压氧化预处理。我国广西某金矿采用预先浮选—浮选精矿焙烧—氰化提金联合流程，在浮选中采取阶段磨浮、加H_2SO_4活化、脱泥等强化措施，选得含高砷硫金精矿，金浮选回收率达83.32%。甘肃省某矿以雌黄和雄黄为主的高砷难处理矿石，采用原矿浮选—精矿热压氧化浸出—残渣与浮选尾矿合并再氰化的联合流程，获得了金总回收率86.18%的理想效果。

罗马尼亚达尔尼金矿选厂处理含金硫砷矿，其原矿含金6.2~7g/t，原矿经阶段磨浮后得含金高砷硫精矿，其精矿含金90~105g/t，含硫16%~22%，含砷6%，金回收率为89%。浮选药剂为碳酸钠、硫酸铜、丁黄药及25号黑药。精矿直接氰化金浸出率很低，故采用焙烧浸出法，精矿经双室沸腾炉焙烧，焙砂氰化浸金，金浸出率在90%以上。

3.5.4.4　氰化—浮选流程

原矿先氰化浸金，氰化尾矿用硫酸铜、碳酸钠等调浆活化后，再进行浮选回收含金矿物。氰化尾矿为含金黄铁矿则可用碳酸钠或CO_2及硫酸调浆和活化，pH值调至6左右后，再加硫酸铜进行活化浮选。用浮选处理氰化老尾矿回收金银，在生产实践中证明是经济可靠的，也有许多成功的实例。

厄瓜多尔波托维罗金矿选厂处理以黄铁矿为主的多金属硫化矿，原矿含金7.5g/t。原矿经细磨后，进行调浆氰化，活性炭吸附，载金活性炭含金87kg/t，回收率为86.5%，含银250kg/t，回收率为35%。氰化尾矿再浮回收其他金属硫化矿，经一粗四精得铜铅混合精矿，其中混合铜铅精矿含金40.1g/t，回收率6.6%；混合精矿尾矿经浮锌粗选后得废弃尾矿，粗锌精矿经三次精选，得锌精矿，锌精矿中不含金银。阿根廷的阿伦布雷拉选厂采用重选—浮选—重选流程。

3.5.5　多种复杂联合流程

多种复杂联合流程主要有以下几种：

（1）重选—浮选—精矿氰化。重选—浮选—精矿氰化适用于矿石含大量黄铁矿、毒砂及少量其他硫化矿的矿石，以及部分金呈单体、另一部分与硫化矿共生的矿石。单体金用重选回收，浮选处理重选尾矿，浮选精矿含砷，经焙烧、细磨后进行氰化。

（2）重选—浮选—尾矿氰化。重选—浮选—尾矿氰化适用于处理大部分金与硫化矿共生的矿石、含有对氰化有害的矿物、含碳质金矿。

（3）混汞—重选—浮选。广西梧州东南金矿选厂处理含金石英用此流程。

（4）重选—尾矿泥砂分选、矿泥浮选—矿砂氰化。这种流程适用于处理难以回收的碲金矿，这种碲金矿受到氰盐的活化，可用浮选回收。

4 混汞法提金

混汞法提金是一种简单而又古老的方法。它是基于金粒容易被汞选择性润湿，继而汞向金粒内部扩散形成金汞齐（含汞合金）的原理而捕收自然金。金汞齐（膏）的组成随其含金量而变。混汞时金粒表面先被汞润湿，然后汞向金粒内部扩散分别形成 $AuHg_2$、AuAg、Au_3Hg，最后形成金在汞中固溶体 Au_3Hg。将汞膏加热至 375℃以上时，汞挥发出呈元素汞形态，金呈海绵金形态存在。

混汞作业一般不作为独立过程，常与其他选矿方法组成联合流程，多数情况下，混汞作业只是作为回收金的一种辅助方法。由于混汞作业的劳动条件差，劳动强度大，易引起汞中毒，含汞废气废水应该净化等问题。目前正在逐渐被浮选或重选法所取代。但混汞法能回收单体自然金，可就地产金，所以在黄金选矿中仍占有一定的地位。

4.1 混汞提金原理

4.1.1 混汞的理论基础

混汞法提金历史悠久，积累了非常丰富的生产经验，但人们对混汞提金原理却缺乏系统的研究。只在近几十年来，混汞提金的理论研究才取得较大的进展。混汞提金是基于矿浆中的单体金粒表面和其他矿粒表面被汞润湿的差异，金粒表面亲汞疏水，其他矿粒表面疏汞亲水，金粒表面被汞润湿后，汞继续向金粒内部扩散生成金汞合金，从而汞能捕捉金粒，使金粒与其他矿物及脉石分离。混汞后刮取工业汞膏，经洗涤、压滤和蒸汞等作业，使汞挥发而获得海绵金，海绵金经熔铸得金锭。蒸汞时挥发的汞蒸气经冷凝回收后，可返回混汞作业使用。

混汞提金作业在矿浆中进行，混汞过程与金、水、汞三相界面性质密切相关。混汞提金过程的实质是单体解离的金粒与汞接触后，金属汞排除金粒表面的水化层迅速润湿金粒表面。然后金属汞向金粒内部扩散形成金汞齐（汞膏），金属汞排除金粒表面水化层的趋势越大，进行速度越快，则金粒越易被汞润湿和被汞捕捉，混汞作业金的回收率越高。因此，金粒汞齐比的首要条件是金粒与汞接触时汞能润湿金粒表面，进而捕捉金粒。

矿浆中的金粒与汞接触时形成金—汞—水三相接触周边，金被汞润湿的程度可用汞对金粒表面的润湿接触角表示。若规定汞—水界面和汞—金界面的夹角为汞对金粒表面的润湿接触角（α），从图 4 - 1 可知，汞对金粒表面的润湿接触角 α 越小，金粒表面越易被汞润湿。相反，汞对其他矿物表面的润湿接触角很大，其他矿物表面不易被汞润湿。因此，金粒表面具有亲汞疏水的特性，表面的水化层不易被汞润湿；其他矿物表面具有疏汞亲水的特性，表面的水化层不易被汞排除，不被汞润湿。可用混汞浊选择性润湿金粒表面使金粒与其他矿粒相分离。

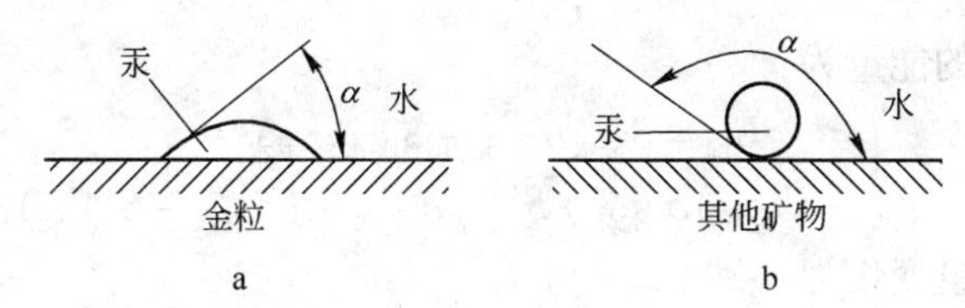

图4-1 汞与金粒及其他矿物表面接触时的状态

润湿接触角 α 的大小与金—汞—水三相界面的表面能有关。设 $\sigma_{金汞}$、$\sigma_{金水}$和 $\sigma_{汞水}$分别代表各界面的表面能；并将其看成表面张力（两者数值相同，单位不同），则从图4-1a 可得下列关系式：

$$\sigma_{金水} = \sigma_{金汞} + \sigma_{汞水}\cos\alpha$$

$$\cos\alpha = \frac{\sigma_{金水} - \sigma_{金汞}}{\sigma_{汞水}}$$

从图4-1b 可得下列关系式：

$$\sigma_{矿水} + \sigma_{汞水}\cos(180° - \alpha) = \sigma_{矿汞}$$

$$\sigma_{矿水} - \sigma_{汞水}\cos\alpha = \sigma_{矿汞}$$

$$\cos\alpha = \frac{\sigma_{矿水} - \sigma_{矿汞}}{\sigma_{汞水}}$$

可见从图4-1a、b 导出的润湿接触角 α 与表面张力的关系式相同。润湿接触角 α 越小，cosα 越接近于1，金属汞对矿物表面的润湿性越大。因此，可将 cosα 称为可混汞指标，以 H 表示，则：

$$H = \cos\alpha = \frac{\sigma_{矿水} - \sigma_{矿汞}}{\sigma_{汞水}}$$

由于单体金粒表面及金属汞表面均疏水，金水界面及汞水界面的表面张力大，而金粒及金属汞内部均为金属晶格，密度较大。根据相似相溶原理，金粒与汞均为金属，性质较相似，金—汞界面的表面张力很小。因此，金—水界面的表面张力与汞水界面的表面张力越接近，可混汞指标 H 越接近于1，金粒越易被汞润湿而汞齐化。相反，金属汞对矿粒表面的润湿接触角越大，其可混汞指标越小，其表面不易被汞润湿和汞齐化，因此，混汞过程中采用任何能提高金—水面及汞水界面表面能（表面张力）和能降低金—汞界面表面能的措施均可提高金粒表面的可混汞指标，有利于金粒汞齐化和可提高混汞过程中金的回收率。

金粒与金属汞接触、润湿、汞齐化而被捕捉的过程如图4-2所示。设 $S_{金水}$为捕捉前金粒的表面积，$S_{汞水}$为汞珠的表面积，$S'_{金水}$为捕捉过程中未被汞润湿的金粒剩余表面积，

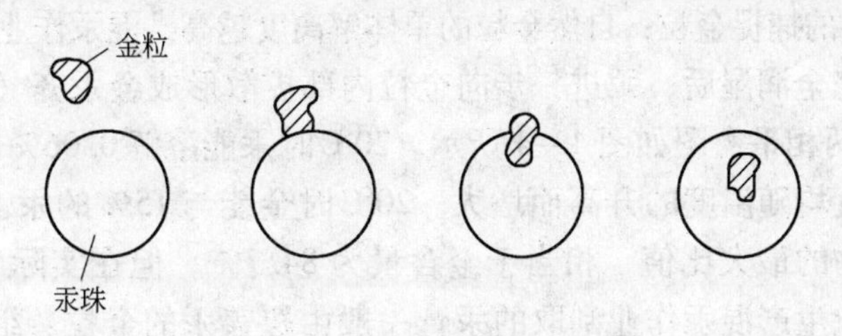

图4-2 金粒被汞润湿示意图

则金粒被汞润湿前后的能量为：

$$E_{前}=S_{金水}\sigma_{金水}+S_{汞水}\sigma_{汞水}$$

$$E_{后}=(S_{金水}-S'_{金水})\sigma_{金汞}+S'_{金水}\sigma_{金水}+(S_{汞水}-S'_{金水})\sigma_{金水}$$

润湿前后体系能量变化为：

$$\begin{aligned}\Delta E&=E_{前}-E_{后}\\&=S_{金水}\sigma_{金水}+S_{汞水}\sigma_{汞水}-(S_{金水}-S'_{金水})\sigma_{金汞}-S'_{金水}\sigma_{金水}-S_{汞水}\sigma_{汞水}+S'_{金水}\sigma_{汞水}\\&=(S_{金水}-S'_{金水})\sigma_{金水}-(S_{金水}-S'_{金水})\sigma_{金汞}+S'_{金水}\sigma_{汞水}\\&=(S_{金水}-S'_{金水})(\sigma_{金水}-\sigma_{金汞})+S'_{金水}\sigma_{汞水}\end{aligned}$$

由于$S_{金水}\geqslant S'_{金水}$、$\sigma_{金水}\geqslant\sigma_{金汞}$，所以$\Delta E>0$，即汞润湿金粒表面的过程使体系能量降低，金属汞润湿金粒表面能自动进行。金水界面表面能与金汞界面表面能之间的差值越大，未被汞润湿的剩余金—水界面积越小，金粒被润湿前后的能量变化则越大，金粒表面越易被金属汞润湿。因此，可将润湿前后的能量变化ΔE称为金属汞润湿金粒表面的润湿功能或捕捉功，用W_H表示：

$$W_H=\Delta E=(S_{金水}-S'_{金水})(\sigma_{金水}-\sigma_{金汞})+S'_{金水}\sigma_{汞水}$$

当$S'_{金水}=0$时：$$W_H=S_{金水}(\sigma_{金水}-\sigma_{金汞})$$

若金粒与其他矿物呈连生体形态存在，设$S_{金水}$为连生体中金—水界面表面积，$S_{矿水}$为连生体中其他矿物—水界面表面积，则连生体被汞润湿前后的能量变化为：

$$E_{前}=S_{金水}\sigma_{金水}+S_{矿水}\sigma_{矿水}+S_{汞水}\sigma_{汞水}$$

$$E_{后}=S_{金汞}\sigma_{金汞}+S_{矿汞}\sigma_{矿汞}+S_{汞水}\sigma_{汞水}$$

$$\Delta E=E_{前}-E_{后}=S_{金水}\sigma_{金水}+S_{矿水}\sigma_{矿水}-S_{金汞}\sigma_{金汞}-S_{矿汞}\sigma_{矿汞}$$

因为$S_{金水}=S_{金汞}$，$S_{矿水}=S_{矿汞}$

所以$$\Delta E=S_{金水}(\sigma_{金水}-\sigma_{金汞})+S_{矿水}(\sigma_{矿水}-\sigma_{矿汞})$$

因为$\sigma_{金水}\gg\sigma_{金汞}$、$\sigma_{矿水}<\sigma_{矿汞}$，若$S_{金水}\gg S_{矿水}$，$\Delta E>0$，则润湿过程能自动进行；若$S_{金水}\ll S_{矿水}$，$\Delta E<0$，则润湿过程不能自动进行。

因此，金粒呈连生体形态存在时，只有连生体的表面大部分为金时，金属汞才能自动润湿连生体中的金粒和捕捉连生体。否则，金属汞无法自动捕捉金粒，连生体中的金随矿浆流失而损失于混汞尾矿中。呈包体存在的金粒无法与汞接触，将损失于混汞尾矿中。所以，提高磨矿细度，增加自然金粒的解离度，常可提高混汞作业金的回收率。

从上可知，任何提高金—水界面表面能和汞—水界面表面能、降低金—汞界面表面能以及提高自然金粒解离度的因素，均可提高金粒的可混汞指标（H）及捕捉功W_H。即金粒表面越亲汞和越疏水，则汞越易润湿金粒表面和捕捉金粒；金属汞表面越亲金和越疏水，则汞越易润湿金粒表面的捕捉金粒；自然金粒的单体解离度越高，混汞作业金的回收率越高。

金粒表面被汞完全润湿后，汞进一步向金粒内部扩散形成金汞齐（金汞合金），如图4－3所示。汞金的两相平衡图如图4－4所示。20℃时汞能溶解0.06%的金，汞的流动性与金在汞中的溶解度均随温度的升高而增大。20℃时金能与15%的汞（原子）组成固溶体，这是金汞化合物的最大比值，相当于金含量为84.7%，但在实际生产中，金和汞不可能达到平衡，工业生产混汞作业刮取的汞膏一般由覆盖汞的金粒、组成相当于$AuHg_2$、Au_2Hg、Au_3Hg的汞金化合物、中心残存的未汞齐化的金及游离汞（过剩汞）所组成。汞膏含金低于10%时呈液态，含金达12.5%时呈致密体。粗粒金混汞时，未汞齐化的残存金多，工业汞膏含金量可达40%～50%。细粒金混汞时，由于金粒细小，比表面积大，汞齐化较完全，附着的游离汞多，工业汞膏含金量为20%～25%。通常工业汞膏含金量接近于$AuHg_2$化合物的组成，含金量为32.93%。此外，工业汞膏中还含有其他金属矿物、石英、脉石碎屑等机械混入物以及部分被汞齐化的少量银、铜等金属。

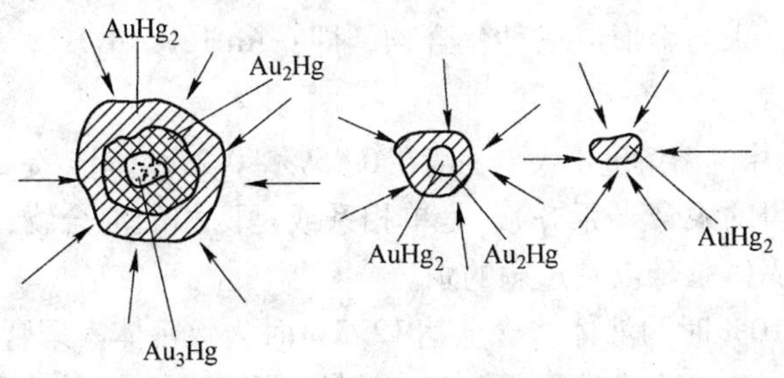

图4-3 金粒的汞齐化过程

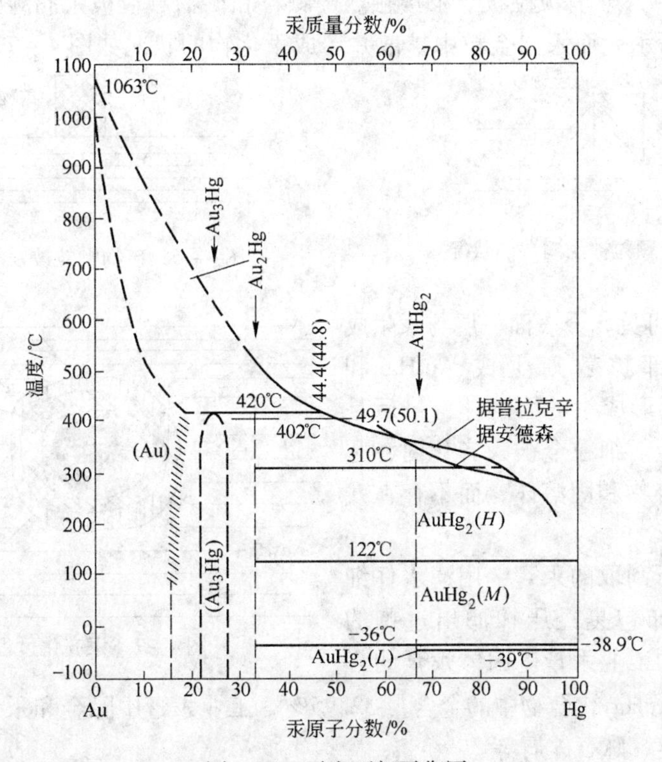

图4-4 汞金两相平衡图

在以水为介质的矿浆中，当汞与金粒表面接触时，金与汞形成的接触面代替了原来金与水和汞与水的接触面，从而降低了相系的表面能，并破坏了妨碍金粒与汞接触的水化层。此时，汞沿着金粒表面迅速扩散，并促使相界面上的表面能降低。随后汞向金粒中扩散，形成了化合物——汞膏（汞齐）。由于原子间力的作用后果而发生放热反应，并同时放出热量。

在所有的金属中，金是最容易混汞的，很多贱金属则不能直接进行混汞，银和铂介于金和大多数贱金属之间，但个别贱金属，例如铜则比铂还容易混汞。

汞能选择性地润湿金，经大量研究证实，关键在于金属表面氧化薄膜的性质。金属表面与空气接触都能被氧化，并生成氧化膜，金与其他贱金属相比，氧化速度最慢，这就是金能被汞齐化的根本原因。

金被汞润湿，并随后汞向金的内部扩散生成汞膏的过程简称汞膏化（汞齐化）。

4.1.2 汞膏的构造与形成

在汞齐化过程中，汞与金形成三种化合物，即：$AuHg_2$、Au_2Hg、Au_3Hg。此外，在金中还形成有汞的固溶体。

在常温下，金在汞中的溶解度不大，一般在0.15%～0.2%之间。提高温度则溶解度增大。

生产实践中所获得的汞膏（汞齐），是单相系或是两相的混合物：金全部或部分与汞化合成的化合物——固体汞膏以及过剩的汞。

汞膏中含金低于10%时为液体，含金达12.5%时为致密体。汞膏的形成有两个阶段：第一阶段是金被湿润；第二阶段是汞向金粒中扩散，形成汞和金的化合物。

在生产过程中，金呈颗粒状与汞接触。金颗粒和矿物颗粒被汞润湿的状况分别如图4－5和图4－6所示。而汞向金粒中扩散并形成汞化物的状况如图4－7所示。

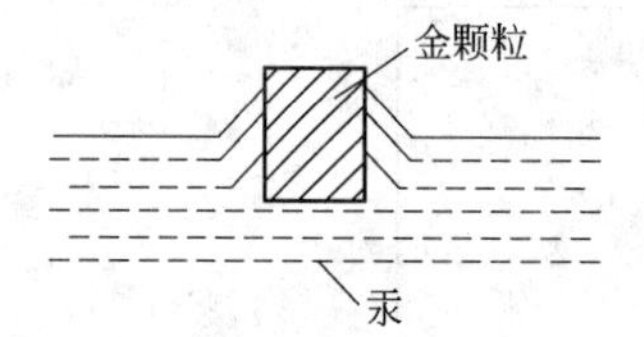

图4－5 金颗粒被汞润湿的状况

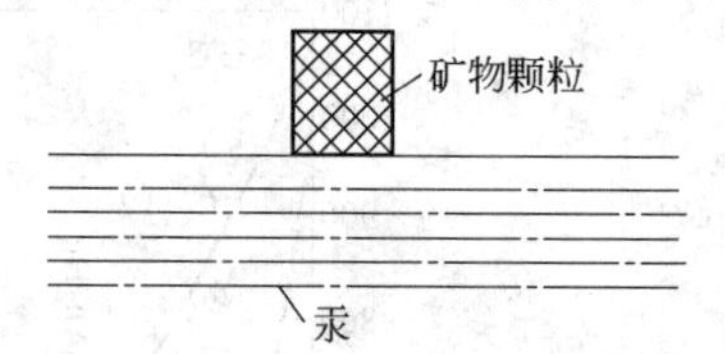

图4－6 矿物颗粒被汞润湿的状况

从图4－6中可见，金表面一层与汞生成$AuHg_2$，再往深部扩散则生成Au_2Hg和Au_3Hg，第四层则形成汞的固溶体，最后是残存未汞齐化的金。细粒金被汞齐化时，几乎全部生成汞化合物和固溶体，而不存在残留金。

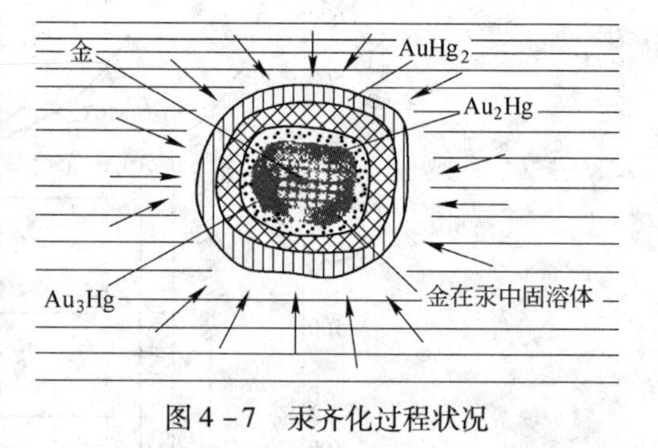

图4－7 汞齐化过程状况

工业生产中所刮取的汞膏，用清水仔细清洗，用致密的布包裹经压榨滤出过剩的汞，则得到坚硬的工业汞膏。固体汞膏的含金量，极接近于$AuHg_2$化合物中的金含量32.95%，工业汞膏中除金和汞外，还含有其他金属矿物，如石英、脉石碎屑等。

4.1.3 影响混汞提金的主要因素

4.1.3.1 金粒大小与金粒解离度

自然金粒只有与其他矿物或脉石单体解离或呈金占大部分的连生体形态存在时才能被汞润湿和汞齐化、包裹于其他矿物或脉石矿物中的自然金粒无法与汞接触，不可能被汞润湿和汞齐化。因此，自然金粒与其他矿物及脉石单体解离或呈金占大部分的连生体存在是混汞提金的前提条件。

一般将大于495μm的金粒称为特粗粒金，495～74μm的金粒为粗粒金、74～37μm的金粒称为细粒金，小于37μm的金粒称为微粒金，外混汞时，若自然金粒粗大，不易被汞捕捉，易被矿浆流冲走；若金粒过细，在矿浆浓度较大的条件下不易沉降，不易与汞板接触，也易随矿浆流失。实践表明，适合混汞的金粒粒度为0.2~0.3mm。因此，含金矿石磨矿时，既不可欠磨也不可过磨。欠磨时，金粒的解离度低，单体金粒含量少，过磨时金粒过细，减少适于混汞的金粒的粒级含量。含金矿石的磨矿细度取决于矿石中金粒的嵌布粒度，只有粗、细粒金粒含量较高的矿石经磨矿后才适合进行混汞作业。若矿石中的金粒大部分呈微粒金形态存在，磨矿过程中金粒的单体解离度低，此类矿石不宜采用混汞法提金。

处理适于混汞的含金矿石时，混汞作业金的回收率一般可达60%~80%。

4.1.3.2 自然金的成色

单体解离金粒的表面能与金粒的成色（纯度）有关，纯金的表面最亲汞疏水，最易被汞润湿。但自然金并非纯金，常含有某些杂质，其中最主要的杂质是银，银含量的高低决定自然金粒的颜色和密度。银含量高（达25%）时呈绿色，银含量低时呈浅黄至橙黄色。此外，自然金还含有铜、铁、镍、锌、铅等杂质。自然金粒成色越高，其表面越疏水，金—水界面的表面能越大，其表面的氧化膜越薄，越易被汞润湿，可混汞指标越接近于1；反之，自然金粒中的杂质含量越高，自然金粒的疏水性越差，可混汞指标越小，越难被汞润湿。如金中含银达10%时、金粒表面被汞润湿的性能将显著下降。砂金的成色一般比脉金高，所以砂金的可混汞指标比脉金的高。氧化带中的脉金金粒的成色一般比原生带中脉金金粒的成色高，所以氧化带中脉金金粒比原生带中的脉金金粒易混汞，混汞时可获得较高的金回收率。

由于新鲜的金粒表面最易被汞润湿，所以内混汞的金回收率一般高于外混汞的金回收率，内混汞可获得较好的指标。

4.1.3.3 金粒的表面状态

金的化学性质极其稳定，与其他贱金属比较，金的氧化速度最慢，金粒表面生成的氧化膜最薄。金粒表面状态除与金粒的成色有关外，还与其表面膜的类型和厚度有关。磨矿过程中因钢球和衬板的磨损可在金粒表面生成氧化物膜。机械油的混入可在金粒表面生成油膜，金粒中的杂质与其他物质起作用可在金粒表面生成相应的化合物膜，金粒有时可被矿泥罩盖而生成泥膜。所谓金粒“生锈”是指金粒表面被污染，在金粒表面生成一层金属氧化物膜或硅酸盐氧化膜，薄膜的厚度一般为1~100μm。金粒表面膜的生成将显著改变金—水界面和金—汞界面的表面能，降低其亲汞疏水性能。因此，金粒表面膜的生成对混汞提金极为不利，应设法清除金粒表面膜。混汞前可预先采用擦洗或清洗金粒表面的方法清除金粒表面膜，实践中除采用对金粒表面有擦洗作用的混汞设备外，还可采用添加石灰、氰化物、氯化铵、重铬酸盐、高锰酸盐、碱或氧化铅等药剂清洗金粒表面，消除或减少表面膜的危害，以恢复金粒表面的亲汞疏水性能。

4.1.3.4 汞的化学组成

汞的表面性质与其化学组成有关。实践表明，纯汞与含少量金银或含少量贱金属（铜、铅、锌均小于0.1%）的回收汞比较，回收汞对金粒表面的润湿性能更好，纯汞对金粒表面的润湿性能较差。根据相似相溶原理，采用含少量金银的汞时，金—汞界面的表面能较小，可提高可混汞指标及汞对金粒的捕捉功。如汞中含金0.1%~0.2%时，可加速金粒的汞齐化过程。汞中含银达0.17%时，汞润湿金粒表面的能力可提高0.7倍；汞中含银量达5%时，汞润湿金的能力可提高两倍。在硫酸介质中使用锌汞齐时，不仅可捕捉金，而且还可捕捉铂。但当汞中贱金属含量高时，贱金属将在汞表面浓集，继而在汞表面生成亲水性的贱金属氧化膜，这将大大提高金—汞界面的表面能。降低汞对金粒表面的润湿性、降低汞在金粒表面的扩散速度。如汞中含铜1%时，汞在金粒表面的扩散需30～60min，当汞中含铜达5%时，汞在金粒表面的扩散过程需2～3h。汞中含锌达0.1%～5%时，汞对金粒失去润湿能力，更不可能向金粒内部扩散。汞中混入大量铁或铜时，会使金汞变硬发脆，继而产生粉化现象。矿石中含有易氧化的硫化物及矿浆中含有的重金属离子均可引起汞的粉化，使汞呈小球被水膜包裹。这将严重影响混汞作业的正常进行。

4.1.3.5 汞的表面状态

汞的表面状态除与汞的化学组成有关外，还与汞表面被污染和表面膜的形成有关。汞中贱金属含量高时，贱金属会在汞表面浓集并生成亲水性氧化膜。机油、矿泥会像污染金粒表面一样污染汞表面，会形成油膜和泥膜。矿浆中的砷、锑、铋硫化物及黄铁矿等硫化矿易附着在汞表面上。滑石、石墨、锡及分解产生的有机质、可溶铁、硫酸铜等物质也会污染汞表面。其中以铁对汞表面的污染危害最大。在汞表面生成从黑色薄膜，将汞分成大量的微细小球。汞被过磨、经受强烈的机械作用也可引起汞的粉化。汞呈细小汞球被水膜包裹。因此，任何能阻止汞表面被污染的措施，均可改善汞的表面状态，提高汞表面的亲金疏水性能，均有利于混汞作业的顺利进行。

4.1.3.6 矿浆温度与浓度

矿浆温度过低，矿浆黏度大，表面张力增大，会降低汞对金粒表面的润湿性能。适当提高矿浆温度可提高可混汞指标。但汞的流动性随矿浆温度的升高而增大，矿浆温度过高将使部分汞随矿浆而流失。生产中的混汞指标随季节有所波动，冬季的混汞指标较低。通常混汞作业的矿浆温度宜维持在15℃以上。

混汞的前提是金粒能与汞接触。外混汞时的矿浆浓度不宜过大，以便能形成松散的薄的矿浆流，使金粒在矿浆中有较高的沉降速度，使金粒能沉至汞板上与汞接触，否则，微细金粒很难沉落到汞板上。生产中，外混汞的矿浆浓度一般应小于10%～25%，但实践中常以混汞后续作业对矿浆浓度的要求来确定外混汞的给矿浓度。因此，混汞板的给矿浓度常大于10%～25%，磨矿循环中的外混汞矿浆浓度以50%左右为宜。内混汞的矿浆浓度因条件而异，一般应考虑磨矿效率、内混汞矿浆浓度一般高达60%～80%。碾盘机及捣矿机中进行内混汞的矿浆浓度一般为30%～50%。内混汞作业结束后，为了使分散的汞齐和汞聚集，可将矿浆稀释，有利于汞齐和汞的沉降和聚集。

4.1.3.7 矿浆的酸碱度

矿浆介质对某砂金混汞指标的影响如图4-8所示。实践表明，在酸性介质中或氰化物溶液（浓度为0.05%）中的混汞指标最好，由于酸性介质或氰化物溶液可清洗金粒表面及汞表面，可溶解其上的表面氧化膜。但酸性介

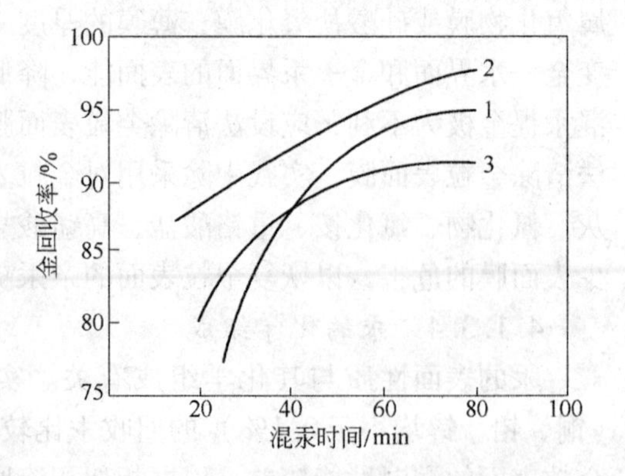

图4-8 金在不同介质中的混汞效率
1—中性介质；2—酸性介质（3%～5% H_2SO_4）；
3—碱性介质（石灰溶液）

质无法使矿泥凝聚，无法消除矿泥、可溶盐、机油及其他有机物的有害影响。在碱性介质中混汞可改善混汞的作业条件，如用石灰作调整剂时，可使可溶盐沉淀，可消除油质的不良影响，还可使矿泥凝聚，降低矿浆黏度。一般混汞作业宜在 pH 值为 8～8.5 的弱碱性矿浆中进行。此外，混汞设备及混汞的作业条件、水质、含金矿石的矿物组成及化学组成等因素对混汞指标的影响也不可忽视。

4.2 混汞设备及操作

目前混汞法有内混汞法和外混汞法两种方法。内混汞法是在磨矿设备内使矿石的磨碎与混汞同时进行的混汞方法。外混汞法是在磨矿设备外进行混汞的混汞方法。

当含金矿石中铜、铅、锌矿物含量甚微，不含易使汞大量粉化的硫化物，同时金的嵌布粒度较大时，常采用内混汞法处理。此外，砂金矿山常用内混汞法使金与其他重矿物分离。

外混汞法在选金厂很少单独使用，往往与浮选、重选和氰化法联合使用。当处理金含量高的金属矿石时，外混汞法主要用来捕收粗粒游离金。

4.2.1 外混汞设备及操作

外混汞设备主要有混汞板，其他混汞机械及配合板混汞的给矿箱、捕汞器等。

4.2.1.1 固定混汞板

固定混汞板有平面的、阶梯的和带有中间捕集沟的三种形式。我国多采用平面式的，其构造如图 4-9 所示。国外常用带有中间捕集沟的固定混汞板如图 4-10 所示。

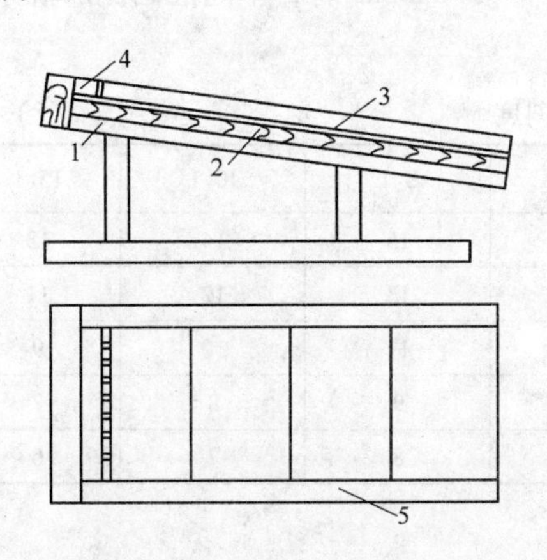

图 4-9 固定混汞板

1—支架；2—床面；3—汞板（镀银铜板）；4—矿浆分配器；5—侧帮

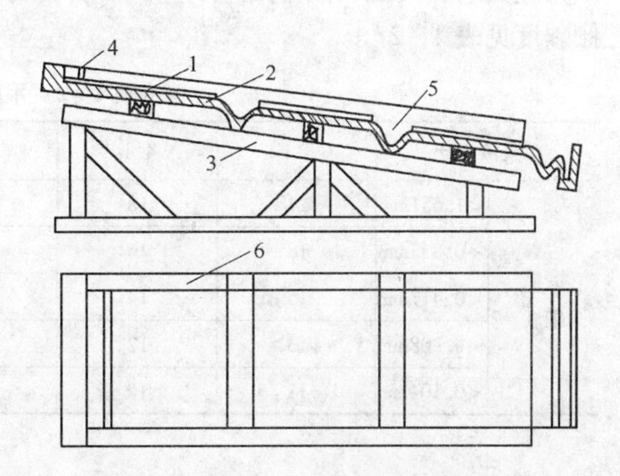

图 4-10 带有中间捕集沟固定混汞板

1—汞板（镀银铜板）；2—床面；3—支架；4—矿浆分配器；5—捕集沟；6—侧帮

固定混汞板主要由支架、床面和汞板三部分组成，支架与床面可用木材或钢板制作。床面必须保证不漏矿浆。

汞板多为镀银铜板，厚度 3～5mm，为了交换方便及有利于捕集金，常装成宽 400～600mm，长 800～1200mm 的小块。汞板铺设于床面上，按支架的倾斜方向一块接一块的搭接。汞板与床面的连接方法如图 4-11 所示。

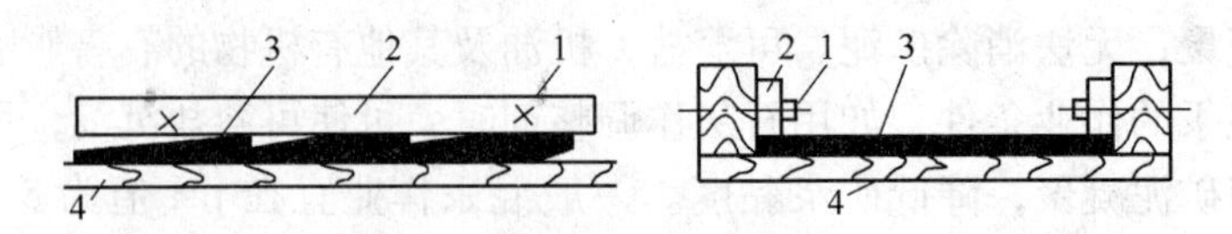

图4-11 汞板连接方法

1—螺栓；2—压条；3—汞板；4—床面

汞板面积与处理量、矿石性质及混汞作业在流程中的地位等因素有关，正常混汞作业时，汞板面上矿浆的厚度为5~8mm，流速为0.5~0.7m/s。生产实践中，处理1t矿石所需汞板面积为0.05~0.5m²/d。当混汞作业只是为了捕收粗粒金，混汞板设在氰化或浮选作业之前时，其生产定额可定为0.1~0.2m²/d，汞板的生产定额列于表4-1。

表4-1 汞板生产定额 (m²/(t·d))

混汞作业在流程中的地位	矿石含金量>10~15g/t		矿石含金量<10g/t	
	细粒金	粗粒金	细粒金	粗粒金
混汞为独立作业	0.4~0.5	0.3~0.4	0.3~0.4	0.2~0.3
先混汞，汞尾用溜槽扫选	0.3~0.4	0.2~0.3	0.2~0.3	0.15~0.2
先混汞，汞尾送氰化或浮选	0.15~0.2	0.1~0.2	0.1~0.15	0.15~0.1

混汞板的倾斜度与给矿粒度和矿浆浓度有关。当矿粒较粗，矿浆浓度较高时，汞板的倾角应大些；反之，倾角则应小些。矿石密度为2.7~2.8g/cm³时，不同液固比的混汞板倾斜度见表4-2。

表4-2 汞板倾斜度 (°)

矿浆液固比		3:1	4:1	6:1	8:1	10:1	15:1
磨矿细度	<1.651mm	21	18	16	15	14	13
	<0.833mm	18	16	14	13	12	11
	<0.417mm	15	14	12	11	10	9
	<0.208mm	13	12	10	9	8	7
	<0.104mm	11	10	9	8	7	6

4.2.1.2 振动混汞板

振动混汞板在国外已应用到混汞实践中。目前有汞板悬吊在拉杆上、汞板装置在挠性金属或木质的支柱上两种类型。图4-12所示的振动混汞板为木质床面，木质床面用厚木板装配而成。其上为汞板，规格为1.5~3.5m，汞板安装在挠性钢或木质的支柱（弹簧）上或悬挂在弹簧拉杆上，倾斜度为10%~12%。汞板靠凸轮曲柄机构或偏心机构的驱使作横向摆动（很少作纵向摆动），每分钟摆动次数为160~200次，振幅为25mm，消耗功率为0.36~0.56kW。

振动混汞板处理能力大（达10~12t/(d·m²)）。占地面积小，适于处理含细粒金和大密度硫化物的矿石，但不能处理磨矿粒度较粗（0.295~0.2308mm）的物料。

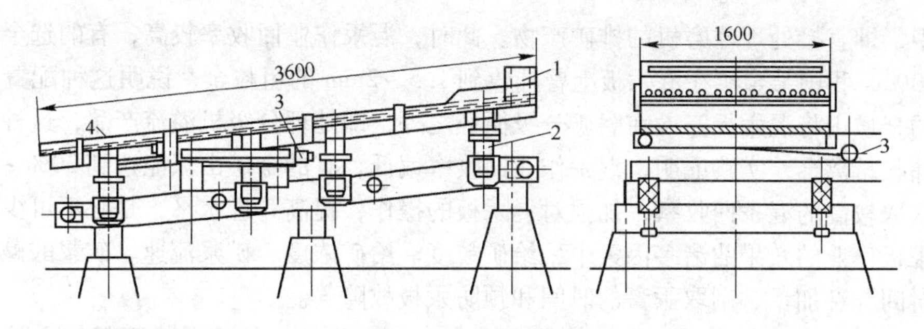

图4－12 振动混汞板

1—矿浆分配器；2—支柱；3—偏心机构；4—汞板

4.2.1.3 汞板制作

制作汞板可用紫铜板、镀银铜板和纯银板三种材料。

生产实践证明，镀银铜板的混汞效率最高，金回收率比镀铜板高3%～5%。镀银铜板虽增加了一道镀银工序，但它具有一系列优点，如能避免生成带色氧化铜薄膜及其衍生物，能降低汞的表面能力，从而可改善汞对金的润湿性能。同时由于预先形成银汞膏，使汞板表面产生很大的弹性和耐磨能力，银汞膏比单纯的汞具有较大的抵抗矿浆中的酸类及硫化物对混汞作业干扰的能力。因此，工业上普遍采用镀银铜板。用镀铜板做汞板可省去镀银工序，价格比镀银铜板低，但使用前需退火，使其表面疏松粗糙，而且捕收金效果较差。纯银板不需镀银，但价格昂贵，表面光滑，挂汞量不足，捕金效果比镀银铜板差。

镀银紫铜板的制作包括铜板整形、配制电镀液和铜板镀银等三个步骤。

（1）铜板整形。将3～5mm厚的电解铜板裁切成所需的形状，用化学法或加热法除去油污，用木槌拍平，用钢丝刷和细砂纸除去毛刺、斑痕，磨光后送电镀。

（2）配制电镀液。电镀液为银氰化钾水溶液。100L电镀液组成为：电解银5kg，氰化钾（纯度为98%～99%）12kg，硝酸（纯度90%）9～11kg，食盐8～9kg，蒸馏水100L。电解液配制时的基本反应为：

$$2Ag + 4HNO_3 \longrightarrow 2AgNO_3 + 2H_2O + 2NO_2$$

$$AgNO_3 + NaCl \longrightarrow AgCl + NaNO_3$$

$$AgCl + 2KCN \longrightarrow KAg(CN)_2 + KCl$$

配制方法为将电解银溶于稀硝酸中（电解银∶硝酸∶水＝1∶1.5∶0.5），加温至100℃，蒸干得硝酸银结晶；将硝酸银加水溶解，在搅拌下加食盐水，直至溶液中不出现白色沉淀为止，然后将沉淀物水洗至中性；将氰化钾溶于水中，加入氯化银，制成含银50g/L、氰根70g/L的电镀液。

（3）铜板镀银。电镀槽用木板、陶瓷、水泥或塑料板等材质制成，为长方形，其容积决定于镀银铜板的规格的数量。比如汞板长1.2m、宽0.5m，木质电镀槽长×宽×高为1.6m×0.5m×0.6m。

电镀时，用电镀银板作阳极、铜板作阴极、电解槽压6～10V，电流密度1～3A/cm^2，电镀温度为16～20℃，铜板上的镀银厚度应为10～15μm。

4.2.1.4 混汞板操作

由于混汞在选金流程中，主要是捕收粗粒游离金。所以，混汞板通常被设在磨矿分级循环之中，即直接处理球磨机的排矿产物。此时，混汞作业回收率较高，有的选金厂可达60% ~70%，我国某金矿在混汞板上曾捕收到1.5 ~2mm的粗粒金，说明这种配置是合理的。有的金矿山将混汞板安设在磨矿分级循环之外，即处理分级机溢流产品，这种配置不能完全捕收游离金，实践证明，混汞作业回收率偏低，有的金矿山只能达到30% ~45%。

要获取较高的混汞回收率，加强对混汞板的操作，提高管理水平，是必不可少的。在影响混汞板作业的效果的诸多因素中，给矿粒度、给矿浓度、矿浆流速、矿浆酸碱度、汞的补加时间与补加量、刮取汞膏的时间和预防汞板故障等。

（1）给矿粒度。汞板的适宜给矿粒度为3.0 ~0.42mm。粒度过粗不仅使金粒难以解离，而且粗矿粒易擦破汞板表面，造成汞及汞膏流失。对含细粒金的矿石，给矿粒度可小至0.15mm左右。

（2）给矿浓度。汞板给矿浓度以10% ~25%为宜。矿浆浓度过大，使细粒金，尤其是磨矿过程中变成薄型的微小金片难以沉降至汞板上。给矿浓度过小会降低汞板生产率。但在生产实践中，常以后续作业的矿浆浓度来决定汞板的给矿浓度，故有时汞板的给矿浓度高达50%。

（3）矿浆流速。汞板上的矿浆流速一般为0.5 ~0.7m/s。给矿量固定时，增加矿浆流速，汞板上的矿浆层厚度变薄，重金属硫化物易沉至汞板上，使混汞作业条件恶化，且流速大还会降低金的回收率。

（4）矿浆酸碱度。在酸性介质中混汞，可清洗汞及金粒表面，提高汞对金的润湿能力，但矿泥不易凝聚而污染金粒表面，影响汞对金的润湿。因此，一般在pH =8 ~8.5的碱性介质中进行混汞作业。

（5）汞的补加时间和补加量。汞板投产后的初次添汞量为15 ~30g/m^2，运行6 ~12h后开始加汞，每次补加量原则上为每吨矿石含金量的2 ~5倍。一般每日添汞2 ~4次。增加添汞次数可提高金回收率，如前苏联某金矿汞的添加次数由每日二次增至每日六次，混汞作业金的回收率可提高18% ~30%。我国实践证明，汞的添加时间及汞的补加量应使整个混汞作业循环中保持足够量的汞，在矿浆流过混汞板的整个过程中都能进行混汞作业。汞量过多会降低汞膏的弹性和稠度，易造成汞膏及汞随矿浆流失；汞量不足，汞膏坚硬，失去弹性、捕金能力下降。

（6）刮取汞膏的时间。一般汞膏刮取时间与补加汞的时间是一致的。我国金矿山为了管理方便，一般每作业班刮汞膏一次。刮汞膏时，应停止给矿，将汞板冲洗干净，用硬橡胶板自汞板下部往上刮取汞膏。国外的矿山在刮取汞膏前先加热汞板，使汞膏柔软，便于刮取。我国一些矿山在刮取汞膏前向汞板上洒些汞，同样可使汞膏柔软，实践证明，汞膏刮取不一定很彻底，汞板上留下一层薄薄的汞膏是有益的，可防止汞板发生故障。

（7）预防汞板故障。汞板因操作不当可导致汞板降低或失去捕金能力，此现象称为汞板故障。其表现形式主要为汞板干涸、汞膏坚硬、汞微粒化、汞粉化及机油污染等。汞板故障的产生原因及主要预防措施为：

1）汞板干涸、汞膏坚硬。常因汞添加量不足导致汞膏呈固溶体状态，造成汞板干涸、汞膏坚硬。经常检查，及时补加适量的汞即可消除此现象。

2）汞微粒化。使用蒸馏回收汞时，有时会产生汞微粒化现象。此时，汞不能均匀地铺展于汞板上，汞易被矿浆流带走，不仅降低汞的捕金能力，而且造成金的流失。使用回收汞时，用前应检查汞的状态，发现有微粒化现象时，使用前可小心地将金属钠加入汞中，可使微粒化的汞凝聚复原。

3）汞的粉化。矿石中的硫和硫化物与汞作业可使汞粉化，在汞板上生成黑色斑点，使汞板丧失捕金能力。当矿石中含砷、锑、铋的硫化物时，此现象尤为显著。矿浆中的氧可使汞氧化，在汞板上生成红色或黄红色的斑痕。国外常用化学药剂消除此类故障。我国金矿山常采用下列方法消除汞粉化故障：①增加石灰用量，提高矿浆 pH 值以抑制硫化物的活性；②增加汞的添加量，使粉化汞与过量汞一起流失；③提高矿浆流速，让矿粒擦掉汞板上的斑痕。矿石中含多金属硫化物时，常发生多余金属硫化物附着于汞板上恶化混汞过程的现象，此时常用增加石灰用量，提高矿浆 pH 值（有时高达 12 以上），以除去铜离子和油垢，加铅盐以除去硫离子，即可降低和消除多金属硫化物的不良影响。

4）机油污染。混入矿浆中的机油将恶化混汞过程，甚至中断混汞过程，操作时应特别小心，勿使机油混入矿浆中。

4.2.1.5 其他混汞机械

国外积极研究，制造各种混汞机械。这些设备形式繁多、构造不同，归结起来，具有以下几个特点：

（1）能强化混汞作业。强化混汞就是矿粒能反复多次与汞接触，以及设法使金粒表面保持新鲜。为此，有的设备利用离心力，像水力旋流器那样用压力把矿浆打入装有汞的设备内，并作切线方向运动，使矿浆与汞强烈搅拌；很多设备则具有机械搅拌装置，使汞与矿粒反复接触，金粒有多次汞齐化的机会；有的设备利用钢球介质，磨去金粒表面污染层使其保持新鲜。

（2）能使混汞作业连续化。美国研制出一种连续混汞机，它有混汞装置和搅拌装置。矿浆进入混汞装置，在搅拌器的作用下，不仅使矿浆与汞受到强烈搅拌，而且金粒表面还受到摩擦。汞与汞膏在设备内循环，定期排出；矿浆自给矿管给入，从排矿管排出，使混汞作业连续化。

（3）能回收微粒金。为了回收粒状的或呈胶态的微粒游离金，国外已制造了干式电气混汞设备。在设备内引入高压电流，使呈悬浮状态的粉状金能与汞接触。

（4）国外已制造了电气混汞板、电解离心混汞机、电气提金斗等，在电流的作用下，混汞回收率有明显的提高。

（5）混汞作业机械化、自动化，降低了体力劳动和生产成本。

4.2.1.6 给矿箱和捕汞（金）器

在混汞板上端设置给矿箱（矿浆分配器），其末端安装有捕汞器。所谓矿浆分配器，为一长方形木箱，面向混汞板一侧钻有孔径为 30～50cm 的许多小孔，矿浆自孔内流出，布满汞板。孔前最好装有可动菱形木块，以利于调整矿浆流，使其在汞板表面上分布更加均匀。

捕金器的作用是捕集自汞板上随矿浆流失的汞和金汞膏，它的工作原理是减缓矿浆流速，借助汞或汞膏与脉石的密度差异，使汞与汞膏沉落，脉石流走。一般捕汞器内上升的矿浆速度为 30～60cm/s。当物料密度较大、粒度较粗时，从捕汞器下部补加水造成脉动水流（150～200 次/min），可收到更大的捕集效果。

捕汞（金）器类型很多，图4-13所示为箱式捕汞（金）器。箱内装有隔板，矿浆自混汞板直接流入箱内，又从隔板下边返上来，自溢流孔流出去。汞与汞膏沉到箱底，定期收集。带有补加水的水力捕汞（金）器也有很多种，图4-14所示为其中的一种。

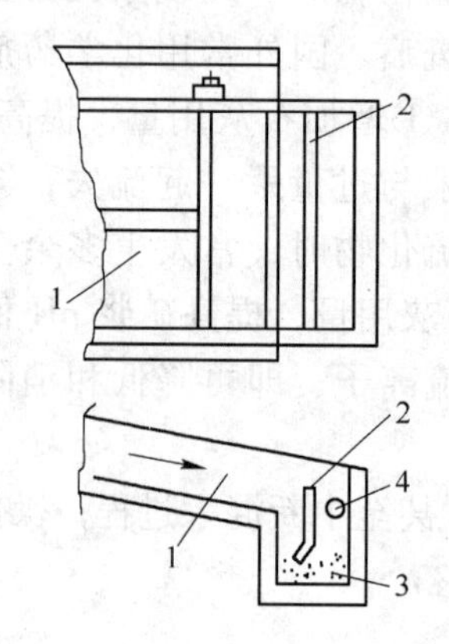

图4-13 箱式捕汞（金）器
1—给矿槽；2—隔板；3—汞或汞膏；
4—矿浆溢流口

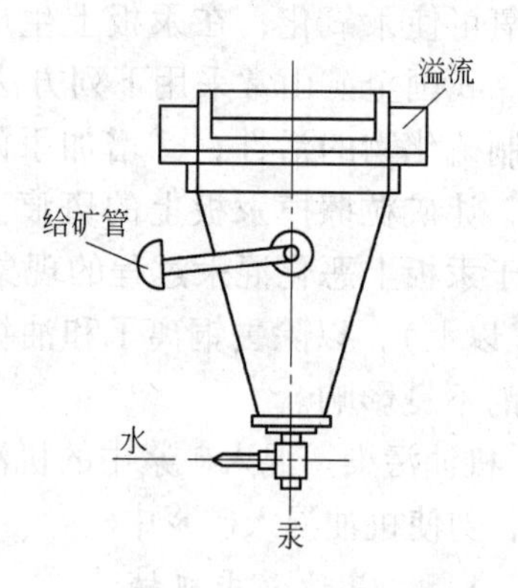

图4-14 水力捕汞（金）器

4.2.2 内混汞设备及操作

美国和南非的一些金矿多采用捣矿机进行内混汞，前苏联的一些中小型金矿则采用碾盘机进行内混汞，在球磨机和棒磨机中进行内混汞的却很少。近年来，由于新的混汞机械的出现，这些设备有被取代的趋势。我国内混汞作业应用的较少。

4.2.2.1 捣矿机混汞

捣矿机是一种构造简单、操作方便的碎矿机，但其工作效率低、处理量小、碎矿粒度较粗且不均匀，无法使细粒金充分解离，因此混汞时金的回收率较低。捣矿机混汞仅适用于处理含粗粒金的简单矿石和用于小型脉金矿山。

捣矿机（图4-15）。主要由臼槽、锤头、机架和传动装置组成。矿石给入臼槽中，加入水和汞，由传动装置带动凸轮使锤头做上下往复运动，进行碎矿和混汞。矿浆经筛网排出，经混汞板捕收矿浆中的汞膏，过量的汞及未汞齐化的金粒及混汞后的尾矿脱水后经普通溜槽排出。溜槽沉砂用摇床精选，以回收与硫化物共生的金，可作金精矿售出。定期清理捣矿机臼槽内的汞膏、金属硫化物和脉石。再经混汞板和摇床处理，可获得金汞膏和含金重砂精矿。

我国黄金矿捣矿机锤头质量分为225kg和450kg两种，其作业条件见表4-3。

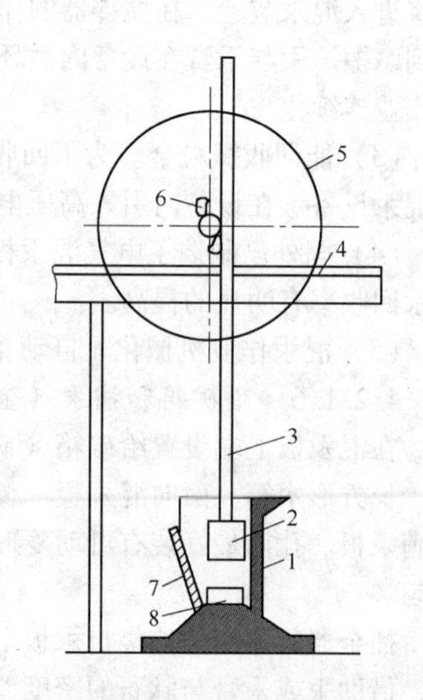

图4-15 捣矿机示意图
1—臼槽；2—锤头；3—捣杆；4—机架；
5—传动装置；6—凸轮；7—筛网；8—锤垫

表4-3 某金矿捣矿机作业条件

项 目	1	2
锤头质量/kg	225	450
给矿粒度/mm	<50	<50
排矿粒度/mm	<0.4	<0.4
处理能力/kg·(台·h)$^{-1}$	295	610
首次给汞量/g·t^{-1}	10	20

操作时的石灰用量为0.5~1.04kg/t，臼槽内的液固比为6∶1，首次给汞后每隔15min补加汞一次，补加汞量为原矿含金量的5倍。

4.2.2.2 球磨机混汞

较简单的球磨机混汞方法是每隔15~20min定期向球磨机内加入矿石含金量4~5倍的汞，在球磨机排矿槽底铺设苇席和在分级机溢流堰下部安装溜槽以捕收汞膏。生产实践证明，60%~70%的汞膏沉积于球磨机排矿箱内，10%~15%的汞膏沉积于排矿槽内的苇席上，5%~10%的汞膏沉积于分级机溢流溜槽上。每隔2~3天清理一次汞膏。由于汞膏流失严重。金的回收率仅为60%~70%。处理石英脉石金矿石时，汞的消耗量4~8g/t，这一混汞方法操作简单，但汞膏流失严重，工业生产中已较少采用。

4.2.2.3 混汞筒混汞

混汞筒是金选厂广泛应用的内混汞设备，用于处理砂金矿的含金重矿和脉金矿的重选金精矿，金的回收率可达80%以上。

混汞筒（图4-16）为橡胶衬里的钢筒，其规格视处理量而异，前苏联的混汞筒分轻型和重型两种，其技术规格见表4-4。

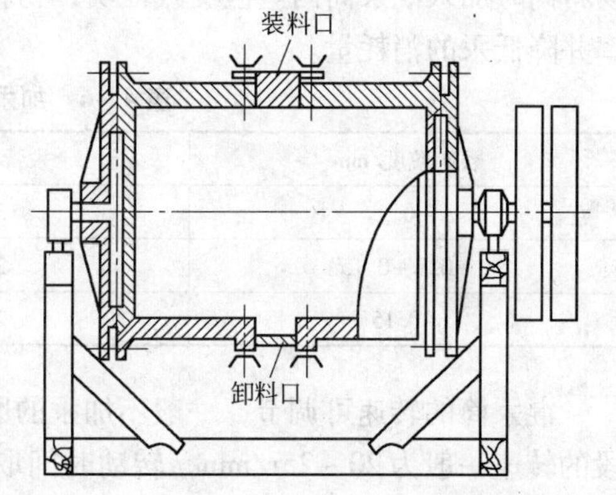

图4-16 混汞筒示意图

表4-4 混汞筒的技术规格

混汞筒类型	内部尺寸			一次作业装矿量/kg	转速/r·min^{-1}	功率/kW	筒体重/kg	装球量/kg	球直径/mm
	直径/mm	长度/mm	容积/m^3						
轻型	700	800	0.3	100~150	20~22	0.5~0.75	420	10~20	38~50
重型	600	800	0.233	100~150	22~28	0.4~2.1	1500	150~300	38~50
	750	900	0.395	200~300	21~36	1.7~3.75	2000	300~600	38~50
	800	1200	0.60	300~450	20~33	4~6	2600	300~1000	38~50

重选金精矿中虽然大部分金呈游离态存在，但金粒表面常受不同程度的污染，而且部分金与其他矿物或脉石呈连生体形态存在，用混汞法处理重选金精矿时，常在筒中加入钢球，利用磨矿作用除去金粒表面薄膜以使金粒从连生体中解离出来。处理金表面洁净的游离金粒的金砂精矿时，一般采用轻型混汞筒，装球量较少。处理连生体含金量高，金粒表

面污染严重的金砂精矿时，常采用重型混汞筒。混汞筒的装料量与装球量和物料粒度及含金量有关，其关系见表4－5。

表4－5 混汞筒装料一次量与装球量

金精矿特性	金含量/g·t^{-1}	物料量/kg·m^{-3}	ϕ50mm 钢球量/kg
捕汞器或跳汰机精矿	<500	500	800
	>500	400	1000
绒面溜槽粒度为0.5mm精矿	<500	500	100
	>500	400	500
绒面溜槽的粒度为0.15mm精矿	<500	700	200
	>500	600	300

重砂精矿在非碱性介质中混汞时，有时会因铁物质的混入而生成磁性汞膏。因此，内混汞作业一般在碱性介质中进行，石灰为装球量的2%～4%，水量一般为装料量的30%～40%，也可采用通常的磨矿浓度。

汞的加入量常为物料含金量的9倍，但与磨矿粒度与金含量有关（表4－6）。汞可与物料同时加入混汞筒内。但实践证明，物料在筒内磨碎一定时间后再加汞，可提高混汞效率并降低汞的消耗量。

表4－6 加汞量与磨矿粒度关系

磨矿粒度/mm	干汞膏中金含量/%	提取1g金的加汞量/g
+0.5	35～40	6
－0.5＋0.15	25～35	8
－0.15	20～25	10

混汞筒的转速可调节，一般不加汞的磨碎阶段的转速为30～50r/min，加汞后混汞阶段的转速一般为20～25r/min，转动时间取决于物质特性，一般为1～2h，常用实验方法确定。

混汞筒内的混汞为间断作业，过程由装料、运转和卸料组成，混汞筒产物用捕汞器、绒面溜槽或混汞板处理，可得汞膏和重矿物。

4.3 汞膏处理

汞膏处理包括洗涤、压滤、蒸馏三个主要步骤，汞膏处理结果，获得海绵金和回收汞，海绵金经熔炼后即成为可出售的金银合金。

4.3.1 汞膏洗涤

从混汞板、混汞溜槽、捣矿机和混汞筒获得的汞膏，特别是从捕汞器和混汞筒得到的汞膏混有金重砂、脉石及其他杂质，需要很好地进行清洗。

从汞板上刮取的汞膏比较纯净，处理也比较简单，首先要有一个长方形的操作台，台面上铺设薄铜板，周围钉上20～30mm高的木条，防止在操作过程中流散的汞洒到地面上。台面上钻有下边接管的圆孔，接管下边设置承受器。在操作结束时，将洗涤汞膏过程中流散的汞扫到圆孔处并沿管流到承受器中，汞膏放在一个瓷盘内，加水反复冲洗，操作人员戴上橡皮手套，用手不断搓揉汞膏，尽量将汞膏内的杂质洗净。为了除掉汞膏内的铁屑，可用磁铁将铁吸出，一般用热水洗涤汞膏时，易洗得净，洗得快。但也容易造成汞蒸发，危害工人健康，如果没有确实可靠的安全措施，一般不宜采用。为使汞膏柔软，可再加汞稀释。含杂质多的汞膏呈暗灰色，因此，洗涤过程应洗到汞膏呈明亮光泽时为止。然后用致密的布将汞膏包好送压滤。

从混汞筒和捕汞器中获得汞膏通常用短溜槽或淘金盘处理。由于汞膏的密度远远超过其他重矿物，因此，用重选设备很容易使两者分开。国外普遍应用各种机械淘洗混汞筒内产生的汞膏。图 4 – 17 所示为南非采用的尖底淘金盘。该设备是一个直径 900 ~ 1200mm 的圆盘，盘底稍凹些，盘边高 100mm，圆盘后部与曲柄拉杆相连，圆盘前端支撑在可滚动的导辊上，经伞齿轮转动，借曲柄机构使圆盘作水平圆周运动，将混汞筒产出的汞膏置于圆盘中，由于圆盘的旋转运动和水流的冲洗作用，汞膏中夹带的脉石被送至盘的前端经溜槽排出，密度大的汞膏聚集于圆盘中心，经排出口排出，每台直径为 1200mm 的尖底淘金盘每日可处理 2 ~ 4t 的混汞筒产物。我国研制的重砂离盘的结构与尖底淘金盘相似，圆盘直径为 700mm，周边高 120mm，作业时间为 1.5 ~ 2.0h，一次可处理 60 ~ 120kg 混汞筒产品。

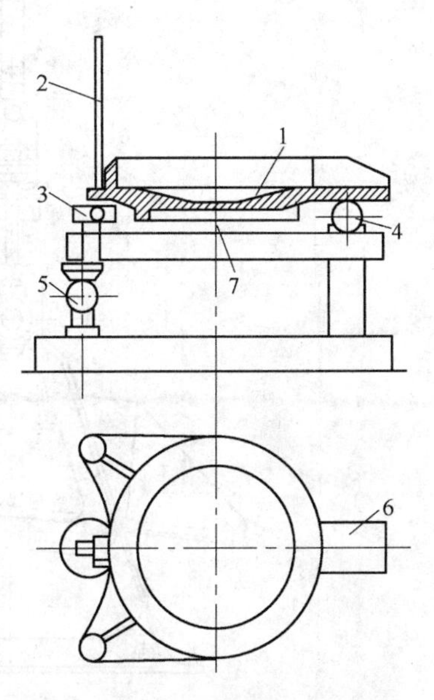

图 4 – 17 南非采用的尖底淘金盘
1—尖底圆盘；2—拉杆；3—曲柄机构；4—导辊；5—伞齿轮；6—溜槽；7—汞膏放出口

4.3.2 汞膏压滤

汞膏压滤作业是为了除去洗净后的汞膏中的多金属，以获得浓缩的固体汞膏（硬汞膏），常将此作业称为压汞。压汞作业所用的压滤机视生产规模而定，生产规模小时，常用手工操作的螺杆压滤机或杠杆压滤机。生产规模大时，用气压或液压压滤机。

常用的螺杆压滤机的结构如图 4 – 18 所示。主要由铸铁圆筒、底盘、螺杆、手轮、活塞和支架组成。底盘上钻有孔并可拆卸。操作时将包好的汞膏置于底盘上，并与圆筒牢牢固定，旋转手轮使螺杆推动活塞下移挤压汞膏，汞膏中的多余汞被挤出，经底盘上的圆孔流出并收集于压滤机下部的容器中，拆卸底盘即可取出硬汞膏。

硬汞膏的含金量取决于混汞金粒的大小，通常含金量为 30% ~40%，若混汞金粒较粗，硬汞膏的含金量可达 45% ~50%，若混汞金粒较细，硬汞膏的金含量可降至 20% ~ 25%，此外，硬汞膏的金含量还与压滤机的压力及滤布的致密程度有关。

汞膏压滤回收的汞中常含 0.1% ~0.2% 的金，可返回用于混汞。回收汞的捕金能力比纯汞高，尤其当混汞板发生故障时，最好采用汞膏压滤所产生的回收汞。当混汞金粒极细和滤布不致密时，回收汞中的金含量较高，以致回收汞放置较长时间后，金会析出而沉于容器底部。

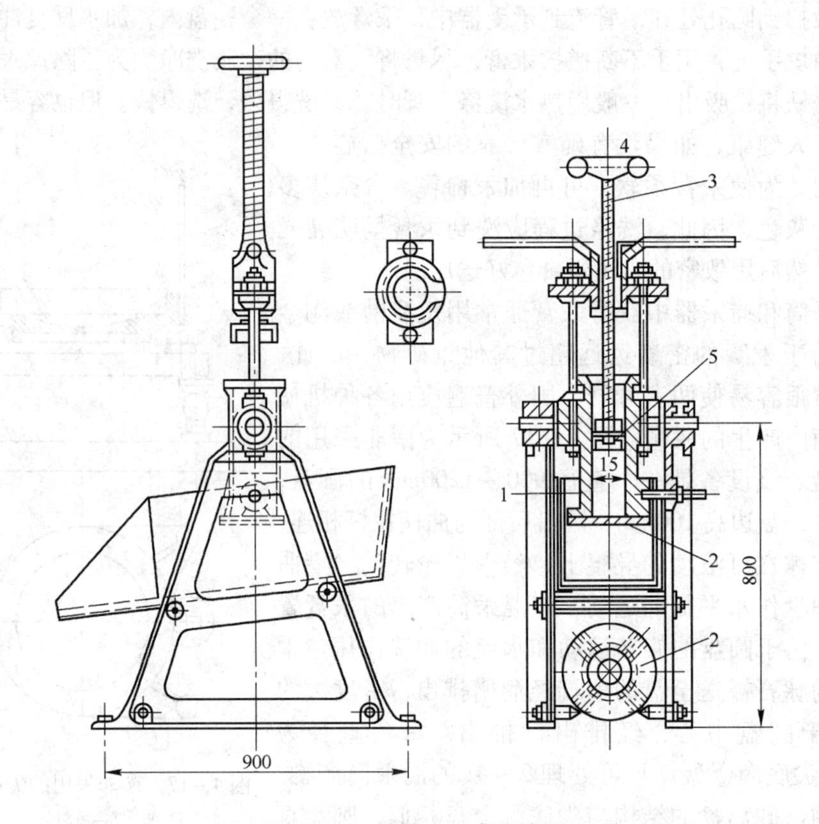

图4-18 螺旋式汞膏压滤机

1—铸铁圆筒；2—底盘；3—螺杆；4—手轮；5—活塞

4.3.3 汞膏蒸馏

由于汞的气化温度（356℃）远低于金的熔点（1063℃）和沸点（2660℃），常用蒸馏的方法使汞膏中的汞与金进行分离，金选厂产出的固体汞膏可定期进行蒸馏。操作时将固体汞膏置于密封的铸铁罐（锅）内，罐顶与装有冷凝管的铁管相连。将铁罐（锅）置于焦炭、煤气或电炉等加热炉中加热，当温度缓慢升到356℃时，汞膏中的汞即气化并沿铁管外逸，经冷凝后呈球状液滴，滴入盛水的容器中加以回收，为了充分分离汞膏中的汞，许多金选厂将蒸汞的温度控制在400~450℃，蒸汞后期将温度升至750~800℃，并保温30min。蒸汞时间约为5~6h或更长，蒸汞作业汞的回收率通常大于99%。

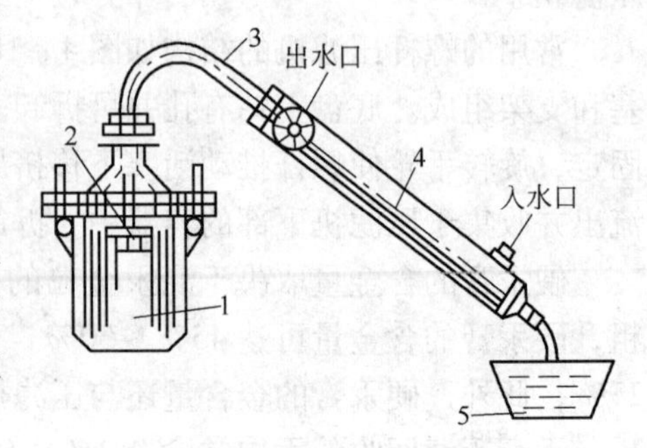

图4-19 汞膏蒸馏罐

1—罐体；2—密封盖；3—引出铁管；4—冷却水管；5—冷水盆

蒸汞设备类型因生产规模而异。小型矿山常用蒸馏罐，大型矿山多用蒸馏炉。小型蒸馏罐的结构如图4-19所示，其技术规格见表4-7。

表 4-7 汞膏蒸馏罐技术规格

罐 型	规格/mm		汞膏装入量/kg	设备质量/kg
	直径	长度		
锅炉型蒸馏罐	125 ~ 150	200	3 ~ 5	38
圆柱形蒸馏罐	200	500	15	70

用蒸馏罐蒸馏固体汞膏时应注意以下几点：

（1）汞膏装罐前应预先在蒸馏罐内壁上涂一层糊状白垩粉或石墨粉、滑石粉、氧化铁粉等，以防止蒸馏后金粒黏结在罐壁上。

（2）蒸馏罐内汞膏厚度一般为 40 ~ 50mm，厚度过大易使汞蒸馏不完全，延长蒸馏加热时间，汞膏沸腾使金粒易被喷溅至罐外。

（3）汞膏必须纯净，不可混入包装纸，否则，回收汞再用时会发生汞粉化现象。汞膏内混有重矿物和大量硫时，易使罐底穿孔，造成金的损失。

（4）由于 $AuHg_2$ 分解温度（310℃）非常接近汞的沸点（365℃），蒸汞时应缓缓升温，若炉温急剧升高，$AuHg_2$ 尚处于分解时汞即进入升华阶段，易造成汞激烈沸腾而产生喷溅现象。当大部分汞蒸馏逸出后，可将炉温升到 750 ~ 800℃（因 Au_3Hg 分解温度为 402℃，Au_2Hg 的分解温度为 420℃），并保温 30min，以便完全排出罐内的残余汞。

（5）蒸馏罐的导出铁管末端应与收集汞的冷却水盆的水面保持一定的距离，以防止在蒸汞后期罐内呈负压时，水及冷凝汞被倒吸入罐内引起爆炸。

（6）蒸汞时应保持良好的通风，以免逸出的汞蒸气危害工人健康。

大型金选厂可用蒸馏炉蒸汞。蒸馏炉的类型较多。图 4-20 所示为其中的一种。该炉的蒸馏缸为圆筒形，直径为 225 ~ 300mm，长 900 ~ 1200mm，蒸馏缸前端有密封门，相对的另一端与引出铁管相连，引出铁管带有冷却水套。将汞置于为多孔铁片覆盖的铁盒中，再将铁盒放入蒸馏缸中，图 4-21 所示为汞膏蒸馏电炉的结构。

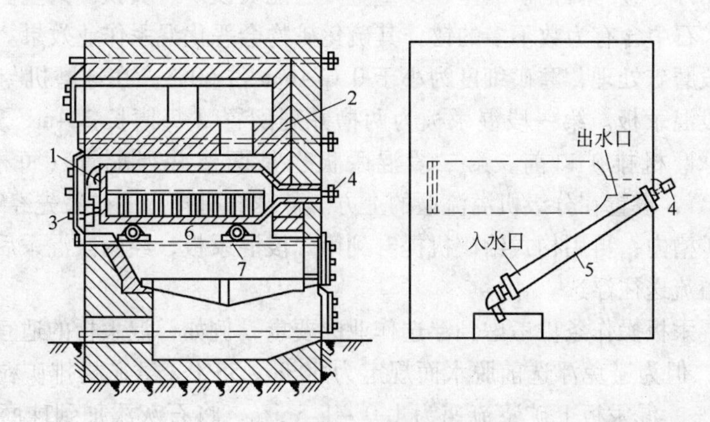

图 4-20 汞膏蒸馏炉

1—蒸馏缸；2—炉体；3—密封门；4—引出铁管；5—冷却水套；6—铁盒；7—管支座

蒸馏回收的汞经过滤除去其中机械夹带的杂质后，再用5% ~10%的稀硝酸（或盐酸）处理以溶解汞中所含的贱金属，然后将其返回混汞作业再用。

汞膏蒸馏产出的蒸馏渣称为海绵金，其金含量为60% ~80%（有时高达80% ~90%），其中尚含少量的汞、银、铜及其他金属。一般采用石墨坩埚于柴油或焦炭地炉中熔炼成合质金。若海绵金中余金含量较低，二氧化硅及铁杂质含量较高时，熔炼时可加入碳酸钠及少量硝酸钠、硼砂等进行氧化熔炼造渣，除去大量杂质后再铸成合质金。大型金选厂也可采用转炉或电炉熔炼海绵金。当海绵金中杂质含量高时，也可预先经酸浸，碱浸等作业以除去大量杂质，然后再熔炼铸造。金银总量达70% ~80%以上的海绵金可铸成合金板送去进行电解提纯。

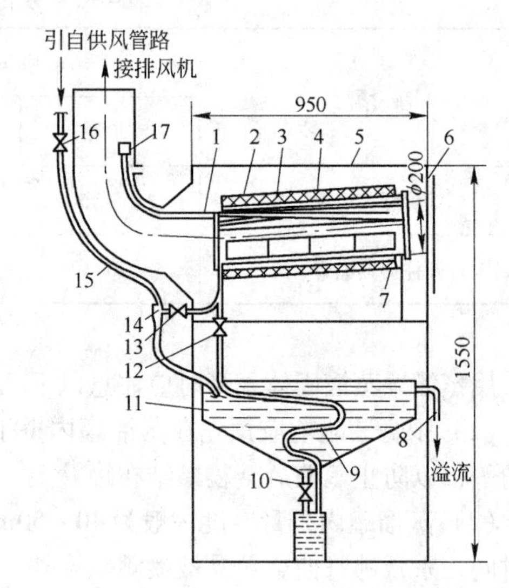

图4-21 汞膏蒸馏电炉的结构

1—热电偶；2—隔热外壳；3—加热元件；4—蒸罐；5—箱体；6—箱门；7—盛料罐；8—溢出管；9—蛇形管；10—溢流阀；11—沉降槽；12，13，16—阀；14—喷射管；15—管路；17—球形阀

4.4 混汞生产实例

我国黄金生产历史悠久，在混汞的生产实践方面积累了丰富的经验，下面举例介绍外混汞操作实践。

我国某黄金矿山系处理金—铜—黄铁矿矿石。金属矿物占10% ~15%，主要为黄铜矿、黄铁矿、磁铁矿及少量其他铁矿物。脉石矿物主要为石英、绿泥石片麻岩。原矿铜的平均品位0.15% ~0.20%，铁的品位4% ~7%，金的平均品位为10 ~20g/t，银的品位大约为金的2.8倍。金粒较细，平均粒径17.2μm，最大为91.8μm，表面洁净。大部分金呈游离状态存在，部分金与黄铜矿共生，少量金则与磁黄铁矿、黄铁矿共生。可混汞金约占60% ~80%。矿石中含有为数不多的铋，其硫化矿物会恶化混汞作业效果。

原矿经一段磨矿处理，磨矿细度为小于0.074mm占60%。在球磨机与分级机的闭路循环内设有两段混汞板。第一段混汞板为两槽并列配置（每槽长2.4m，宽1.2m，倾角13°），设置在球磨机排矿口前。第二段混汞板也是两槽并列配置（每槽长3.6m，宽1.2m，倾角13°），设置在分级机溢流堰的上方。从球磨机排出的矿浆先经第一段混汞板，其尾矿流到集矿槽内，再用构式给矿机提升到第二段混汞板，经两段混汞后的尾矿流入分级机，分级机溢流送往浮选。

该金矿的混汞板操作条件考虑到浮选作业的要求，例如，混汞板的适宜矿浆浓度本应为10% ~25%，但为避免浮选前脱水而规定为50% ~55%。磨矿机排矿粒度规定为小于0.074mm占60%，混汞板上矿浆流速为1.0 ~1.5m/s。将石灰添加到球磨机内，这是基于混汞和浮选作业的共同要求，矿浆的pH值应为8.5 ~9.0。

汞板每15 ~20min检查一次，并补加汞。汞的补加量一般为原矿含金量的5 ~8倍。

汞消耗量5～8g/t（包括混汞作业外损失）。每班刮取汞膏一次，此时，两列汞板轮流作业，交替刮取。如汞板发生变化，或偶尔落入多量机油危害混汞作业时，则应立即刮取汞膏。汞膏要经充分洗涤，洗到不含铁渣和硫化物为止。必要时可加汞稀释或用肥皂水清洗。

该金矿金的总回收率为93%，其中混汞金的回收率为70%，浮选金的回收率为23%，浮选铜精矿含金矿物400～800g/t。

该金矿汞膏含汞60%～65%，含金20%～30%，经火法冶炼得出含金55%～70%的金银合金外售。

因混汞板设在磨矿分级循环内，已汞膏化但没被汞板挂住的金汞膏不可避免地会沉积在磨矿分级循环内。该金矿每月在此回路中可清洗出约占原矿含金量2%～5%的金汞膏。

4.5 混汞提金的安全措施

4.5.1 汞毒

汞能以液体金属、盐类或蒸气的形态侵入人体，汞蒸气主要是通过呼吸道吸入。汞能穿过胃肠道，也能穿过皮肤或黏膜侵入人体，其中以汞蒸气最易侵入人体。

汞能淤积于肾、肝、肺、骸骨等机构中，汞从人体中向外排泄主要是经过肾、肠、唾液腺及乳腺，此外，也通过呼吸器官排出。

汞蒸气对人体的作用，可以引起急性的或慢性的中毒，大量吸入汞蒸气的急性中毒症状为头痛、呕吐、腹泻、咳嗽及吞咽时疼痛，1～2天后出现齿龈炎、口腔黏膜炎，喉头水肿及血色素降低等症状。汞中毒极严重者可出现急性腐蚀性肠胃炎，坏死性肾病及血液循环衰竭等症状。

吸入少量汞蒸气或饮用含汞废水所污染的水可引起慢性汞中毒，其主要症状为腹泻、口腔膜经常溃疡、消化不良、眼睑颤动、舌头哆嗦、头痛、软弱无力、易怒、尿汞等。

我国规定，空气中含汞量不许超过0.01～0.02mg/m^3，工业废水中汞及其化合物最高允许浓度为0.05mg/L。

4.5.2 对汞毒的防护及安全措施

只要严格遵守混汞作业的安全技术操作规程，就可使汞蒸气及金混汞时人体的有害影响降至最小程度。我国黄金矿山采取了许多有效的预防汞中毒的措施，其中主要有：

（1）加强安全生产教育，自觉遵守混汞操作规程，装汞容器应密封，严禁汞蒸发外逸。混汞操作时应穿戴防护用具，防止汞与皮肤的接触。有汞的场所严禁存放食物，禁止吸烟和进食。

（2）混汞车间和炼金室应有良好的通风，汞膏的洗涤、压滤及蒸汞作业可在通风橱中进行。汞作业台结构如图4－22所示。

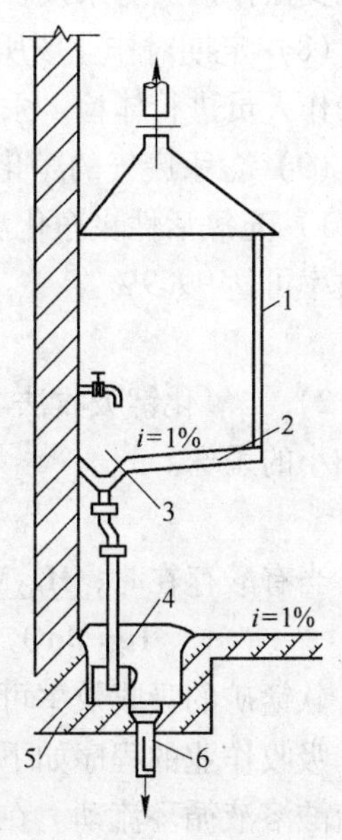

图4-22 汞作业台结构
1—通风橱；2—工作台；3—集汞孔；4—集水池；5—集汞罐；6—排水管

（3）混汞车间及炼金室的地面应坚实、光滑并有1%～3%的坡度，并用塑料、橡胶、沥青等不吸汞材料的铺设，墙壁和顶棚宜涂刷油漆（因木材、混凝土是汞的良好的吸附剂），并定期用热肥皂水或浓度为0.1%的高锰酸钾溶液刷洗墙壁和地面。

（4）泼洒于地面上的汞应立即用吸液管或混汞银板收集，也可以用引射式吸汞器（图4－23）加以回收，为了便于回收流散的汞，除地面应保持一定的坡度外，墙和地面应做成圆角，墙应附有墙裙。

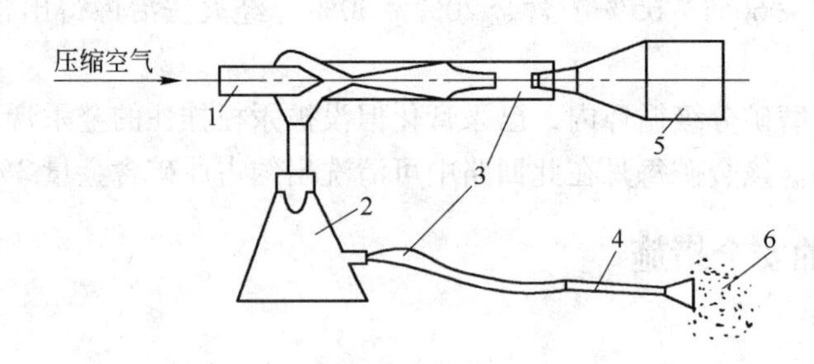

图4－23 引射式吸汞器

1—玻璃引射器；2—集汞瓶；3—橡皮管；4—吸汞头；5—活性炭净化器；6—流散汞

（5）混汞操作人员的工作服应用光滑、吸汞能力差的高绸和蚕丝料制作，工作服应常洗涤并存放于单独的通风房内。干净衣服应与工作服分别存放。

（6）必须在专门的隔离室中吸烟和进食，下班后用热水和肥皂洗澡，并更换全部衣服和鞋袜。

（7）对含汞高的生产场所，应尽可能改革工艺，简化流程，尽可能机械化、自动化。以减少操作人员与汞接触的机会。

（8）定期对作业场所的样品进行分析，采取相应措施控制各作业点的含汞量，定期对操作人员进行体检，汞中毒者应及时送医院治疗。

（9）含汞废气的净化方法很多，主要有两种方法：

1）充氯活性炭净化法。活性炭吸附含汞空气，氯与汞作用生成氯化汞。这种方法净化效率可达99.9%。

$$Hg + Cl_2 \xlongequal{\quad} HgCl_2 \downarrow$$

2）二氧化锰吸收法。天然的软锰矿能够强烈地吸收汞蒸气，也能够吸收呈液体状态的细小的汞珠。

$$MnO_2 + 2Hg \xlongequal{\quad} Hg_2MnO_2$$

当有酸存在时，Hg_2MnO_2能够按下列反应生成硫酸汞。

$$Hg_2MnO_2 + 4H_2SO_4 + MnO_2 \xlongequal{\quad} 2Hg_2SO_4 + 2MnSO_4 + 4H_2O$$

软锰矿的吸收效率可达95%～99%。

吸收作业的程序如下：将汞蒸气或液态细小汞珠导入一个带砖格的洗涤塔中，其中有稀硫酸溶液循环流动。在酸中含有磨细的呈漂浮状态的软锰矿，汞蒸气和液态细小汞珠与软锰矿接触后，金属汞即被吸收，并生成硫酸汞。当硫酸汞浓集到一定程度后（200g/m^2），即由容器中排出，并加入铁屑使汞置换沉淀出来。

（10）含汞废水可用滤布过滤和在残液中以铝粉置换的联合方法进行净化。我国某金铜矿（采用混汞—浮选流程）对铜精矿澄清水进行试验表明，当铜精矿澄清水含汞7.28mg/L时，滤布过滤除汞率为81.51%，总除汞率为97.64%。

4.6 含汞废气和废水的净化

4.6.1 含汞废气的净化

含汞废气的净化方法有多种，目前最常用的为充氯活性炭吸附法和软锰矿吸收法等。

氯气与废气中的汞作用生成氯化亚汞沉淀，然后用活性炭吸附氯化亚汞及残余的汞，此法的除汞率可达99.9%。

软锰矿吸收法是用含软锰矿的稀硫酸溶液洗涤含汞废气，使汞转化为硫酸亚汞。

操作时含汞蒸气或含液态细小汞珠的废气导入带砖格的洗涤塔中，用含有磨细的软锰矿的稀硫酸溶液进行洗涤，汞与洗涤溶液接触生成硫酸亚汞。洗液在塔内循环，当洗液中的硫酸亚汞浓度富集至约200g/m^3时，由塔中排出。用铁屑或铜屑进行置换沉淀以回收汞。软锰矿吸收法的除汞率为95%~99%。

我国研制的处理锌精矿焙烧产出的含汞及二氧化硫烟气的碘络合法的防汞率达99.5%。操作时将含汞及二氧化硫的烟气从塔底送入填满瓷环的吸收塔中，从塔顶喷淋含碘盐的吸收液，塔内循环得含汞的富液，定量地部分引出进行电解脱汞，产出金属汞，尾气含汞小于0.05mg/m^3，除汞后的尾气送去制硫酸，硫酸中的汞含量小于百万分之一。此法不存在氯化汞法的氯化汞的二次污染，流程短，且适用于高浓度二氧化硫烟气脱汞。

芬兰某公司用硫酸洗涤法除去硫化锌精矿焙烧烟气中的汞。在950℃的焙烧温度下，锌精矿中的汞金挥发进入烟气中，烟气经除尘器除尘时一部分汞进入烟尘、约50%的汞随烟气进入洗涤塔，尾气用于制硫酸。进入洗涤塔的烟气用浓度为85%~93%的浓硫酸洗涤，硫酸与汞蒸气反应生成沉淀物沉于槽中。沉淀物洗涤后送蒸馏，汞蒸气冷凝得金属汞，经过滤除去固体杂质。汞的纯度达99.999%，沉淀物中汞的回收率达96%~99%。

4.6.2 含汞废水的净化

4.6.2.1 滤布过滤、铝粉置换法

含汞废水经滤布过滤，然后将滤液在碱性条件下加铝粉进行置换。我国某金铜矿采用混汞、汞尾浮选流程，铜精矿澄清水中含汞7.28mg/L，用滤布过滤可除去81.51%的汞，滤液在碱性条件下加铝粉置换，总除汞率可达97.64%。

4.6.2.2 硫化钠与硫酸亚铁共沉法

在pH=9~10的含汞废水中加入略过量的硫化钠，与汞生成硫化汞沉淀：

$$2Hg^{+} + S^{2-} = Hg_2S\downarrow$$

$$Hg_2S = HgS\downarrow + Hg$$

因汞含量低，生成的硫化汞呈微粒悬浮于溶液中不易沉降。溶液中加入适量的硫酸亚铁，生成硫化铁和氢氧化亚铁沉淀。硫化铁和氢氧化亚铁为硫化汞共沉淀载体，达到使汞

完全沉淀的目的。我国某厂用此法处理乙醛车间含汞5mg/L的酸性废水，先加石灰中和使pH值达9.0，然后加入3%硫化钠溶液，充分搅拌，再加入6%硫酸亚铁溶液，充分搅拌后静置0.5h，分析上清液中的汞含量，达要求后，送离心过滤，汞渣集中处理，滤液用水稀释后外排。

4.6.2.3 活性炭吸附法

将汞含量为1~6mg/L的含汞废水，以1m/h的速度通过串联的活性炭柱，汞的吸附率可达98%以上，吸汞炭经蒸馏除汞后返回吸附作业使用。返回使用的活性炭的吸汞率略有下降，但仍可达96%以上。

5 氰化法提金

氰化法提金工艺是现代从矿石或精矿中提金的主要方法。氰化法具有回收率高、对矿石适应性广等优点。

自1889年新西兰科鲁恩矿建成了世界上第一座氰化提金厂至今，氰化提金已有100多年的历史。传统的锌置换工艺过程仍在不断地完善发展。20世纪80年代吸附提金工艺的堆浸工艺的出现，则是黄金提取技术的两大发现。吸附提金工艺利用吸附剂直接从未经过滤的氰化矿浆中吸附金，从而取消了氰化浸出液的澄清分离、氰渣洗涤、脱氧等工序，尤其在处理高泥质氧化矿时，更有设备和生产费用低的优势。因而引起世界各国的普遍重视，以活性炭和离子交换树脂为吸附剂的吸附提金氰化工艺已被国内外生产实践广为采用。大规模的堆浸能经济有效地从低品位含金物料中回收金，而使黄金生产出现了飞跃。

5.1 金氰化浸出原理

5.1.1 金氰化的热力学原理

为了预测金在不同条件下的行为，必须首先进行热力学分析，这种研究涉及体系内部各种可能反应的电化学推动力的估计。通过这些可以判断在给定条件下是否发生一种特殊反应，如能发生，则反应达到平衡之后将进行多久。它是体系达到平衡状态的关键。

使金属从其离子的溶液中析出的推动力，可定量地表示为还原电位。对于金属M与含有其离子M^{n+}的溶液接触，其反应为：

$$M^{n+} + ne \longrightarrow M \qquad (5-1)$$

通过能斯特方程得到该反应的还原电位（ε）：

$$\varepsilon = \varepsilon^{\ominus} - \frac{RT}{nF} \cdot \ln \frac{\alpha_M}{\alpha_{M^{n+}}} \qquad (5-2)$$

式中 ε——在给定条件下反应的还原电位，V；

$\varepsilon^{\ominus}$——在标准状态下反应的还原电位，V；

R——气体常数，$R = 8.314 J/(K \cdot mol)$；

T——绝对温度，K；

n——反应中电子转移数；

F——法拉第常数，$F = 96500 C/mol$；

α_M，$\alpha_{M^{n+}}$——分别为金属M和金属离子M^{n+}的活度。

一般可认为固体金属为纯净的凝聚相，其活度$\alpha_n = 1$，由于在金提取过程中溶液的实际浓度很低，故可认为溶液中物质的活度与其浓度相等，代入式（5－2）可得到：

$$\varepsilon = \varepsilon^{\ominus} + \frac{RT}{nF}\ln[M^{n+}] \tag{5-3}$$

式中 $[M^{n+}]$——金属离子浓度。

ε 的数值越大，电极反应向反方向进行的趋势越强；反之 ε 的数值越小，电极反应向相反方向进行的趋势越强，对于式（5－3），ε 值越大则离子被还原而析出金属的趋势越强；而 ε 值越小金属被氧化的趋势越强，若最终产物是易溶的，则金属溶解。

金属有两种氧化状态，即一价金和三价金，在25℃条件下金氧化成简单离子的还原反应是：

$$Au^{+} + e \rightleftharpoons Au$$

$$\varepsilon = 1.730 + 0.0591\lg[Au^{+}]$$

$$Au^{3+} + 3e \rightleftharpoons Au$$

$$\varepsilon = 1.498 + 0.0197\lg[Au^{+}]$$

以上两个反应的标准还原电位数值很大，分别为1.730V和1.498V，表明金的以上两种离子在标准状态下是强氧化剂，其离子在溶液中将倾向于不稳定，以很弱的还原剂即可将金沉淀，这就意味着金很难呈简单离子稳定的存在于水溶液中。

类似的热力学计算表明，金的氧化物同样具有高的还原电位，它们也都呈强氧化性，不过其氧化能力与溶液的酸度有关。

金氧化时也能形成难溶的氧化物——三氧化二金的水合物 $Au_2O_3 \cdot 3H_2O$ 或 $Au(OH)_3$ 以及过氧化金 AuO_2。AuO_2是不稳定的，可分解成金和三价金的氢氧化物。

$$AuO_2 + H_2O + H^{+} + e \rightleftharpoons Au(OH)_3 \tag{5-4}$$

$$\varepsilon = 2.630 - 0.059pH$$

$$Au(OH)_3 + 3H^{+} + 3e \rightleftharpoons Au + 3H_2O \tag{5-5}$$

$$\varepsilon = 1.457 - 0.059pH$$

可见金的氧化物也是强氧化剂，它的氧化能力与酸度有关，且随着pH值降低而增强。

此外三价金离子与三价金的氢氧化物之间互相转化的条件为：

$$Au^{3+} + 3H_2O \rightleftharpoons Au(OH)_3 + 3H^{+} \tag{5-6}$$

$$pH = -0.693 - \frac{1}{3}\lg[Au^{3+}]$$

溶液中的水也是在一定条件下才呈现稳定状态的，否则也会被氧化或还原。

水在不稳定条件下氧化成氧的条件为：

$$O_2 + 4H^{+} + 4e \rightleftharpoons 2H_2O$$

$$\varepsilon = 1.228 - 0.0591pH + 0.0147\lg p_{O_2}$$

水被还原为氢的条件为：

$$2H_2O + 2e \rightleftharpoons 2OH^{-} + H_2$$

$$\varepsilon = -0.0591pH - 0.0295\lg p_{H_2}$$

当认为上述各反应中各种可溶金物质的浓度均等于 10^{-4}mol，氧的分压（p_{O_2}）和氢的分压（p_{H_2}）均为一个大气压下，将上述各反应的还原电位 ε 与溶液酸度pH值的关系及

还原电位 ε 或溶液 pH 值与金属离子［M^{n+}］的关系绘于 ε - pH 值图中（图 5－1）。

图 5－1 为简化了的 $Au-H_2O$ 系 ε - pH 值图，易溶物的稳定区没有画出，图中线①至线⑦依次为上述反应的平衡曲线。这些曲线将整个平面分成若干个区，每一个区代表了相应物质的稳定优势范围，而线及线上每一点反映了相邻物质的平衡条件或体系的状态。如线③是根据反应式（5－5）绘制，它说明，在任何 pH 值下，溶液电位在③线之上时，Au_2O 呈稳定固体形态，在③线之下时则 $Au(OH)_3$ 稳定。线②表示金属金与浓度为 10^{-4} mol 的三价金离子在平衡条件下的范围。而线⑤则指出在该条件下三价金的氢氧化物与 10^{-4}mol 三价金属离子处于平衡。

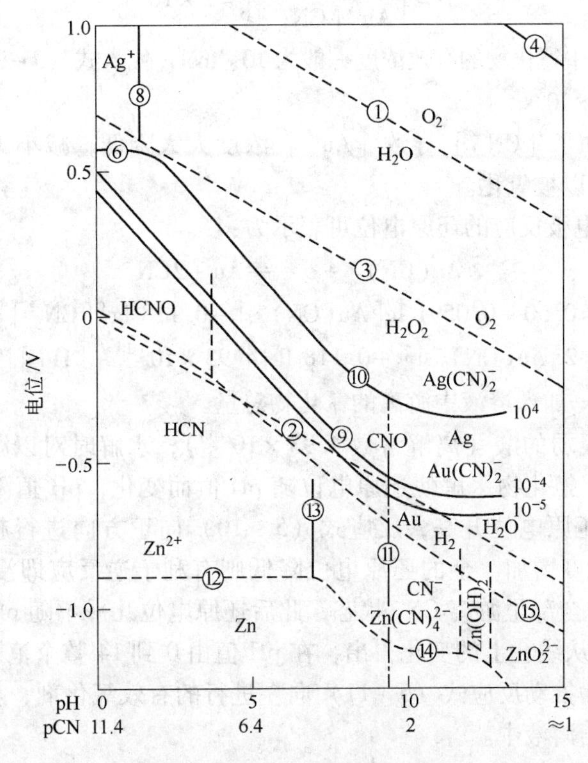

图 5－1 氰化过程 ε - pH 值图

$T=25℃$，$p_{O_2}=p_{H_2}=1$ 大气压；$[CN^-]_{总}=10^{-2}$mol/L；

$\alpha_{Au(CN)_2^-}=10^{-4}$mol/L；$\alpha_{Ag(CN)_2^-}=10^{-4}$mol/L；$\alpha_{Zn(CN)_4^{2-}}=10^{-2}$mol/L

同样，从图中也可看出在线⑥和⑦之间的面积是水的稳定区域，⑥线之上是氧的稳定区，溶液电位处在⑥线之上水将氧化成氧；处在⑦线之下时水趋于还原为氢。

从整个 $Au-H_2O$ 系 ε - pH 图上可看出，在水稳定条件下的整个范围内，金的稳定形态是金属。①②③④⑤均位于⑥线之上，这表明 Au^{3+}、AuO_2、$Au(OH)_3$ 等在水溶液中都是不稳定的，当这些物质与水接触时都能使水分释放出氧而自身还原成金属金。同时也可以看出，在整个 pH 值范围内发生式（5－7）和式（5－8）的反应的推动力低于发生反应式（5－4）～式（5－6），所以在简单的 $Au-H_2O$ 系中金不能被溶解氧作用而氧化。金也不溶于强酸和强碱，只有某些极强的氧化剂，如臭氧（$\varepsilon^{\ominus}=2.076$），才能使金浸出。

$$2H_2O+2e \rightleftharpoons 2OH^-+H_2 \qquad (5-7)$$

$$Au^+ + 2CN \rightleftharpoons Au(CN)_2^- \tag{5-8}$$

欲使金浸出，必须将金氧化为易溶物质，要求该物质在含有溶解氧的溶液中不易被还原。也就是说只有产物的还原电位小于被溶解的氧的还原电位，浸出液才能充分地氧化金。人们发现当溶液中有氰化物存在时可满足上述条件。

研究表明在氰化过程中，氰离子与 Au^+ 和 Au^{3+} 均可生成络离子，但在正常浸出条件下，前者占优势，其络合系数为 10^{38}，即：

$$Au^+ + 2CN \rightleftharpoons Au(CN)_2^-$$

$$\beta = \left[\frac{Au(CN)_2^-}{Au^+[CN^-]}\right] = 2\times10^{38} \tag{5-9}$$

在典型的浸出液中氰化物的有效浓度一般为 10^{-3}mol，代入式（5-9）得，$[Au(CN)_2^-]/[Au^+] = 10^{-6}$，$\beta = 2\times10^{32}$。

因此，由于添加了［CN^-］导致［Au^+］浓度大大降低，减小 Au^+ 浓度将降低还原电位，所以 Au 便可以被氧化。

$Au(CN)_2^-/Au$ 电极反应的还原电位可表示为：

$$Au(CN)_2^- + e \rightleftharpoons Au + 2CN^- \tag{5-10}$$

$$\varepsilon = 0.50 + 0.0591\ \lg[Au(CN)_2^-] - 0.118\ \lg\{[CN^-]_{总} - 2[Au(CN)_2^-]\} + 0.118\ \lg\{4.93\times10^{-10} + [H^+]\}$$

式中　$[CN^-]_{总}$——加入溶液中游离的氰化物总量。

因为氰氢酸是很弱的酸（离解常数 4.93×10^{-10}），水解时对以游离存在的氰化物总量部分有显著影响。氰化物水解使还原电位随 pH 值而变化，pH 值降低，游离 CN^- 的浓度降低，因此金的还原电位升高，反应式（5-10）向正方向进行趋势强；相反，增加 pH 值，游离 CN^- 浓度增加，金的还原电位降低则有利于逆反应即浸出反应的进行。pH 值稍大于 pK_a 时几乎全部呈游离 CN^- 状态，此后还原电位几乎不随 pH 值变化。这一结果从图 5-1 上可直接从线⑧上的变化得出，在 pH 值由 0 到 14 整个范围内，线⑧总在线⑥之下，因而氧则成为推动反应式（5-11）向左进行的有效氧化剂，从而使金溶解呈稳定的金氰络离子存在于溶液中。

$$0.5O_2 + 2H^+ + 2e \rightleftharpoons H_2O \tag{5-11}$$

由式（5-11）可以得出，当［$Au(CN)_2^-$］降低或 $[CN^-]_{总}$ 增加时，会使⑧线向 ε 值降低方向⑨线移动，但仍保持相同的形式。当 ε 值降低到一定程度，并且在一定的 pH 值范围内⑨线会与⑦线相交且位于其下方，那么在这样条件下，金在含游离氧的氰化物溶液中溶解的同时还可能有氢气放出。在所有其他条件下，氢离子将还原［$Au(CN)_2^-$］为金。

有证据认为在金表面氧被还原成过氧化物（H_2O_2）而不是氢氧化物。图 5-1 中线⑩和⑪分别代表反应式（5-11）和反应式（5-12）。少量 H_2O_2 对金的溶解起促进作用。

$$H_2O_2 + 2H^+ + 2e \rightleftharpoons 2H_2O \tag{5-12}$$

银的溶解过程与金的溶解过程类似，所不同的是，当 pCN 相同时，金的平衡电位比银的平衡电位更低，金比银更容易被氰化浸出。

5.1.2 金氰化过程动力学分析

对于一个化学反应体系来说，热力学确定了可能发生的化学过程，在实际过程中未必都能达到平衡，这是因为有些反应的速度是很慢的。通常的化学反应式往往仅反映了过程的始末状态，但实际上整个化学反应过程常常是分步进行的，其中进行得最慢的反应步骤决定着整个反应过程的速度，称为速度控制步骤。对于实际工作而言，重要的是以最低的成本获得最大的回收价值，即只有快的反应速度才能有高的生产率。因此要进行动力学的研究，以揭示整个反应的历程。从中找出速度控制步骤以及影响因素，为提高反应过程速度提供有力的依据。

5.1.2.1 金氰化溶解过程

金在含氧氰化物溶液中浸出过程总是在固、液、气界面上进行的多相化学反应过程。其产物是可溶性的金氰络合物，因而，该体系的反应历程大致可分5个步骤：

（1）反应物 O_2 和 CN^- 移向金表面；

（2）O_2 和 CN^- 在金表面上被吸收；

（3）在金表面上发生反应；

（4）反应产物亚金氰酸盐解吸；

（5）亚氰金酸盐从金表面向溶液内转移。

整个浸出过程主要包括扩散—吸附—化学反应两大步骤。

5.1.2.2 金在氰化物溶液中反应机理

金在氰化物溶液中反应机理各家见解不一样，提出的溶解机理主要有：

（1）氧化论：Elsner（1846年）认为氰化物溶解金时，氧是不可缺少的，其反应式为：

$$4Au + 8NaCN + O_2 + 2H_2O = 4Na[Au(CN)_2] + 4NaOH$$

（2）氢论：Jamn（1888年）认为氰化物溶金不必有氧参加，而且溶解过程中，必然放出氢气。然而热力学计算证明这一过程不是金溶解的主要行为，在实际的条件下是不能发生的。

$$2Au + 4NaCN + 2H_2O = 2Na[Au(CN)_2] + 2NaOH + H_2$$

（3）过氧化氢论：Bodlander（1896年）提出氰化物溶解的反应是分两步进行的，其中间产物是过氧化氢：

$$2Au + 4NaCN + O_2 + 2H_2O = 2Na[Au(CN)_2] + 2NaOH + H_2O_2$$

$$2Au + 4NaCN + H_2O_2 = 2Na[Au(CN)_2] + 2NaOH$$

若将两式合并则与氧论的结果相同，Bodlander通过浸出溶液中存在 H_2O_2 来证实了他的见解。

（4）氰论：Christy（1896年）认为在有氧参加下，氰化物溶解金过程中有氰气 $(CN)_2$ 析出，而且相信该氰气对金溶解起活化作用。但更多的人认为氰在水溶液中对金不起溶解作用。

$$0.5O_2 + 2NaCN + H_2O = (CN)_2 + 2NaOH$$

$$2Au + 2NaCN + (CN)_2 = 2Na[Au(CN)_2]$$

（5）腐蚀论：Thompsen（1934年）提出金在氰化物中溶解类似于金属腐蚀。在氰化过程中，溶解在氰化物溶液中的氧被还原为过氧化氢和羟基离子，并提出“过氧化氢论”的反应式分成以下几步：

$$O_2 + 2H_2O + 2e \rightleftharpoons H_2O_2 + 2OH^-$$

$$Au^+ + CN^- \rightleftharpoons AuCN$$

$$AuCN + CN^- \rightleftharpoons Au(CN)_2^-$$

这些反应已被后来的实验所证实。

Habashi 支持“过氧化氢论”，认为溶解过程主要是第一步并用实验证明无氧时金和银在氰化物溶液中溶解是一缓慢过程见表 5－1，同时，指出若溶液中存在大量的过氧化氢，会使氰离子氧化，发生式（5－13）所示反应，而抑制金、银的溶解。

$$CN^- + H_2O_2 = CNO^- + H_2O \tag{5-13}$$

表 5－1　金、银的溶解速度

溶解物质及质量	需要时间/min		备　注
	氰化物 + O_2	氰化物 + H_2O_2	
金 10mg	5～15	30～90	1943 年
银 5mg	15	180	1951 年

从以上分析可知金的氰化溶解过程主要反应可用下列反应表示：

$$2Au + 4CN^- + O_2 + 2H_2O = 2[Au(CN)_2^-] + H_2O_2 + 2OH^-$$

$$2Au + 4CN^- + H_2O_2 = 2[Au(CN)_2^-] + 2OH^-$$

5.1.3　金在氰化物溶液中的反应速度

与许多金属溶解过程类似，金的氧化溶解本质上是电化腐蚀过程已为人们所接受。传统的电化学腐蚀观点认为腐蚀（溶解）金属的两个邻近表面，由于结构、成分或缺陷等原因而产生了电位差，则形成一个阴极一个阳极，构成一个微电池。图 5－2 所示为由氰化反应产生局部电池使金溶解过程。

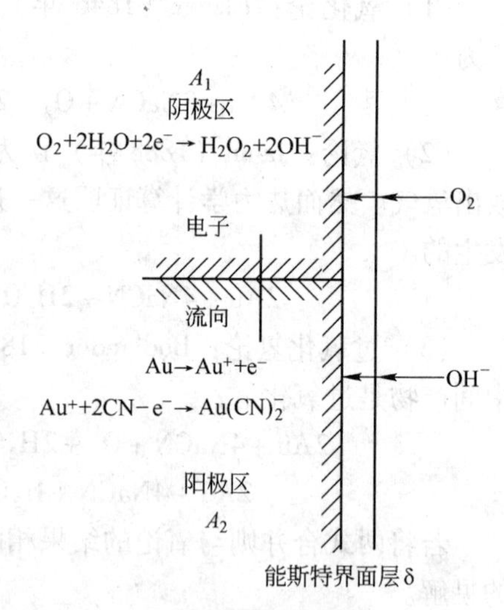

图 5－2　金在氰化物溶液中的溶解

当固体状态的金浸入氰化溶液中时，在溶液中 O_2 和 CN^- 的作用下，固体表面便立即形成阳极区和阴极区。在阳极区发生 $Au + 2CN^- - e = [Au(CN)_2^-]$ 反应，金成为络离子而溶解；同时阴极发生 $O_2 + 2H_2O + 2e = H_2O_2 + 2OH^-$ 及 $H_2O_2 + 2e = 2OH^-$ 反应，氧被还原成 H_2O_2 或 OH^-。事实证明化学反应过程进行得很快；因此两个电极反应的产物很快在金的表面形成饱和溶液层。由于金的溶解消耗了表面附近的氧和氰化物，使其浓度急剧下降。于是金的溶解速度将会变得缓慢甚至停止。但是在扩散作用下生成物 H_2O_2、OH^-、$[Au(CN)_2^-]$ 从固体表面通过界面层（扩散层）向溶液内部扩散。同样，溶液内部的溶解氧和氰根离子也通过界面层向固体表面扩散以补充金溶解的消耗而使金在氰化物溶解中能进一步溶解。因此，扩散速度是金浸出速度的控制步骤，特别是氧和氰化的扩散速度。

根据菲克定律，溶液中 O_2 和 CN^- 的扩散速度为

$$v_{O_2} = \frac{D_{O_2}}{\delta} A_1([O_2] - [O_2]_s) \tag{5-14a}$$

$$v_{CN^-} = \frac{D_{CN^-}}{\delta} A_2([CN^-] - [CN^-]_s) \tag{5-14b}$$

式中 v_{O_2}，v_{CN^-}——分别为 O_2 和 CN^- 的扩散速度，mol/s；

D_{O_2}，D_{CN^-}——分别为 O 和 CN^- 的扩散系数，cm^2/s；

$[O_2]$，$[CN^-]$——分别为溶液内部 O_2 和 CN^- 的浓度，mol/mL；

$[O_2]_s$，$[CN^-]_s$——分别为固体表面上 $[O_2]$ 和 $[CN^-]$ 的浓度，mol/mL；

A_1，A_2——分别为发生阴极和阳极反应的表面积，cm^2；

δ——界面层厚度，cm。

与氰离子和氧穿过界面层的速度相比，在金粒表面进行的化学反应是很快的。就是说，氧和氰离子一旦到达金粒表面立即被消耗掉，可认为 $[O_2]_s$ 和 $[CN^-]_s$ 为零，于是上式可简化为：

$$v_{O_2} = \frac{D_{O_2}}{\delta} A_1 [O_2] \tag{5-15}$$

$$v_{CN^-} = \frac{D_{CN^-}}{\delta} A_2 [CN^-] \tag{5-16}$$

金的溶解速度与氧和氰离子的扩散速度有关。根据反应式可知，金溶解速度是氧消耗速度的两倍，是氰化物消耗速度的一半，若以 v_{Au} 表示金的溶解速度，则：

$$v_{Au} = 2\frac{D_{O_2}}{\delta} A_1 [O_2] = \frac{1}{2}\frac{D_{CN^-}}{\delta} A_2 [CN^-] \tag{5-17}$$

设与液相接触的总面积 $A = A_1 + A_2$，代入式（5-17）可得到：

$$v_{Au} = \frac{2AD_{CN^-}D_{O_2}[CN^-][O_2]}{\delta(D_{CN^-}[CN^-] + 4D_{O_2}[O_2])} \tag{5-18}$$

当氰化物浓度很低时，和分母中第二项相比，其第一项可忽略不计。因此式（5-18）可化简为：

$$v_{Au} = \frac{1}{2}\frac{AD_{CN^-}}{\delta}[CN^-] = K_1[CN^-] \tag{5-19}$$

同理，当溶解氧浓度很低时，和分母第一项相比其第二项可以忽略不计，式（5-18）又可简化为：

$$v_{Au} = \frac{AD_{O_2}}{\delta}[O_2] = K_2[O_2] \tag{5-20}$$

从式（5-19）、式（5-20）所反映的规律与实验结果相符，即氧化物浓度较低时，金的溶解速度仅取决于氰化物浓度，随氰化物浓度的增加而提高。反之，氰化物浓度较高时，金的溶解速度仅取决于氧的浓度，此时提高氧化物的浓度可提高金的溶解速度。

为保证金有最大的溶解速度，则需保证在金表面上有足够的氧和氰化物。

式（5-19）、式（5-20）联立可导出：

$$D_{CN^-}[CN^-] = 4D_{O_2}[O_2]$$

也就是当 $[CN^-]/[O_2] = 4D_{O_2}/D_{CN^-}$ 时，溶解速度达到极限值。在室温下测得的扩散系数平均值为：$D_{O_2} = 2.7 \times 10^{-5}$ cm/s、$D_{CN^-} = 1.83 \times 10^{-5}$ cm/s。D_{O_2}/D_{CN^-} 比值约为 1.5，

因此当 $[CN^-]/[O_2]=6$ 时金的溶解速度最大。

根据试验得到的值为4.02～7.4，可以认为是吻合的。从理论上讲常温常压下水中溶解氧浓度为 0.256×10^{-3}mol/L，那么，相应的氰根浓度应为 1.54×10^{-3}mol/L，即相当于0.01%～0.02%。从以上分析可知，为使金、银以较快的速度溶解，不仅要有氧和氰，而且还必须控制两者比值，否则不仅会造成充气动力或氰化物的浪费，而且还影响浸出效果。

5.2 影响金浸出速度的因素

影响金氰化浸出的因素很多，总起来可概括为两个方面，一是矿石性质，它既有金本身的工艺矿物特性，又有伴生矿物的行为；二是氰化的工艺条件，即各种操作因素的影响。

5.2.1 氰化物和氧的浓度

由动力学分析知道，氰化物和氧的浓度是决定溶解速度的两个最主要的因素。金银的溶解与氰化物的浓度的关系如图5－3所示。

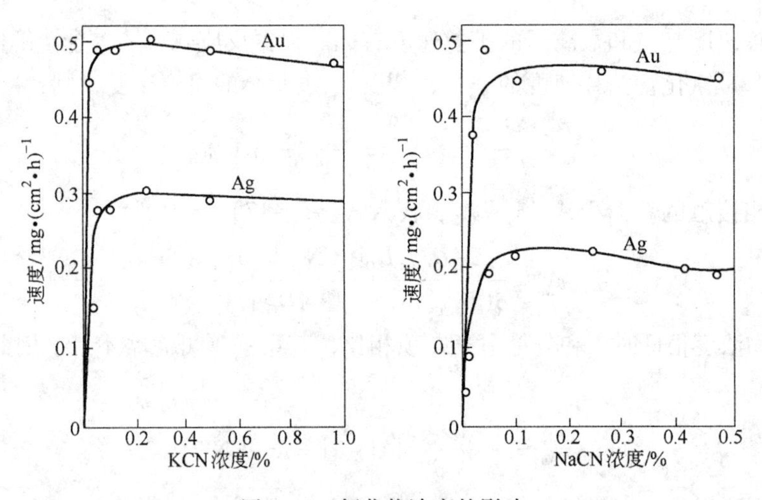

图5－3 氰化物浓度的影响

从图5－3可以看出，当氰化物的浓度为0.05%以下时，金的溶解速度随着溶液中氰化物浓度的增加而缓慢上升，直至氰化物浓度增大到0.15%，金的溶解速度增大到最大值。以后再继续增大氰化物的浓度，金的溶解速度反而略有下降。

当溶液中 $[CN^-]/[O_2]$ 有适当比例时，才有最快的溶解速度。在压力和浓度确定的条件下，氧在水中的溶解度可视为固定不变，而当低氰化物浓度时，如果氰化物浓度低于金溶解速度的氰氧浓度比，这时若增加氰化物浓度，则金的溶解度必然随氰化物浓度的增加而成正比例的增加。当继续加大氰化物的浓度时由于氧的浓度不再增加，氰氧浓度则不能保持合理的比例，因此金的溶解速度增加缓慢，或者不再增加甚至下降。

在氰化实践中，用低浓度氰化物溶液在常温常压下处理含金矿石时，有利于金、银的溶解，且各种非贵金属的溶解速度和数量将会大大降低，从而减少氰化生产的药剂消耗。

一般来说，当进行渗滤氰化、精矿氰化和循环使用贫液浸出时可采用较高的氰化物浓度，而在搅拌浸出时，全泥氰化和溶液中杂质含量较低的条件下，宜采用较低的氰化物浓度。

当溶液中有足够的氰化物时，溶液中的氧的浓度就成了决定性的条件。所以在氰化过程中任何引起氧浓度的降低，都将导致金溶解速度的降低。为了强化金的浸出过程，提高溶液中氧的浓度，可以通过渗氧溶液或在高压下进行氰化来实现。对不同的矿石的试验表明，在氧气分压为7个大气压时，金的溶解速度提高10~20倍，甚至30倍。

由于在氰化物溶液中，在氧化剂作用下金的溶解速度比氰被氧化速度快得多，所以成功地将 H_2O_2 作为金氰化浸出的氧化剂运用于生产。研究表明，将稀释至0.5%~5%的 H_2O_2 溶液加入矿浆中产生的活性氧是向矿浆中通入纯氧的64倍，是使用压缩空气时所产生的活性氧的800倍，这样可将原来24~48h的浸出时间缩短到18~36h。

另外，对金、银、铜在氰化物溶液中溶解速度测定表明，实际速度分别为理论计算速度的70.3%、57.6%和87.7%，远低于理论计算速度，其原因在于反应的中间产物表面膜的生成。在铜和银的表面均生成相当厚的氰化物膜。而金的表面上仅出现一层金的氧化膜。证明了金在氰化溶液中被氧有效钝化的事实。

继续研究金溶解的方向是：（1）寻找其他不能使金表面钝化的氧化剂；（2）研究新的金溶剂；（3）寻找能够降低薄膜有害影响的添加剂。研究结果证明某些氧化剂（如铁氰化钾）完全可以消除金表面的钝化作用。用丙酮合氢氰代替氰化物能够明显地降低氧的钝化作用，其原因是丙酮合氢氰分解出的产物—丙酮具有去钝化作用。

5.2.2 矿浆的pH值

为了防止矿浆中的氰化物水解，使氰化物充分解离为氰根离子及使金的氰化浸出处于最适宜的pH值，浸出过程中必须加入适量的碱，使其维持一定的pH值，常将加入的碱称为保护碱，可采用苛性钠，苛性钾或石灰作为保护碱，因石灰价廉易得，可使矿泥凝聚，有利于氰化矿浆的浓缩和过滤。

氰化物的化学损失主要在于：（1）氰化物水解；（2）因酸性物质的作用生成挥发性的HCN；（3）矿石中的其他矿物与氰化溶液作用生成硫氰化物及其络盐。

氰化物在水中发生水解反应：

$$CN^- + H_2O \rightleftharpoons OH^- + HCN\uparrow \tag{5-21}$$

生成的HCN一部分从溶液中逸出，造成氰化物损失，并污染车间的空气。当把碱加入溶液中时，使反应式（5-21）可逆反应方向向左移动，氰化物水解作用减小。在有保护碱时，氰化液中氰化物水解损失可大大降低。

向氰化溶液中加入碱的另一原因，是为了中和溶入水中的 CO_2 和硫化矿氧化物所产生的酸，以防氰化物被这些酸分解。

$$H_2CO_3 + Ca(OH)_2 = CaCO_3 + 2H_2O$$

$$H_2SO_4 + Ca(OH)_2 = CaSO_4 + 2H_2O$$

黄铁矿氧化时，除生成 H_2SO_4 外，还会生成 $FeSO_4$，它与氰化物作用也会造成氰化物的损失，当溶液中有碱和氧时，$FeSO_4$ 氧化为 $Fe_2(SO_4)_3$，而 $Fe_2(SO_4)_3$ 在碱性条件下会生成难溶的 $Fe(OH)_3$ 沉淀，不再与氰化物反应，便减少氰化物的消耗。

由此可见，加碱于氰化物溶液中，可以使氰化物不水解或者防止氰化物与 $FeSO_4$ 作用，达到了保护氰化物免其损失之目的，所以把加入氰化物溶液中的碱称为保护碱。但碱度过高会降低金的溶解速度（图5-4），并使置换沉淀作用中的锌消耗增加，并增加氰化溶液对某些矿物的活度。因此氰化浸出有最适宜的碱度，以获得金、银的最大浸出速度。如对某矿石氰化浸出时，氧化钙用量试验结果见表5-2。

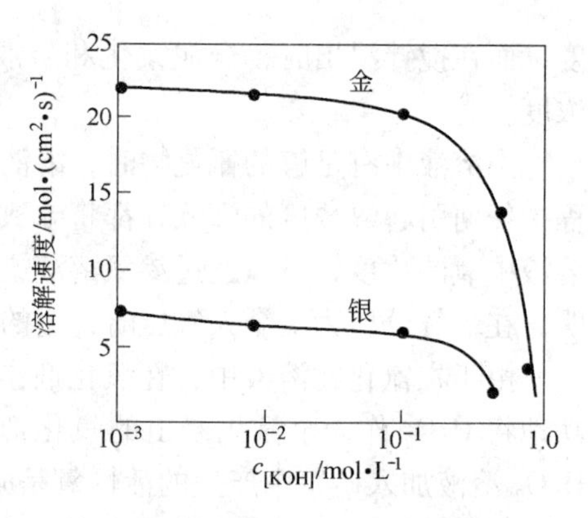

图5-4 溶液的pH值对金、银溶解速度的影响

浸出不同的矿石有不同的适宜碱度，一般用试验方法确定。在生产实践通常把pH值控制在10.5~13范围内，并主要以石灰作保护碱，因为它比NaOH和KOH便宜。氰化提金厂日常操作通常控制CaO浓度（0.01%~0.03%）。

表5-2 某矿石氰化浸出氧化钙用量试验结果

氧化钙			原矿金品位/g·t⁻¹	浸渣金品位/g·t⁻¹	混汞+氰化回收/%	备注
浓度/%	pH值	用量/kg·t⁻¹				
0.02	10.0	1.0	4.80	0.70	85.42	其中混汞回收率为25%
0.03	10.5	1.5	4.80	0.70	85.42	
0.04	11.0	2.0	4.80	0.80	83.33	
0.045	11.5	2.5	4.80	0.80	83.33	
0.05	11.5	2.8	4.80	0.90	81.25	

5.2.3 矿浆温度

金的溶解速度是随着温度升高而增大，在0.25% KCN溶液中，当温度为85℃左右为最大，但另一方面随着温度升高，溶液中含氧量降低，氰化物水解作用的加强以及非贵金属与氰化物作用的活化，都可造成氰化物消耗量的增加。此外，加温矿浆要消耗热能，也会提高处理矿石的成本。因此一般不采用加温法处理。而是在室温下（15~20℃）浸出，在冬季寒冷地区采取保温措施即可。

5.2.4 矿浆黏度

氰化矿浆的黏度会直接影响氰化物和氧的扩散速度，并当矿浆黏度较高时，对金粒与溶液间的相对流动产生阻碍作用，从而降低金的溶解速度。

在矿浆温度等条件相同的情况下，矿浆浓度和含泥量是决定矿浆黏度的主要条件。矿浆浓度越高，含泥量越大，矿浆的黏度越高，这是由于固体颗粒在液体中被水润湿后，在其表面形成一个水层，水层与固体颗粒之间由于吸附和水合体的排列就越密。尤其是当矿浆中含泥量较高时，数量极多、极细的矿泥微粒，高度的分散在矿浆中，组成了接近胶体的矿浆，从而大大地提高了矿浆的黏度。

矿泥分为原生矿泥和次生矿泥两种，原生矿泥是高岭土一类的矿物，存在于原来的矿床中。次生矿床是在采矿、运输主要是在破碎磨矿时生成的一些极细粒石英、硅酸盐、硫化物和其他金属粉末。为改善氰化条件，在生产中应尽量避免原生矿泥的进入和次生矿泥的生成。

矿浆浓度越低，则矿浆黏度越小，氰化溶液中的氰离子和氧向金粒表面的扩散速度就越快，从而提高金的溶解速度和浸出率。但矿浆浓度低、矿浆量大，不仅成比例地增加浸出药剂用量，而且增加了浸出设备和后续作业的负荷。此外不同的提取工艺对矿浆浓度亦有不同的要求，因此适宜的矿浆浓度需通过试验和实践经验来证实。例如，含泥量较少，物料中被氰化液溶解的杂质又较少时，或以炭吸附提金工艺等，其矿浆浓度一般控制在40% ~50%；若物料含泥量较多，矿石性质较复杂或精矿浸出时，应采取较低的矿浆浓度，通常在25% ~33%。

5.2.5 浸出液中各试剂组分

各种试剂组分对金浸出的影响主要是金粒表面生成不同形式的薄膜，而使金表面钝化，阻止金与氰化物的接触，降低了金的浸化效果。

（1）钙离子。钙离子是以石灰和氧化钙的形式加入氰化矿浆中，前者是最常用的保护碱，实践证明，在溶液中的钙离子当 pH 值大于 11.5 时，比用 NaOH 和 KOH 作保护碱对金的溶解有显著的阻碍作用（图 5-5）。这是由于在金的表面生成了过氧化钙薄膜，从而阻止了金与氰化物作用的缘故。过氧化钙可认为是由于石灰和积累在溶液中的 H_2O_2 按反应式（5-22）生成的。钙离子也与存在于矿浆中的硫酸盐反应形成硫酸钙，在管道和设备中沉积。在高碱性氰化矿浆中，二价钙离子能促使带负电荷的硅泥凝聚，有利于浓缩过程进行。

$$Ca(OH)_2 + H_2O_2 = CaO_2 + 2H_2O \tag{5-22}$$

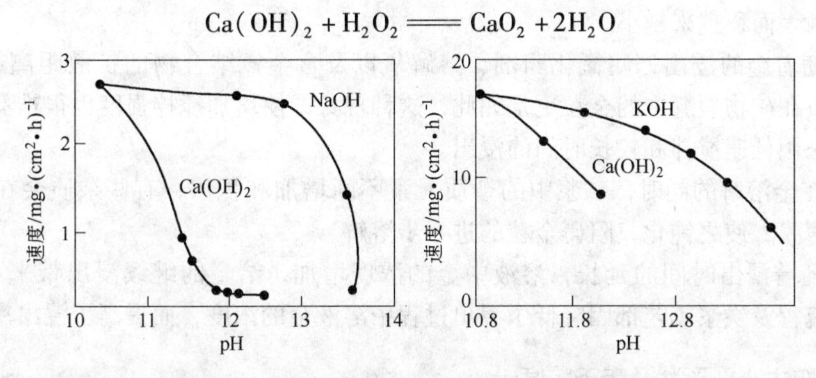

图 5-5 高碱性中由于钙离子引起的阻滞效应

（2）氧化剂。加入少量 O_3 或 H_2O_2 一类的强氧化剂可加速金的溶解。而加入量较高时，则会降低金的浸出率，这是在金的表面会生成一层砖红色的金氧化物薄膜所致。还有事实证明，低浓度的如高锰酸钾、次氯酸钠和氯酸钠等一类氧化剂，可抵消硫离子和有机物质的有害作用，提高浸出速度，但浓度高时它们会使氰化物受到破坏而失去作用。

（3）浮选药剂与其他表面活性剂。在对含金矿石浮选产品氰化时，硫醇型捕收剂（如黄药、连二磷酸盐）对氰化反应有着不利的影响，它们吸附于金表面形成一层黄原酸金薄膜而使金表面呈钝态，这种作用大小随捕收剂的浓度及其非极性基长度增大而增加，随氰化物浓度的增加而降低，因此为使用低级黄药，浮选产品得到令人满意的氰化效果。应在保证金的浮选回收率前提下，尽量降低浮选药剂的用量，产品氰化前必须脱药并适当提高氰化物浓度。

其他一些表面活性剂，如甲酮、乙醚和乙醇以 10^{-2}mol 浓度存在时，在氰化物溶液中使金的溶解速度加快，在较高浓度时，它们可减慢速度。这可能是因为浓度较低时，表面活性剂与氧在金表面上竞争具有消除表面钝化作用，但当增加浓度时，竞争作用使表面氧不足而溶解速度减慢。

（4）硫离子。许多硫化物与氧化物反应，释放出硫离子，在溶液中会发生一系列反应生成 $S_2O_3^{2-}$、SO_4^{2-}、SCN^- 等离子。

$$2S^{2-} + 2O_2 + H_2O \longrightarrow S_2O_3^{2-} + 2OH^-$$

$$S_2O_3^{2-} + 2O_2 + 2OH^- \longrightarrow 2SO_4^{2-} + H_2O$$

$$2S^{2-} + O_2 + 2CN^- + 2H_2O \longrightarrow 2SCN^- + 4OH$$

不难看出硫离子氧化过程会消耗氧，氰也消耗碱。试验证明，当硫离子浓度达到 0.5×10^{-6} 就会降低金的溶解速度。生产中可加入铅盐（醋酸铅、硝酸铅）消除硫离子。

过量的铅会在金粒表面形成不溶解的 $Pb(CN)_2$ 薄膜，使金表面钝化。一般认为当氰化物浓度为 0.1% 时，硝酸铅含量应小于 10mg/L，此外过量的铅盐在置换过程中不但锌的消耗增加，并降低金泥品位。

5.2.6 浸出时间

在浸出过程中，随着浸出时间的延长，金的浸出率逐渐提高，但浸出速度却不断降低，并使浸出率逐渐趋近于某一极限值，其原因是：

（1）在浸出过程中，随着金的不断溶解，金粒的体积和数目在不断减少，即与氰化物溶液接触表面积越来越小。

（2）随着金的浸出，使氰化药剂、溶解氧以及含金氰结合物的扩散距离越来越大，尤其是嵌布在矿物裂缝中的金粒更是如此，这种现象即使增加搅拌强度也很难奏效。因此有些选厂采用低速搅拌和较长时间的浸出。

（3）在金溶解的同时，矿浆中的杂质元素不断增加和积累，有些杂质会在金粒表面形成有害薄膜，使之钝化，阻碍金粒的进一步溶解。

（4）随着浸出时间的延长，溶液中金的浓度增加，给金的继续浸出带来不利影响。阶段浸洗流程及炭浆工艺都因降低了浸出过程中溶液金的浓度，而提高了浸出率。

5.2.7 金粒大小、形状及嵌布粒度

矿石中金粒性质对金的溶解速度影响很大，其中金粒大小是决定金溶解速度的一个很重要因素。金的溶解速度与氰化液和金粒接触表面积成正比。当金粒表面完全暴露时，金粒粒度越小其比表面积越大，在氰化物溶液中的浸出速度越快。

不同矿床、不同产地的含金矿石，金的嵌布粒度有很大差异。粗粒金在氰化溶液中溶解得较慢，需要很长的浸出时间才能使其完全溶解。为避免延长浸出时间，或因金粒浸出不完全而损失于氰化物中，一般用重选或混汞等辅助方法回收粗粒金。此外，粗粒金银容易在循环物料中富集或镶嵌在磨机衬板和介质上，因此如有可能可把氰化物加到磨机中，有效地加速粗粒金的浸出。

细粒金经细磨后，一部分呈游离状态存在，另一部分与某些矿物呈连接体状态存在，这两种状态的金粒，在氰化过程中都会很好地溶解而获得较好的浸出效果。

微粒金和显微金在磨矿过程中很难被解离或暴露出来，因此一般不宜直接氰化，若金被包裹在硫化矿中，可用浮选方法使金富集在精矿中，再经火法冶炼回收，或用不同方法氧化后再氰化提取。

金粒的形状对金的浸出过程也有很大的影响，金粒呈薄片状时，转入氰化溶液中的金量与溶解时间长短呈线性关系。当金粒呈浑圆体（球体）形状时，在溶解过程中随球体直径在逐渐减少，其表面积也逐渐缩小，因此被溶解的金量也在逐渐减少。具有内孔穴的金粒，因其表面积逐渐在扩大，所以溶解速度亦加快。

由于矿石在破磨过程中，易从晶格缺陷及晶粒界面处产生裂纹或破坏，因此金矿石中的裂隙和包裹金易在破磨中得到解离，或浸出液可以沿缝隙渗透从而能被氰化物溶解。然而包裹金尤其是微细粒包裹金，由于被包裹体的封闭结果不能与氰化物接触，所以不可能被浸出。

总之，在浸出过程中，不管是什么样的金粒，只有将其表面充分地暴露出来，才有可能使其与氰化物溶液接触时有最大的浸出速度。河北某金选矿厂处理半氧化矿石，其金粒的粒度分析见表5-3。

表5-3 某金矿厂金粒的粒度分析

粒级/mm	含量/%	粒级/mm	含量/%
>0.3	9.21	0.037~0.01	29.74
0.3~0.074	15.48	0.01~0.005	12.26
0.074~0.056	8.37	0.005~0.001	1.93
0.056~0.037	22.85	<0.001	0.16

5.2.8 伴生矿物

矿石中的矿物组分既能直接影响氰化过程，又能利用其分解的产物间接影响金的溶解，影响最显著的矿物分别为铜矿物、铁矿物、锌矿物、汞矿物、铅矿物、砷锑矿物、硒碲矿物、含炭矿物。

5.2.8.1 铜矿物

各种常见铜矿物在氰化物溶液中被溶解的程度见表5-4。

表5-4 各种常见铜矿物在氰化物溶液中溶解的程度

矿物名称	分子式	铜溶解率/%		NaCN耗量（NaCN∶Cu质量比）
		23℃	45℃	
自然铜	Cu	90.0	100.0	2.3
蓝铜矿	$2CuCO_3 \cdot Cu(OH)_2$	94.5	100.0	3.4
赤铜矿	Cu_2O	85.5	100.0	2.3
硅孔雀石	$CuSiO_3$	11.8	15.11	
辉铜矿	Cu_2S	90.2	100.0	
黄铜矿	$CuFeS$	5.6	8.2	
斑铜矿	$FeS \cdot 2Cu_2S \cdot CuS$	70.0	100.0	
孔雀石	$CuCO_3 \cdot Ca(OH)_2$	90.2	100.0	
硫砷铜矿	$3CuS \cdot As_2S_5$	65.8	75.1	
黝铜矿	$4Cu_2S \cdot Sb_2S_2$	21.9	43.7	

由表5-4可以看出，在氰化物溶液中，除黄铜矿和硅孔雀石溶解度较小外，其他铜矿物都很易被溶解，甚至完全被溶解。一价铜在氰化物溶液中生成一系列非常稳定的可溶性络离子。当氰化物对铜的相对浓度增加时，这些络离子的形成系列变化如下：

$$Cu(CN)_2 \longrightarrow Cu(CN)_4^{2-} \longrightarrow Cu(CN)_4^{3-}$$

在水溶液中，二价铜离子能迅速转变成一价铜离子形式：

$$Cu^{2+} + 2CN^- \longrightarrow Cu(CN)_2$$

$$2Cu(CN)_2 \longrightarrow 2CuCN + C_2N_2$$

$$CuCN + nCN^- \longrightarrow Cu(CN)_{n+1}^{n-}$$

由于铜溶解时最终产物是可溶性的亚铜氰化物络离子，所以铜矿物的溶解不能被阻止，即在金溶解的同时铜也转入溶液。尽管亚铜氰络离子对金的氰化反应一般没有特殊有害影响，它却大大增加了氰化物的消耗，有时也会增加氧的消耗。研究表明，当矿石中氰化易溶铜含量大于千分之一到千分之几就无法直接氰化。而在通常情况下，也需保证CN∶Cu＝4∶1时金有最大溶解速度。

多段浸出能显著地改善含氰化易溶铜较高的原料的浸出指标，但流程复杂，耗药量也大，当氰化易溶铜含量达一定量之后，多段浸出不能从根本上解决问题，则必须进行脱铜处理（酸浸或氨浸），然后再氰化提金，或采用对铜含量不敏感的混汞法提金处理。

5.2.8.2　*铁矿物*

与金伴生的氧化物型铁矿物，如赤铁矿、磁铁矿、褐铁矿、菱铁矿等几乎不与氰化物发生反应，因此对浸出过程影响不大。而硫化物型的铁矿物，其中黄铁矿、白铁矿和磁黄铁矿是金矿石最常见组分，不仅能与氰化溶液发生反应，而且其氧化产物也能与氰化物反应，因而对浸出过程有显著的影响。因其反应能力不同，它们与氰化物反应能力的顺序为磁黄铁矿＞白铁矿＞黄铁矿。

黄铁矿与白铁矿的氧化过程可划分为下列几个阶段：

（1）FeS_2 因风化作用或在湿磨矿时部分分解为 FeS 和 S。

（2）游离的 S 氧化生成 H_2SO_3 及 H_2SO_4，而 FeS 则氧化生成 $FeSO_4$。

（3）$FeSO_4$ 氧化生成 $Fe_2(SO_4)_3$，再进一步氧化成碱式硫酸铁 $2Fe_2O_2 \cdot SO_3$，最后生成 $Fe(OH)_3$。

上述各种氧化物都能与氰化物发生反应，使氰化物消耗量增大。

$$S + NaCN = NaCNS$$

$$FeS + 7NaCN + H_2O + 0.5O_2 = Na_4Fe(CN)_6 + NaCNS + 2NaOH$$

$$FeSO_4 + 2NaOH = Fe(OH)_2 + Na_2SO_4$$

$$Fe(OH)_2 + 2NaCN = Fe(CN)_2 + 2NaOH$$

$$FeS_2 + NaCN = FeS + NaCNS$$

$$Fe(CN)_2 + 4NaCN = Na_4Fe(CN)_6$$

$$3Na_4Fe(CN)_6 + 2Fe_2(SO_4)_3 = Fe_4[Fe(CN)_6]_3 + 6Na_2SO_4$$

必须指出大部分黄铁矿在矿床中，并在堆放、磨矿和氰化过程中不易氧化，而只在矿浆中通入空气和与溶液中长时间接触时，才会氧化分解，因此对金银氰化过程影响较小，但大部分白铁矿，尤其是磁黄铁矿在矿床中，堆积、磨矿和氰化过程中均易被氧化分解。

磁黄铁矿在有水和空气存在时，与黄铁矿、白铁矿有类似的分解过程。不过其分解速度非常快，因而氰化物消耗更多。另外当处于被氧饱和的弱碱性溶液中，磁黄铁矿初步氧化时，生成的硫代硫酸盐的数量比黄铁矿和白铁矿初步氧化时所生成的硫酸盐和硫代硫酸盐之和还要多。硫代硫酸盐进一步氧化生成硫酸盐。

为了减少硫化矿氧化产物在浸出过程的有害作用，可以在氰化前加入足够的碱，充气搅拌，使铁呈不溶性的氢氧化铁沉淀析出，从而减少铁在氰化过程中对氰化物及氧的消耗，这就是碱浸处理。

磨矿时，由于衬板和钢球的磨损，使大量铁粉末进入矿浆中，尤其是氰化物，加在磨机之前时，新鲜的铁粉会增加氰化物消耗量。

$$Fe + 6NaCN + 2H_2O \longequal Na_4Fe(CN)_6 + 2NaOH + H_2$$

5.2.8.3 锌矿物

通常金矿石中的锌的含量较低，对金溶解的影响虽不如铜矿物那么强烈，但也是消耗氰化物的主要因素。

氧化锌矿物易溶解于氰化溶液中，生成锌氰酸盐、碳酸钠或苛性钠，因此也同样会使氰化物消耗增加。

$$ZnO + 4NaCN + H_2O \longequal Na_2Zn(CN)_4 + 2NaOH$$

$$ZnCO_3 + 4NaCN \longequal Na_2Zn(CN)_4 + Na_2CO_3$$

$$Zn_2SiO_3 + 8NaCN + 2H_2O + O_2 \longequal 2NaZn(CN)_4 + Na_2SiO_3 + 4NaOH$$

闪锌矿在氰化溶液中溶解时为可逆反应：

$$ZnS + 4NaCN \rightleftharpoons Na_2Zn(CN)_4 + Na_2S$$

当不存在氧时，随氰化物增加反而有利于生成硫化钠，而硫化钠在水中分解：

$$Na_2S + H_2O \longequal NaOH + NaHS$$

而 NaHS 和 Na_2S 如有氧存在，又能与氧及氰化物反应：

$$2Na_2S + 0.5O_2 + H_2O \longequal Na_2S_2 + 2NaOH$$

$$2NaHS + 2O_2 \longequal Na_2S_2O_3 + H_2O$$

$$Na_2S_2O_3 + 2NaOH + 2O_2 \longequal 2Na_2SO_4 + H_2O$$

$$2Na_2S + 2NaCN + 2H_2O + O_2 \longequal 2NaCNS + 4NaOH$$

从上述反应可知，闪锌矿在氰化溶液中溶解时，溶液中就有锌络盐、硫代硫酸盐、硫酸盐及中间硫化物。这些也要消耗氧和氰化物，影响了金的溶解速度。

5.2.8.4 汞矿物

金属汞在氰化溶液中溶解得很慢，但其化合物却溶解得很快，即汞及其化合物在溶解过程中要消耗氧及氰化物：

$$HgO + 4NaCN + H_2O \longequal Na_2Hg(CN)_4 + 2NaOH$$

$$HgCl_2 + 4NaCN \longequal Na_2Hg(CN)_4 + 2NaCl$$

$$Hg + 4NaCN + H_2O + 0.5O_2 \longequal Na_2Hg(CN)_4 + 2NaOH$$

$$2HgCl + 4NaCN \longequal Hg + Na_2Hg(CN)_4 + 2NaCl$$

5.2.8.5 铅矿物

方铅矿经常在金矿石中出现，在其未氧化的情况下与氰化物作用很弱，但若长时间接触能生成 NaCNS 和 Na_2PbO_2。氧化铅矿可以被碱性氰化物溶液分解，生成 $CaPbO_2$ 和 Na_2PbO_2。亚铅酸盐与溶液中碱金属硫化物（Na_2S）反应生成 PbS 沉淀，净化溶液消除硫的影响，它的存在使金在氰化物中的溶解速率加快。其原因是 Pb^{2+} 在金电极表面作用的结果。

5.2.8.6 *砷锑矿物*

砷、锑矿物对金银氰化过程极为有害。用氰化法直接处理含砷、锑高的矿石是困难的，有时甚至是不可能的。砷在金矿石中经常以硫化物形态存在，雄黄（As_2S_2）和雌黄（As_2S_3）易溶于碱性氰化溶液中。

$$2As_2S_3 + 6Ca(OH)_2 = Ca_3(AsO_3)_2 + Ca_3(AsS_3)_2 + 6H_2O$$

$$Ca_3(AsS_3)_2 + 6Ca(OH)_2 = Ca_3(AsO_3)_2 + 6CaS + 6H_2O$$

$$2CaS + 2O_2 + H_2O = CaS_2O_3 + Ca(OH)_2$$

$$CaS + NaCN + H_2O + 0.5O_2 = NaCNS + Ca(OH)_2$$

$$Ca_2(AsS_2)_2 + 4NaCN + 2O_2 = 4NaCNS + Ca_2(AsO_2)_2$$

$$As_2S_3 + 3CaS = Ca_3(AsS_3)_2$$

毒砂（FeAsS）在氰化溶液中很难溶解，但它与黄铁矿相似，能被氧化生成 $Fe_2(SO_4)_3$、$As(OH)_2$、As_2O_3 等，而 As_2O_3 在缺乏游离碱的情况下，能与氰化物作用生成 HCN。

$$As_2O_3 + 2NaCN + H_2O = 2NaAsO_2 + 2HCN$$

辉锑矿虽然不直接与氰化溶液作用，但能很好地溶于碱，生成亚锑酸盐及硫代亚锑酸盐：

$$Sb_2S_3 + 4NaOH + 0.5O_2 = Na_2SbS_3 + Na_2SbO_3 + 2H_2O$$

$$2Na_2SbS_3 + 3NaCN + 2H_2O + O_2 = Sb_2S_3 + 3NaCNS + 4NaOH$$

锑的硫化物又重新溶于碱中进一步消耗氧，只有当全部锑的硫化物变成氧化物后，这些反应才能结束。

综上所述，(1) 砷、锑硫化物的分解会消耗矿浆中的氧及氰化物，从而降低了金的溶解速度。(2) 砷、锑的硫化物在碱性矿浆中分解所生成的亚砷酸盐、硫代亚砷酸盐、亚锑酸盐、硫代亚锑酸盐，它们都与金表面相接触，并在金表面上生成薄膜，从而严重地阻碍了金、氧和 CN^- 三者之间的相互作用。

如果用氰化法处理含砷、锑矿物较高的金矿石时，一般是采用预先氧化焙烧的方法除掉砷和锑，然后才能用氰化法进行浸出。

5.2.8.7 *硒碲矿物*

金属硒是不溶于氰化溶液的，但其化合物在常温下却能溶解，并生成硒氰化物，例如生成 NaCNSe，当硒的含量很高时将会增加氰化物的消耗。

在金、银矿物中，伴生的碲矿物有含金银的碲金矿（AuTe）和不含金银的碲铋矿（Bi_2Te）。碲铋矿不溶于氰化溶液中。一般说来，碲矿物在氰化溶液中很难溶解，但碲矿物若以微粒状态存在时较易溶解。碲溶解后生成碲化钠 NaTe，继而生成亚碲酸盐，结果会使氰化物分解并吸收溶液中的氧，因此，碲矿物对氰化法提金是很不利的。某些选金厂采用提高磨矿细度，添加过量石灰的方法使碲溶解，也可以采用预先氧化焙烧的方法除碲。

5.2.8.8 *含炭矿物*

用氰化法处理含炭（含石墨或有机炭）物料时，由于炭对已溶金 $Na_2Au(CN)_2$ 有吸附作用，其结果是使已溶金过早沉淀并随尾矿流失。

消除炭对氰化的不良影响，可采用下述方法：（1）氰化时加少量煤油、煤焦油或其他溶剂，使得在含炭矿物表面形成一种能抑制其对已溶金吸附作用的薄膜。（2）在氰化前，将原料氧化焙烧。(3) 预先用次氯酸钠氧化处理。其条件为：在碱性介质中，次氯酸钠用量 9kg/t，温度 50～60℃，时间 3～4h。

贵州工学院等单位对黔西南含炭金矿物预处理，以煤油和几种取代芳烃类抑制剂、炭质黏土对金的吸附效果是显著的，抑制剂事先被炭质物吸附而充填于其内部孔道和活性炭内表面。从而使其吸附金的容量和速度降低，同时加入促进剂 DMA 和抑制剂 C。金品位 7.05g/t，炭质黏土岩 10%，活性炭 5.7g/L，矿浆浓度 40%，pH = 10，NaCN 500 mg/L，CIP 63.5%，C + CIL 87.7%，C + DMA + CIL 95.6%。

5.3 浸出方法及设备

物料的浸出方法可以分为渗滤浸出和搅拌浸出。渗滤浸出又可根据不同的方式分为槽浸、堆浸和就地浸出。就地浸出通常是在采矿爆破后，直接在采场进行浸出，属化学采矿范畴。本节只介绍槽浸和搅拌浸出。

5.3.1 槽浸法

槽浸法是渗滤浸出法的一种，通常适宜处理 -10mm +0.074mm 的矿砂、较粗颗粒的焙砂及其他孔隙度高的物料，不宜直接处理含泥量高、矿粒大小不均匀的物料以及过分细磨的物料。用槽浸处理这类物料时应进行筛分处理，使矿粒分级槽浸，或粗砂槽浸矿泥搅拌浸出，以提高浸出效果。

槽浸法是氰化提金简易方法。此法设备简单、省电，且氰化后的矿浆不必进行浓缩或过滤，国内外的小型矿山广泛采用。但该方法作业时间长，设备占地面积大，洗涤的不充分及金的回收率偏低。

5.3.1.1 槽浸设备

槽浸设备主要就是渗滤浸出槽如图 5-6 所示。浸出槽通常设有假底，槽底略向出口微倾斜（0.3%左右）。槽的形状可以是圆形、方形和长方形，结构可以是木质的、混凝土或低碳钢的，应能承受压力、不漏液，便于操作。渗浸液的容积取决于处理能力的原料粒度组成。国外小型金矿山使用的渗浸槽直径一般为 5～12m、高 1.5～2.5m，每槽一次可处理矿石 75～150t。国外大型浸出槽直径在 17m 以上，高 3m，每批可处理 1000t 以上的矿石。我国金矿山一般采用长方形水泥池，容积较小，每槽一次处理 15～30t 矿石。

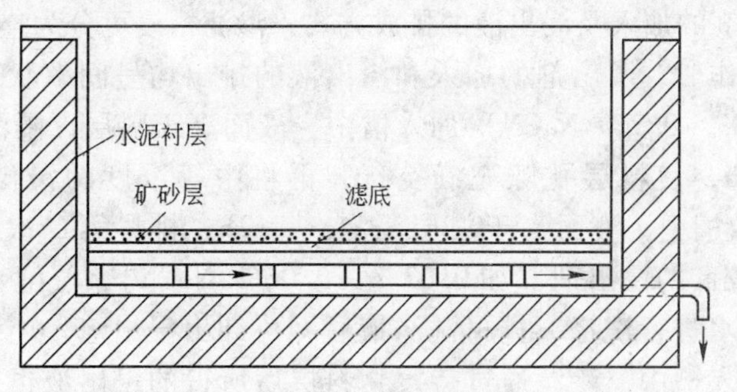

图 5-6 渗滤浸出槽

渗浸槽的假底距槽底约100～200mm，其构造各异，一般因地制宜，就地取材。假底通常用方木条组成格板，其上铺以苇席、竹笪之类的支承物，再在其上铺设帆布、麻袋或矿砂层以支承被浸物料和让浸出液顺利通过。渗浸槽壁在底与假底之间有出液孔，浸出液经此出液管流至槽外。有的渗滤浸在侧壁或底部设有活动门，供卸浸渣用。但多数渗浸槽不设活动门浸渣直接从槽中挖出。

5.3.1.2 渗滤槽浸操作

A 装料

渗浸槽铺好假底后，可将待浸物料装入槽中。渗浸槽装料可用干法和湿法两种方法。

干法装料时可用人力（如手推车）将待浸物料送入槽内，然后耙平，其优点是能够保证料层疏松多孔，粒度较均匀，但劳动强度较大；干法装料也可采用机械装料，常用皮带运输机将待浸物料送至设在槽中央的圆盘撒料器上，圆盘表面上有放射状肋条，借圆盘高速旋转时产生的离心力将待浸物料均匀地装入渗浸槽内。机械干法装料时的粒度偏析较严重，渗浸时易产生沟流现象。干法装料可使物料层的间隙中充满空气，可提高金的浸出率。干法装料适用于水分含量小于20%的待浸物料。湿磨后的矿砂必须预先脱水后才能采用干法装料，操作较复杂。

湿法装料主要用于全年生产的大型金矿山。将待浸物料加水稀释成矿浆，用砂泵扬送或用溜槽自流至铺有假底的渗浸槽中，矿砂在槽内自然沉降，多余的水及部分矿泥经环形溢沉沟排出。当槽内装满矿砂后，停止进料，打开浸液出口使矿砂层的水全部排出。湿法装料时矿砂中空气少，矿砂层中水分含量高，金的浸出速度较低。

用石灰作保护碱时，将石灰与待浸物料一起均匀地装入槽内。用苛性钠作保护碱时，将苛性钠溶入氰化液中再加入槽内。

B 渗滤氰化槽浸

将待浸物料装入渗浸槽中后，可加入氰化浸出剂进行渗滤氰化槽浸。槽浸时给入氰化液的方式有两种：一种是氰化液在重力作用下自上而下通过固定的待浸物料层；另一种是氰化液在压力作用下自下而上地渗滤通过固定的待浸物料层。通常采用的是第一种方式，其缺点是待浸物料中的矿泥随浸出剂一起透过矿砂层而淤积于假底的过滤介质上，导致渗浸速度逐渐降低。压力法可克服此缺点，但增加了设备和动力消耗，经营费用较高。

渗滤槽浸时主要控制渗浸速度、检查浸出液的pH值及金含量，严防产生沟流和“塌方”，使氰化浸出剂能均匀渗滤通过整个待浸物料层。

依据氰化浸出剂的加入及浸出液的排放方式，渗滤槽浸可分为连续法和间歇法两种操作方法。间歇操作时，浸出剂的加入和浸出液的排出均呈间歇状态，通常先将较浓的浸出剂（如0.1%～0.2% NaCN）加入槽中，液面高于料层，浸泡6～12h，排尽浸出液，静置6～12h，使料层孔隙充满空气，再将中等浓度的浸出剂（如0.05%～0.08% NaCN）回放槽中，液面高于料层浸泡6～12h，排尽第二次浸出液，静置6～12h，再加入浓度较低的浸出剂（如0.03%～0.06% NaCN），浸泡6～12h，排尽第三次浸出液，加入清水进行洗涤，排尽洗涤液后即可卸出浸出渣。连续操作时，氰化浸出剂连续不断地加入槽中，渗滤通过待浸物料层后所得的浸出液也连续不断地从槽中排出，渗滤槽浸过程中槽内液面始终略高于待浸物料层。由于间歇操作时，物料层间孔隙间断地被空气充满，可提高浸出剂中的溶解氧浓度。因此，当其他条件相同时，一般间歇操作的金浸出率高于连续操作的金浸出率。

渗滤槽浸出时可几个渗浸槽同时操作，几个渗浸槽所得浸出液相混合可保证贵液中的金含量较稳定。也可采用循环浸出或逆流浸出的方法，以提高金浸出率及降低氰化物消耗量，获得金含量较高的贵液。氰化浸出终止后应用清水洗涤浸出渣，以便用清水尽量将物料层间所含的贵液顶替出来，获得较高的金浸出率。

C 卸出浸出渣

氰化浸出渣的卸出可采用干法和湿法两种方式。干法卸渣可用人力或用挖掘斗进行。当渗浸槽底部有中央活动门时，可用铁棒从上面打孔，通过此孔将氰化尾渣卸至矿车中运走。一般是从上部用人力或挖掘斗进行挖取，用矿车运至尾矿库贮存。湿法卸渣是用高压水（水压为150～300kPa）将浸出渣冲至尾矿沟中，加水稀释后自流或泵至尾矿库贮存。

5.3.1.3 氰化渗滤槽浸的主要影响因素

氰化渗滤槽浸时，金的浸比率主要取决于金粒大小、磨矿细度、矿石结构构造、有害于氰化的杂质含量、氰化浸出剂浓度和用量、渗浸速度、渗浸时间及浸出渣洗涤程度等因素。各因素的适宜值均取决于待浸物料的性质。一般皆通过试验确定其最佳值。

金粒较粗的疏松多孔含金矿石比较适用于渗滤氰化法处理。若金粒主要呈微粒金形态存在。在渗浸的磨矿细度条件下，金粒基本上呈包体存在，暴露金粒极少，此时金的浸出率相当低。因此，金粒大小、矿石是否疏松多孔是决定能否用渗浸法处理的决定性因素。

金的浸出率和渗浸速度与磨矿细度有关。磨矿细度高，金粒的暴露程度高，可提高金的浸出率，但渗浸速度会减小。磨矿后最好进行分级，脱除细泥，只将矿砂进行渗浸，细泥送搅拌氰化，这样既可以提高金粒的暴露程度又可以保证一定的渗浸速度。

渗浸时氰化浸出剂中的氰化物浓度一般比搅拌氰化时的氰化物浓度高。其浓度常为0.1%～0.2%，一般是采用浓度逐渐降低的多批氰化浸出剂进行错流渗浸。通过物料层的氰化浸出剂总量一般为物料质量的0.8～2倍。药剂的消耗量取决于待浸物料的性质，每吨干矿的氰化钠耗量常为0.25～0.75kg，石灰1～2kg（或苛性钠0.75～1.5kg）。

渗滤槽浸出时常用液面下降或上升的线速度表示渗浸速度，一般控制在50～70mm/h。若渗浸速度小于20mm/h，则认为属难渗浸物料。渗浸速度取决于待浸物料粒度、形状及粒度组成、装料的均匀程度、料层高度、矿泥含量及假底过滤介质特性等因素。渗浸速度过大，可能是由粒度偏析、装料不均匀产生的沟流现象引起。渗浸速度过小，可能是由矿泥含量高或矿泥及碳酸钙沉淀堵塞过滤介质所引起。因此，应定期用水喷洗假底过滤介质或用稀盐酸溶液洗涤，以除去碳酸钙沉淀物。

有害于氰化的所有杂质均可降低渗滤氰化槽浸时金的浸出率。硫化铁含量高及氧化较严重时，渗滤前可用水、碱或酸洗涤矿砂，可洗去游离酸、可溶性盐。碱洗可中和酸。稀硫酸溶液洗涤可除去铜氧化物及碳酸盐。氰化浸出剂中加入一定量的铅盐可减小硫化物、砷、锑等组分的有害影响。

渗浸时间取决于渗浸速度、装料及卸料方式、氰化物浓度及消耗量等因素。生产中一个渗滤槽浸周期一般为4～8天，当物料分级效率不高或矿泥含量较高时，一个渗浸周期可长达10～14天。

氰化渣的洗涤程度是影响金浸出率的主要因素之一。一般渗滤氰化浸出终了，应进行1～2次洗涤，可用浓度逐级增大的循环洗涤法洗1～3次，但最后需用清水洗涤1～2次，以便将料层间隙中的贵液尽可能洗涤完全。

采用间歇休闲操作法可使料层间隙中充满空气，也可向料层中鼓空气或预先向氰化浸出剂中充气，均可提高氰化浸出剂中溶解氧的浓度，有利于提高金的浸出速度和金的浸出率。

渗滤槽浸处理含金石英矿砂时。金的浸出率可达85%～90%。当磨矿粒度较粗及分级不充分时，金的浸出率可降至60%～70%。当含金物料中铜、砷、锑、碳等有害于氰化的杂质含量高时，金的浸出率相当低，所得贵液的处理也较复杂。

5.3.2 渗滤氰化堆浸

堆浸提金是指将低品位金矿石或浮选尾矿在底垫材料上筑堆，通过氰化钠溶液循环喷淋，使矿石中的金溶解出来形成含金贵液回收黄金的提金工艺。堆浸法提金具有工艺简单、操作容易、设备少、动力消耗少、投资省、见效快、生产成本低等优点。堆浸用于处理低品位矿石，金的回收率50%～80%，甚至能达到90%。因此，堆浸法提金使原来认为无经济价值的许多小型金矿、低品位矿石、尾矿或废石现在都能得以经济回收。堆浸提金工艺目前被认为是最经济的提金方法，我国在20世纪80年代将堆浸法提金广泛用于工业生产。

美国、澳大利亚、加拿大是世界上采用堆浸法提金的生产大国。英国不仅是世界上应用堆浸法提金最早的国家，也是应用该法生产黄金最多的国家。目前，美国用堆浸法生产的黄金已占其产金量的60%左右，其特点是：

（1）大型化。堆浸矿山的年处理矿石能力从几十万吨到几百万吨，最大的堆浸矿山年产黄金已接近10t，单堆的矿量就可达到百万吨以上，从而大大降低了成本。

（2）品位低。入堆矿石的含金品位一般为0.55～3.0g/t，最低平均品位为0.59g/t，最低边界品位为0.275g/t。

（3）机械化与自动化程度高。有关的设备多已标准化、系列化与大型化，并具有电子技术监控和现代化管理。

能否用堆浸法从低品位矿石中有效地回收金，首先取决于矿石及矿物的性质，一般认为适合堆浸的矿石必须具备下列条件：（1）矿石必须是多孔隙的或者经破碎后能使金暴露出来；（2）金的粒度必须很小；（3）矿石中必须不含大量消耗氰化物、氧和碱的矿物；（4）矿石中不含吸附金的碳质矿物；（5）矿石中不含过多的黏土等。

目前堆浸方法可以分为两种，即原矿（或块矿）直接堆浸和粉矿制粒堆浸。为了改善堆浸条件进而达到提高浸出率的目的，在堆浸过程中还可采用充气、氧化、加热以及喷淋或滴淋等措施。堆浸法更适用于全氧化或半氧化矿石。

5.3.2.1 一般渗滤氰化堆浸

矿石直接运至堆浸场堆成矿堆或破碎后再运至堆浸场堆成矿堆，然后在矿堆表面喷洒氰化浸出剂，浸出剂从上至下均匀渗滤通过固定矿堆，使金进入浸出液中。渗滤氰化堆浸原则流程如图5－7所示，主要包括矿石准备、建造堆浸场、筑堆、渗滤浸出、洗涤和金银回收等作业。

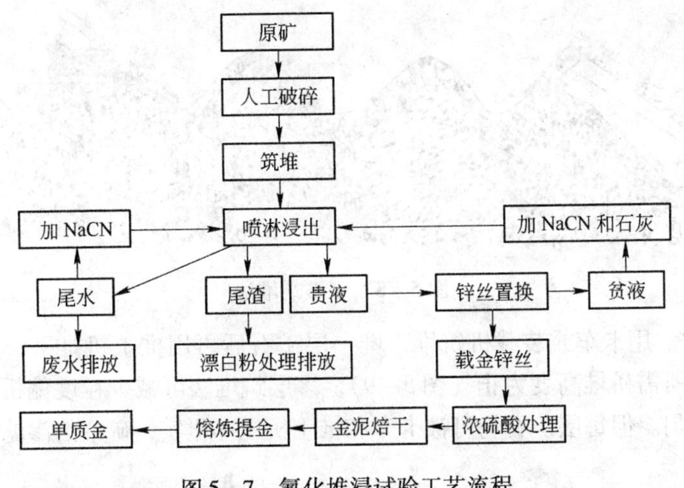

图 5-7 氰化堆浸试验工艺流程

A 矿石准备

用于堆浸含金矿石通常先破碎，破碎粒度视矿石性质和金粒嵌布特性而定，一般而言，堆浸的矿石粒度越细，矿石结构越疏松多孔，氰化堆浸时的金银浸出率越高。但堆浸矿石粒度越细，堆浸时的渗浸速度越小，甚至使渗滤浸出过程无法进行。因此，一般渗滤氰化堆浸下，矿石可碎至 10mm 以下，矿石含泥量少时，矿石可碎至 3mm 以下。

B 建造堆浸场

渗滤堆浸场可位于山坡、山谷或平地上，一般要求有 3% ~5% 的坡度。对地面进行清理和平整后，应进行防渗处理。防渗材料可用尾矿掺黏土、沥青、钢筋混凝土、橡胶板或塑料薄膜等。先将地面压实或夯实，其上铺聚乙烯塑料薄膜或高强度聚乙烯薄板（约 3mm 厚）、或铺油毡纸或人造毛毡，要求防渗层不漏液并能承受矿堆压力。为了保护防渗层，常在垫层上再铺以细粒废石和 0.5 ~2.0m 厚的粗粒废石，然后用汽车、矿车将低品位金矿石运至堆浸场筑堆。

为了保护矿堆，堆浸场周围应设置排洪沟，以防止洪水进入矿堆。为了收集渗浸贵液，堆浸场中设有集液沟。集液沟一般为衬塑料板的明沟，并设有相应的沉淀池，以使矿泥沉降，使进入贵液池的贵液为澄清溶液。

堆浸场可供多次使用，也可只供一次使用，一次使用的堆浸场的垫层可在压实的地基上铺一层大约 0.5m 的黏土，压实后再在其上喷洒碳酸钠溶液以增强其防渗性能。

C 筑堆

常用的筑堆机械有卡车、推土机（履带式）吊车和皮带运输机等，筑堆方法有多堆法、多层法、斜坡法和吊装法等。

（1）多堆法。先用皮带运输机将矿石堆成许多高约 6m 的矿堆，然后用推土机推平（图 5-8）。皮带运输机筑堆时金产生粒度偏析现象，粗粒会滚至堆边上，表层矿石会被推土机压碎压实。因此，渗滤氰化浸出会产生沟流现象，同时随着浸出液流动、矿泥在矿堆内沉积易堵塞孔隙，使溶液难以从矿堆内部渗滤而易以矿堆边缘粗粒区流过，有时甚至会冲垮矿堆边坡，使堆浸不均匀，降低金的浸出率。

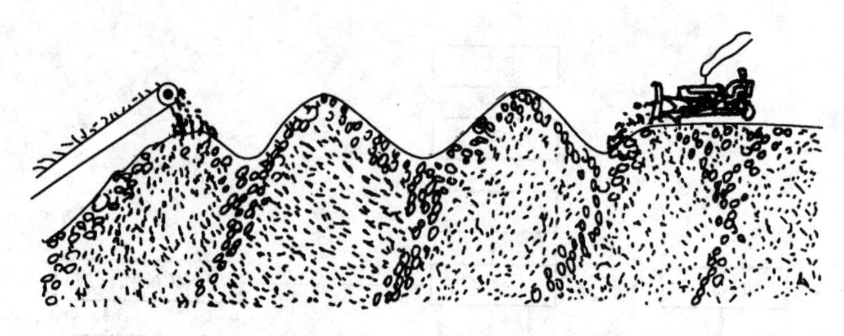

图5－8　多堆筑堆法

（2）多层法。用卡车或装载机筑堆，堆一层矿石后再用推土机推平，如此一层一层往上堆，一直堆至所需矿堆高度为止（图5－9）。多层筑堆法可减少粒度偏析现象，使矿堆内的矿石粒度较均匀。但每层矿石均可被卡车和推土机压碎压实，矿堆的渗滤条件较差。

图5－9　多层筑堆法

（3）斜坡法。先用废石修筑一条斜坡运输道供载重汽车运矿使用，斜坡道比矿堆高0.6～0.9m，用卡车将待浸矿石卸至斜坡道两边，再用推土机向两边推平（图5－10），此法筑堆时，卡车不会压碎压实矿石，推土机的压强比卡车小，对矿堆孔隙度的影响较小。矿堆筑成后．将废石斜坡道铲平，并用松土机松动废石。此筑堆法可获得孔隙度较均匀的矿堆，但占地面积较大。

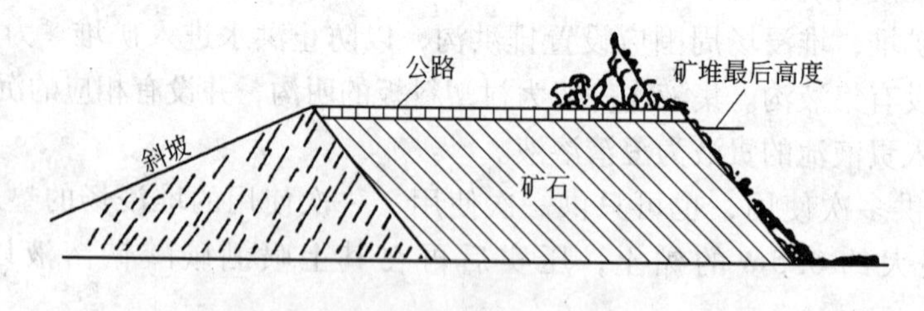

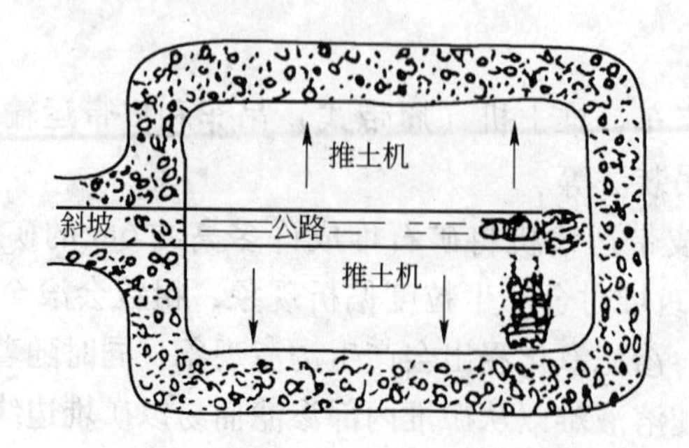

图5－10　斜坡筑堆法

（4）吊装法。采用桥式吊车堆矿，用电耙耙平。此法可免除运矿机械压实矿堆，矿堆的渗滤性好，可使浸液较均匀地通过矿堆，浸出率较高。但此法需架设吊车轨道，基建投资较大，筑堆速度较慢。

D 渗浸和洗涤

矿堆筑成后，可先用饱和石灰水洗涤矿堆，当洗液 pH 值接近 10 时，可送入氰化物溶液进行渗浸。氰化物浸出剂用泵经铺设于地下的管道送至矿堆表面的分管，再经喷淋器将浸出剂均匀喷洒于矿堆表面，使其均匀渗滤通过矿堆。常用的喷淋器有摇摆器、喷射器和滴水器等。喷淋器的结构应简单，易维修，喷洒半径大、喷洒均匀，喷淋液滴较粗以减少蒸发量和减少水的热量损失。浸出过程供液力求均匀稳定，溶液的喷淋速度常为 1.4 ~ 3.4mL/(m^2 · s)。

渗滤氰化堆浸结束后，用新鲜水洗涤几次。若时间允许，每次洗涤后应将洗涤液排尽后再洗下一次，以提高洗涤率。洗涤用水的总水量决定于洗涤水的蒸发损失和尾矿含水率等因素。

E 金的回收

渗滤氰化堆浸所得贵液中的金含量较低，一般可用活性炭吸附或锌置换法回收金，但较常采用前者以获得较高的金回收率。用 4 ~ 5 个活性炭柱富集金，解吸所得贵液送至电积，熔炼电积金粉得成品金。脱金后的贫液经调整氰化物浓度和 pH 值后返回矿堆进行渗滤浸出。

堆浸后的废矿石堆用装载机将其装入卡车，送至尾矿场堆存，可在堆浸场上重新筑堆和渗浸。供一次使用的堆浸场的堆浸后的废石不必运走，成为永久废石堆。

5.3.2.2 制粒—渗滤氰化堆浸

待浸含金矿石的破碎粒度越细，金矿物暴露越充分，金浸出率越高。但矿石破碎粒度越细，破碎费用越高，产生的粉矿量越多。矿石中的粉矿对堆浸极为不利，筑堆时会产生粒度偏析，渗浸时粉矿随液流而移动易产生沟流现象，使浸出剂不能均匀地渗滤矿堆。当矿石中矿泥含量高时，使氰化溶液无法渗浸矿堆，使堆浸无法进行。

为了克服粉矿及黏土矿对堆浸的不良影响，美国矿产局研制了粉矿制粒堆浸技术、彻底改变了粉矿（包括黏土矿）无法堆浸的局面，促进了堆浸技术的进一步发展。目前该技术除广泛用于美国有关金矿山外，还广泛用于世界其他各国金矿山。

制粒堆浸时预先将低品位含金矿石破碎至 -25mm 或者更细，使金矿物解离或暴露，破碎后的矿石与 2.3 ~4.5kg/$t_{干矿}$ 的波特兰水泥（普通硅酸盐水泥）混匀后，用水或浓氰化物溶液润湿混合料，使其含水量达 8% ~16%。将润湿后的混合料进行机械翻滚制成球形团粒。固化 8h 以上即可送去筑堆，进行渗滤氰化堆浸。其筑堆和渗浸方法与常规堆浸法相同。

用石灰或水泥分别作黏结剂进行大量对比试验。试验表明，水泥比石灰优越，添加 2.3 ~4.5kg/t 的水泥作黏结剂，可产出孔隙率高、渗透性好的较稳定的团粒，浸出时的矿粉不移动，不产生沟流，浸出时无需另加保护碱。由于水泥的水解作用 5h 即开始，与矿石中的黏土质硅酸盐矿物作用，产生大量坚固而多孔的桥状硅酸钙水合物，使团粒具有足够的强度，其多孔性足以使氰化物溶液渗透和渗浸矿堆，水泥黏结剂产生的团粒固化后在堆浸过程中，遇氰化物溶液时不会压裂。此外，还试验过用氧化镁、烧结白云石、焙烧氯化钙等作黏结剂。实验表明，被焙烧的白云石和氯化钙不是有效的黏结剂，当氰化溶液加至矿堆后，团粒很快碎裂，出现细矿粒迁移和沟流现象，影响堆浸作业的顺利进行。氧化镁对黏土质低品位含金矿石有强烈的黏结作用，能消除细粒迁移现象，但产生的团粒粒度太大，易产生沟流。因此，制粒堆浸时较好的黏结剂是普通硅酸盐水泥、石灰。

制粒时黏结剂的作用是增加粉矿的成团外用和提高固化后团粒的强度。因此，黏结剂的用量非常关键，其用量与黏结剂类型、矿石粒度组成、矿石类型及其酸碱性等因素有关。一般通过试验决定。黏结剂用量太小，制成的团粒虽经很好的固化也难获得强度大的团粒，渗浸过程中会因浸出液的进一步润湿而碎裂，降低矿堆的渗滤性。若黏结剂用量太大、制成的团粒强度过高，过于坚硬和致密，其渗透性能差，对金浸出不利。

可用水或氰化物溶液润湿矿石和水泥的混合料。试验表明，采用氰化物溶液作润湿剂较有利，氰化物溶液不仅润湿矿石混合料，而且可对矿石起预浸作用，可缩短浸出周期和提高金浸出率。润湿剂用量与矿石粒度组成、矿石水分含量及黏结剂类型有关。润湿剂量太少时不足以使粉矿团粒，润湿剂量过大时可降低团粒的孔隙率。润湿剂用量以使混合料的水分含量达8%～16%为宜。

矿石与黏结剂混合料被润湿剂润湿后即送去制团粒。目前工业上采用两种制粒方法，即多皮带运输机法和滚筒制粒法。多条皮带运输机制粒法是通过每一条皮带运输机卸料端的混合棒使浓氰化物溶液、粉矿及水泥均匀混合、制成所需的团粒（图5－11）。滚筒制粒法是将矿石和粉矿混合料送入旋转滚筒中，在滚筒内喷淋浓氰化钠溶液，由于滚筒旋转使粉矿、水泥和氰化物溶液均匀混合制成所需的团粒（图5－12）。

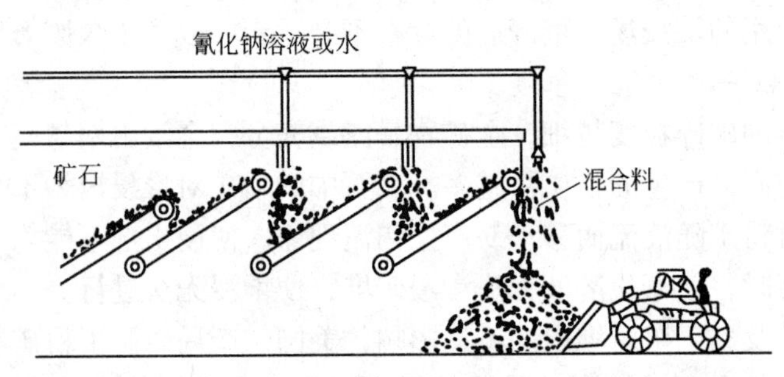

图5－11　多条皮带运输机制粒法

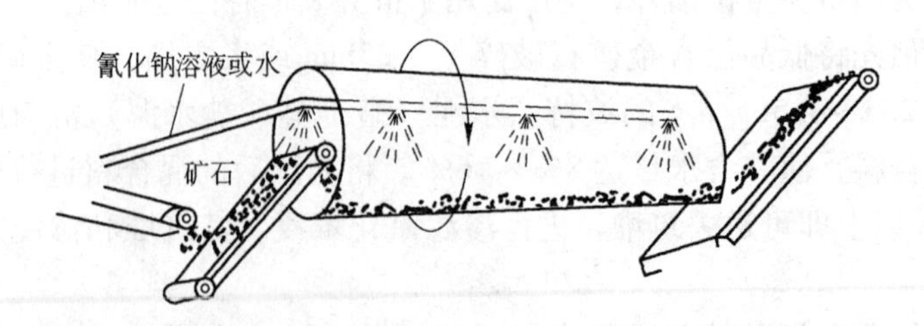

图5－12　滚筒制粒法

制成的团粒在室温下固化8h以上，固化期间，团粒必须保持一定的水分含量。若团粒太干燥，团粒中的水解反应即停止，这样的团粒遇水会出现局部碎裂。因此，固化期间团粒需保持一定湿度，才能获得坚固而不碎裂的团粒。固化作业可在制粒后单独进行，也可在筑堆过程中进行。

制粒堆浸过程中由于采用水泥作黏结剂，采用氰化物溶液渗浸时不需另加保护碱、浸出液的 pH 值可维持在 11 左右。

试验和生产实践表明，采用普通硅酸盐水泥、水或浓氰化物溶液对细粒矿石进行制粒和固化，可显著提高浸出剂通过矿堆的流速。此工艺与常规堆浸相比，具有以下较显著的优点：(1) 可处理黏土含量及粉矿含量高的细粒矿石、也可处理适于氰化的低品位细粒金矿石；(2) 细粒金矿石不经分级直接制粒堆浸，可大大提高浸出剂通过矿堆的流速，可缩短浸出周期；(3) 消除了筑堆时的粒度偏析，可大大减少浸出时的沟流现象，使浸出剂均匀通过整个矿堆，加之矿石粒度较常规堆浸时细，因而可较大幅度提高金的浸出率；(4) 团粒的多孔性导致整个矿堆通风性能好，可提高溶液中溶解氧的浓度，可加速金的溶解；(5) 团粒改善了矿堆的渗透性，可适当增加矿堆高度，可降低单位矿石的预处理衬垫成本和减少占地面积；(6) 团粒的多孔性使浸出结束后可较彻底地洗脱残余的氰化浸出液；(7) 团粒可固着粉矿，可控制粉尘含量，具有较明显的环境效益。

含金矿石是否适于堆浸取决于一系列因素，工业生产前必须进行可行性研究，以确定该矿石是否适于堆浸及堆浸时的最佳工艺参数。含金矿石的可堆浸性与矿石类型、矿物组成、化学组成、结构构造、储量及品位等因素有关。适于堆浸的矿石必须具有足够的渗透性，孔隙度较大，疏松多孔，有害于氰化的杂质组成含量低、细粒金表面干净，含泥量少等。为了确定堆浸的适宜工艺参数，应进行实验室试验和扩大试验。以确定最适宜的破碎粒度、氰化浸出剂浓度、浸出剂消耗量、所需的饱和溶液量、保护碱类型、浓度和消耗量、溶液喷淋方式、流量、渗浸时间、洗涤液量、洗涤次数及洗涤时间、溶液含氧量等因素。设计时还应考虑矿堆大小、堆浸场位置、垫层材料、泵、储液池位置、高位池位置等，正确选择堆浸场位置和利用有利地形，可较大幅度节约基建投资。

5.3.2.3 实例

湖南省常宁县龙王山金矿含金矿石氧化程度深，含泥量大（达 25% ~35%），经一次破碎后 -1mm 的泥质粉矿占 40% 左右，原采用堆浸—锌丝置换工艺，浸出率为 40% ~ 50%。1990 年后改为制粒堆浸取得了明显的效果，浸出率提高 25% ~35%，现已发展为万吨级堆浸厂。

A 矿石性质

龙王山金矿矿石，氧化程度深，外观蜂窝状，构造孔隙发育，是典型的氧化矿，矿石可浮性差，浮选回收率只有 25%，矿物组成复杂，自然元素及各种盐类矿物 72 种之多，其中主要金属矿物是褐铁矿、赤铁矿。脉石矿物以石英、高岭土为主、含泥量大。有用矿物主要是金，其次是银。金主要是以自然金形态存在，金和银、金和褐铁矿关系密切。银主要以自然银和银金矿为主，银颗粒很细，高度分散在硫化物、褐铁矿、脉石及硅酸盐等矿物包裹体中。

B 工艺流程及技术操作条件

a 破碎筛分

小于 200mm 的原矿经 PET 250mm × 400mm 的颚式破碎机破碎后进入振动筛分，大于 10mm 的块矿由移动皮带扬送到堆浸场直接筑堆。小于 10mm 的粉矿由皮带运输送去制粒。用 ϕ2800mm 圆盘制粒机，同时加入 11kg/t 水泥，11.7kg/t 石灰和 0.1% 氰化钠溶液，喷入适量的水，使之在圆盘制粒机内充分混匀，矿团在盘内旋转且翻转约 6min，合格的矿粒（ϕ10 ~ 20mm）自动流入皮带机，移动皮带运输到堆场筑堆。粒矿含水分 12% ~ 15%，固化 24h，粒矿湿度为 94.7%，安息角为 38° ~ 42°，筑堆之后，用石灰水调 pH = 10 ~ 11，氧化钙浓度为 0.005% ~ 0.01%，然后用 0.05% ~ 0.1% 的 NaCN 溶液喷淋浸出，在矿堆顶部用喷头喷淋，四周边坡采用 ϕ25mm 的塑料喷头喷淋以保证浸出剂覆盖均匀。待浸出液中金浓度达 4g/m^3时，排入贵液池，并用泵打入吸附塔进行吸附。

b 堆场的构筑

堆场平整时用推土机和装载机反复压实，填土处要洒水，上铺一层厚度约为 50mm 黏土，要求无碎石，再用装载机压实、压平，并检查堆场内是否有碎石冒出，在黏土上面铺两层油毡，再铺一层 0.05mm 厚的塑料布，最后塑料布上铺一层 50mm 厚的卵石，堆场坡度大于 5%，堆场边缘有 350mm × 200mm 的集液沟，集液沟外筑 400mm × 300mm 的防洪堤。移动皮带运输机组筑堆，堆高为 3.5m。

氰化钠浓度：前期 0.08% ~ 0.12%，中期 0.05% ~ 0.08%，后期 0.03% ~ 0.05%，采用间断喷淋方式，即喷淋 1h，休息 1h。每吨矿石喷淋液用量为 45 ~ 52L/d，喷淋 30 ~ 45 天。

c 活性炭吸附

喷淋开始一段时间后，当流出液中含金达 4g/m^3后，流入泵池由泵送至炭吸附。吸附采用三个 ϕ500mm × 2000mm 吸附塔串联运行，每个塔装入 100kg 活性炭，液体流速约为 25m^3/h，吸附原液即贵液浓度平均 4g/m^3左右，吸附率达 98% 左右，吸附后的尾液循环喷淋。

d 解吸电解

当活性炭载金达 10kg 左右排出，送至解吸电解循环。解吸采用高氰高碱常压解吸法。解吸液为 NaCN 浓度 4% ~ 5%，NaOH 浓度 3%，解吸温度 98℃，压力 0.1MPa，时间 4 ~ 5h，洗脱液量为 1m^3，洗脱时间 8 ~ 10h，脱金炭品位 100 ~ 300g/t，脱金炭经酸洗后返回吸附，电解采用钢棉作阴极，不锈钢冲孔板作阳极，槽电压 3.5V，槽电流 120 ~ 140A，电解贫液品位 1 ~ 5g/m^3，电解金泥送冶炼。

e 尾渣处理

采用制粒堆浸—炭吸附提金工艺，吸附尾液也和洗渣水在补加 NaCN 后返回循环使用，不需要外排。尾渣在拆堆前用清水洗 2 天，晒干 3 天，再在堆上撒 2kg/$t_{矿}$ 漂白粉，放置 3 天后用推土机拆堆。

C 主要技术经济指标

龙王山金矿用粉矿制粒堆浸工艺，氰化物耗量由原工艺的 1.5kg/t 降低到 0.59kg/t，金的回收率达 75% 以上，比原来提高 25% ~ 35%，吸附、解吸、电解以及冶炼回收率均达 98% 以上，金的总回收率达 70.38%，这一指标达国内先进水平。

5.3.3 搅拌氰化浸出法

搅拌氰化浸出法一般适用于处理磨矿粒度小于 0.3mm 的含金矿物原料。其原则流程如图 5 - 13 所示。与渗滤氰化浸出工艺比较，搅拌氰化法具有浸出时间短、厂房占地面积小、机械化程度高、金的浸出率高以及原料适应性强等优点。

为了提高金的回收率和缩短氰化浸出时间，常于氰化浸出前采用混汞法、重选法或浮选法回收粗粒金，且常采用重选法或浮选法除去大量脉石及有害于氰化浸出的有害杂质，以获得金精矿，常将金精矿再磨后进行氰化浸出。当含金矿石中含有大量黏土、赭石、页岩及微粒金含量高时，浮选指标较低，可将含金矿石在脱金液（贫液）中进行磨矿，然后采用全泥氰化法提金。因此，搅拌氰化浸出的含金物料可为原矿，混汞尾矿或重选尾矿，浮选金精矿、金铜混合精矿浮选分离后的含金黄铁矿精矿及含金黄铁矿烧渣等。

5.3.3.1 搅拌氰化浸出设备

搅拌氰化浸出提金时，磨细的含金物料和氰化浸出剂在搅拌槽中不断搅拌和充气的条件下完成金浸出。搅拌浸出的主要设备是搅拌浸出槽。根据搅拌槽的搅拌原理和方法，可分为机械搅拌浸出槽、空气搅拌浸出槽及空气与机械联合搅拌浸出槽三种类型。

A 机械搅拌浸出槽

矿浆在机械搅拌浸出槽中矿浆的搅拌是靠高速旋转的机械搅拌桨完成，机械搅拌桨有螺旋桨式、叶轮式及蜗轮式等。图 5 - 14 所示为选金厂 20 世纪 80 年代前广泛使用的一种螺旋桨式机械搅拌浸出槽。

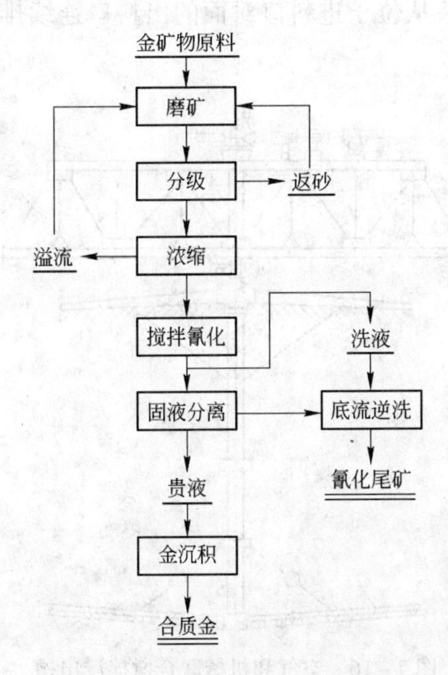

图 5 - 13 搅拌氰化浸出原则流程

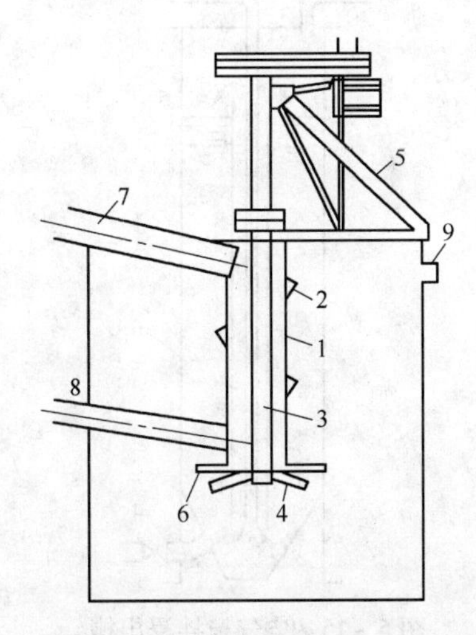

图 5 - 14 螺旋桨式机械搅拌浸出槽

1—矿浆接受管；2—支管；3—竖轴；4—螺旋桨；
5—支架；6—盖板；7—流槽；8—进料管；9—排料管

矿浆从流槽或进料管 8 进入浸出槽后，由于螺旋桨的快速旋转，槽内矿浆经由各支管 2 进入矿浆接受管 1 而形成旋涡，这时空气被吸入旋涡中，使矿浆中的氧气达到饱和。进入管 1 中的矿浆在螺旋桨转动时被推向槽底，再从槽底返上后沿槽壁上升，并再次经各支管进入管 1，实现矿浆的循环。经氰化后的矿浆由排料管 9 排出。这种槽的优点是：矿浆能均匀而强烈地搅拌，矿浆中有充足的空气。在生产中，为提高搅拌与空气的能力，有时往槽内垂直插入几根压缩空气管，或在槽的内（外）壁安装空气提升器。

B 空气搅拌浸出槽

空气搅拌浸出槽（又称帕丘卡槽）是靠压缩空气的气动作用来搅拌矿浆的，如图5-15所示。

槽体下部为呈60°的圆锥体。矿浆由进料管2进入槽内，压缩空气经管3供入槽下部的中心管1中，以气泡状态顺中心管1上升。由于管1外部矿浆柱的压力大于管1内的矿浆压力，故使管内的矿浆作上升运动，并从管1上端溢流出来，从而实现矿浆的循环，在间歇搅拌氰化作业时，氰化后矿浆由下排料管排出。采用连续搅拌氰化时，则由上排料管排出。

C 混合搅拌浸出槽

混合搅拌浸出槽是一种在槽中央安装有空气提升器和机械耙的浸出槽（图5-16）。矿浆的搅拌是依靠空气的鼓入和耙的转动来完成的。矿浆由位于槽上部的进料口供入槽内，并分层向槽底沉降。沉降于槽底的矿泥供助耙的旋转（1~4r/min）作用向空气提升器管口聚集，并在压缩空气的作用下，沿空气提升管上升，并由上部溢流入具有孔洞的两只流槽内，再由流槽口的开孔流回槽中。由于流槽是同竖轴一起旋转，故从流槽孔洞流出的矿浆能均匀地分布于槽内。经氰化处理后的矿浆从位于进料口对面的出料口连续排出，以实现连续作业。

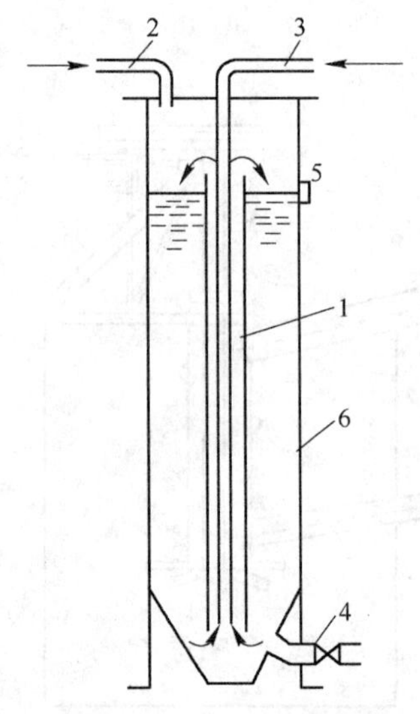

图5-15 空气搅拌浸出槽

1—中心管；2—进料管；3—压缩空气管；4—下排料管；5—上排料管；6—槽体

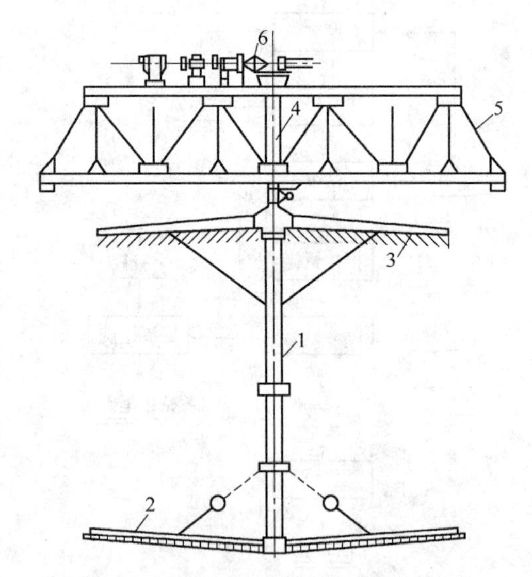

图5-16 空气和机械联合搅拌浸出槽

1—空气提升管；2—耙；3—流槽；4—竖轴；5—横架；6—传动装置

此类搅拌浸出槽的槽体矮，槽底无沉淀物，金的浸出速度较高，氰化物耗量较低。

近年来，浸出槽结构发展较快，品种规格也多，如轴流泵式搅拌槽、叶轮式搅拌槽等在国外亦日渐应用。

5.3.3.2 搅拌浸出作业方式

搅拌浸出按其作业方式可分为间歇搅拌氰化与连续搅拌氰化两种。连续搅拌浸出时，矿浆顺利通过串联的几个搅拌浸出槽，矿浆不能自流时可用泵扬送。一般应使矿浆自流，尽量减少用泵扬送次数，以降低动力消耗。间断搅拌浸出时，将矿浆送入几个平行的搅拌浸出槽中，浸出终了时将矿浆排入贮槽，再将另一批矿浆送入搅拌浸出槽中进行浸出。

金选厂较常采用连续搅拌氰化浸出，只在某些小型选厂或处理某些难浸金矿石以及每段浸出均采用新的氰化液时才采用间断搅拌氰化浸出。

连续搅拌氰化浸出是在串联的几个甚至是十几个槽内进行。矿浆从第一槽依次进入下面的槽中连续浸出，生产过程连续，且易实现过程的自动化，设备处理能力也较大，故在大型矿山广为应用。由于矿浆的过滤、洗涤和置换工序均为连续作业，故各工序的设备布置较为紧凑和可以省去某些设备（如贮池和泵等），因而处理单位质量矿石所需的厂房面积较小，生产人员和动力消耗也可相对减少和降低。例如浸出槽通常是阶梯式的布置，相邻两槽之间的高差随两槽之间的距离而异，通常为300～400mm，矿浆的输入和排出靠自流作用而不需要泵，氰化后矿浆的过滤洗涤也无需贮液槽及其他辅助设备。

间歇搅拌氰化多适用于小型矿山（日处理矿石10t左右）。通常是将浸出后的矿浆放入槽内贮存，并分批进行过滤洗涤，浸出作业是间断进行的。由于工艺过程不连续，生产能力较低，故现今矿山一般很少采用。

搅拌氰化浸出时的液固比常为1∶1。在同一浸出槽中进行浸出、洗涤时，浸出终了时可加洗水稀释矿浆至液固比为3∶1。

5.4 氰化污水处理

黄金氰化厂产生的含氰废弃物不仅包括氰化物的废水（澄清的贫液、氰尾矿、滤液和澄清水），还包括含氰化物废矿浆（氰尾或尾矿浆）以及含氰化物的废渣（氰渣、堆浸废石）。

5.4.1 含氰废水的来源及特点

以精矿（硫精矿、金精矿、铜精矿）为氰化原料的氰化厂，由于精矿中金品位高，因此在氰化过程中氰化钠耗量也较高。一般氰化钠添加量为6～15kg/t，废水含氰化物最高可达4000mg/L。氰化—锌粉置换工艺产生的废水主要是贫液，氰化物、硫氰化物浓度均在1000～4000mg/L。氰化炭浆工艺产生的废水是氰尾矿浆，氰尾液中氰化物，硫氰化物浓度均在1500mg/L以下。

原矿（氧化矿、混合矿、硫化矿）浸出过程中氰化物的加量为0.6～4kg/t，贫液和氰尾液中氰化物浓度低于400mg/L。全泥氰化—锌粉置换工艺，原矿经氰化浸出和固液分离得到贵液，采用锌粉置换法回收已溶金后，产生的贫液用于洗涤和浸出，剩余部分混入含已溶金很少的氰尾中进行处理。需要处理的主要是氰尾废水中氰化物浓度为80～350mg/L，全泥氰化—炭浆法工艺不产生贫液，所需处理的废水为氰尾液（废矿浆）。尾液中氰化物浓度为50～200mg/L，全泥氰化—树脂矿浆工艺产生废水需要处理的含氰尾（废矿浆）。

堆浸工艺产生低浓度含氰废水，所产生的贫液（废水）量一般为堆浸矿石量的1%～2%，废液氰化物浓度一般低于100mg/L，堆浸后的废渣（石）中仍含有一部分废液，应与废水同时处理。

氰化物是毒性很大的化学品，必须按国家制定的排放标准控制其排放浓度。排放标准规定的排放浓度是指利用国家规定的监测方法所测出的浓度。如地面水、饮用水、渔业用水质中的氰化物含量指总氰化物含量，即用GB/T 5750—2006方法测定出的浓度。这与工业废水排放标准中氰化物最高允许浓度不同，后者是指用HJ 484—2009方法测定出的可释放氰化物浓度。这一点必须明确，见表5－5和表5－6。

表5－5 地面水中氰化物允许最高含量 (mg/L)

分 类	Ⅰ类	Ⅱ类	Ⅲ类	Ⅳ类	Ⅴ类
总氰化物量	≤0.005	≤0.05	≤0.2	≤0.2	≤0.2

表5－6 氰化物最高允许排放浓度 (mg/L)

标准分级	一级标准	二级标准	三级标准
易释放氰化物浓度	0.5	0.5	1.0

注：1. 三级标准是指外排水排入城镇下水道并进入二级污水处理厂的污水。
2. 渔业水质要求总氰化物含量不大于0.005mg/L，饮用水质要求总氰化物浓度不超过0.05mg/L。

5.4.2 碱氯法处理氰化污水

碱氯法于1942年开始应用于工业生产，我国大部分黄金矿山应用此方法。

5.4.2.1 反应机理

常见的含氯药剂有液氯、漂白粉等。

氯的分子式为Cl_2，相对分子质量70.9。在常温常压下为黄绿色气体，液化后为黄绿色透明液体，有强烈的刺激性臭味，毒性强，具有腐蚀性和氧化性。液氯相对密度为1.47，氯气相对密度为3.21，是空气的2.45倍，易溶于水、碱溶液、二硫化碳和四氯化碳。在常温下，氯气被压缩到0.6～0.8MPa或在常压下冷至－35～－40℃时就能液化。

漂白粉的主要成分为$Ca(ClO)_2$，相对分子质量142.09。白色粉末，具有极强的氯臭味，有毒，在常温下不稳定、易分解放出氯气；水解成次氯酸会使次氯酸钙氧化为氯化钙；加入热水或升高温度以及日光照射均使分解速度加快，加入酸则放出氯气。漂白粉具有很强的氧化性，与有机物、易燃物混合，能发热自燃，受热遇酸分解甚至发生爆炸，突然加热到100℃也可能发生爆炸。由于具有强氧化性，对金属、纤维等物质产生腐蚀，对镍、不锈钢等也产生腐蚀。

液氯和漂白粉溶于水：

$$Cl_2 + H_2O \longrightarrow HClO + HCl$$

$$2Ca(OCl)_2 + 2H_2O \longrightarrow 2HClO + CaCl_2 + Ca(OH)_2$$

次氯酸在碱性介质中可使氰氧化。

部分氧化：

$$CN^- + HOCl \longrightarrow CNCl + OH^-$$

$$CNCl + 2OH^- \longrightarrow CNO^- + Cl^- + H_2O$$

完全氧化：

$$2CNO^- + 3ClO^- + H_2O \longrightarrow 2CO_2 + N_2 + 3Cl^- + 2OH^-$$

废水中的氰化物不单以游离氰化物（CN^-和HCN）形式存在。还可能以$Zn(CN)_4^{2-}$、$Cu(CN)_3^{2-}$、$Fe(CN)_6^{4-}$、$Ag(CN)_2^-$、$Au(CN)_2^-$等络离子形式存在。络合氰化物一般不像游离氰化物那么容易被氯氧化，其难易程度取决于中心离子是否能被氧化（变价金属），而且氧化后能否仍与氰形成稳定的络合物。

5.4.2.2 工艺及设备

碱氯法处理含氰废水工艺如图5-17所示，设备主要由加氯设备、制石灰乳设备和反应槽组成。

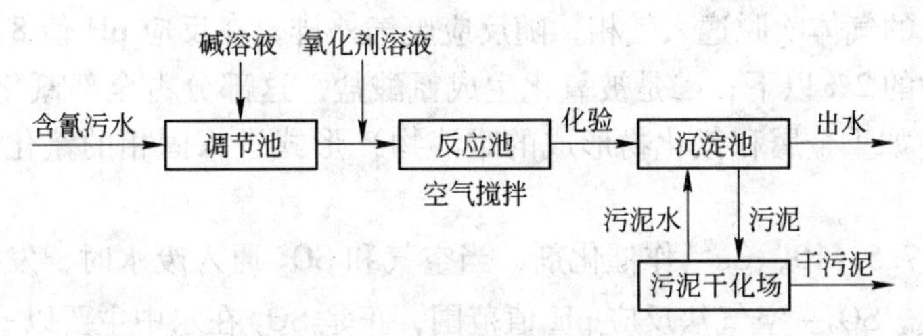

图5-17 碱氯法处理工艺

A 加氯设备

使用漂白粉时，可用给料机加药。使用液氯时，有三种加氯方式：一种是把氯气直接加入反应槽，其设备有气化装置（以电或水作热源）、计量装置以及废气处理设备，以免反应废气（CNCl、HCN、Cl_2）污染环境；另一种是将氯水加入制石灰乳槽中，其优点是反应过程中不逸出CNCl，而且石灰消耗小、节省水，易于控制；第三种是加氯水于反应槽中。液氯气化，然后经计量被吸入水中，制备氯水。

为了使氯连续、平稳的加入反应器，应同时使用几台加氯机并联或同时使用几只氯瓶加氯。当更换氯瓶时，由于其他氯瓶仍然工作，保证了加氯量的稳定。

B 制备石灰乳设备

碱氯法反应过程应保持在碱性条件下，因此在使用氯气时，必须向反应槽投加石灰乳，保持反应pH值不低于11。制乳设备包括给料机、制乳槽、流量计。

有时将石灰直接加入废水中，优点是操作方便、劳动强度低、节约水、不必处理石灰渣；缺点不会迅速水解形成$Ca(OH)_2$，影响pH值，易超标。直接加入石灰的另一缺点是在空气潮湿地区，石灰粉可能结块、使给料机堵塞。

C 反应槽

为了使反应物混合均匀，尤其是处理矿浆时，防止矿浆沉淀，碱氯法的反应器均为搅拌槽。当向反应槽中加入氯水、漂白粉时，反应槽为敞开式，一般不采取特殊的防腐措施。

氯气导入直接加入反应槽时，要采用全封闭式快速搅拌槽，反应产生的废气经排气管道进入吸收装置，如用碱性溶液吸收CNCl、Cl_2、HCN后才能排放。吸收液注入反应槽即可，这种反应槽及配套的废水处理设备要求防腐。

一般矿山采用两台反应槽串联。由于氯氧化氰化物的反应速度较快，反应器数量超过3台没有多大意义。多年实践证明，有的废水（浆）无论增加反应时间还是氯加量，均不能使氰化物降低到0.5mg/L，这是由于废水中$Fe(CN)_6^{3-}$、$Fe(CN)_6^{4-}$存在所产生的影响，并非反应器有效容积不够。

5.4.2.3 SO_2-空气氧化法

在一定pH值范围和Cu^{2+}的催化作用下，利用SO_2和空气的协同作用氧化废水中的氰化物为SO_2-空气氧化法，常简写成SO_2-Ain法。该法是加拿大国际镍金属公司于1982年发明的。该公司的英文缩写是INCO，所以也称作因科法。国外使用该法的矿山较多，我国于1984年开始研究，于1988年完成工业试验，目前有几个氰化厂采用此法处理含氧废水，取得较良好的结果。

其反应机理如下：

SO_2 - 空气法去除氰化物的途径有三种：一是废水 pH 值降低，使氰化物转变为 HCN，进而被参加反应的气体吹脱逸入气相，随反应废气外排，在反应 pH 值 8 ~ 10 范围内，这部分占总氰化物的 2% 以下；二是被氧化生成氰酸盐，这部分占全部氰化物的 96% 以上；三是以沉淀物（如重金属和氰化物形成的难溶物）形式进入固相的氰化物，占全部氰化物的 2% 左右。

当 pH 值为 7.5 ~ 10，Cu^{2+} 作催化剂，当空气和 SO_2 通入废水时，发生氰化物被氧化为氰酸盐的反应。SO_2 - 空气法反应 pH 值范围，正是 SO_2 在水中主要以 SO_3^{2-} 形式存在的 pH 值范围。这就意味着参加氰化物氧化反应的不是 SO_2 而是 SO_3^{2-}。

$$CN^- + SO_2 + O_2 + H_2O \longrightarrow CNO^- + H_2SO_4$$

5.4.2.4 SO_2 - 空气法工艺及设备

SO_2 - 空气法处理含氰废水（浆）的工艺，根据 SO_2 的加入形式不同及是否加 Cu^{2+} 催化剂而有所不同。处理系统由铜盐溶液、石灰乳制备和计量装置，SO_2 制备和计量装置以及反应器构成。其中 SO_2 制备和计量装置是根据采用的 SO_2 形式不同而不同，反应器是能充气和搅拌（类似于浮选槽）的装置。

如果用含 SO_2 大于 2% 的废气，只需制备计量仪表（转变流量计或孔板式流量计）。当废气压力不足时，可配备鼓风机使其增压。使用液体 SO_2 的设备与使用液氯时相同。

使用含 SO_2 固体药剂时，把药剂溶于水制备成 10% 的溶液，通过计量加入反应槽即可，制备槽应是防腐设备。铜盐（如 $CuSO_4 \cdot 5H_2O$）也配成 10% 溶液。然后，再经流量计加入反应器。硫酸铜溶液对钢板的腐蚀速度达 5mm/d，必须采用防腐设备，如使用玻璃钢，涂环氧树脂、PVC 等材料制造搅拌槽、管道、阀门。

SO_2 - 空气法的反应器除要求能使空气以微小气泡均匀分布于废水中，其他反应条件与碱氯法所用反应器要求相同，反应器应密闭，防止 HCN 等气体污染操作环境，为提高处理效果，应该用几台反应器串联。

5.4.2.5 生产实践

国内某氰化厂，其贫液先用酸化回收法处理，处理后废水用以焦亚硫酸钠为 SO_2 源的 SO_2 - 空气法处理，反应 pH 值为 7 ~ 10，反应时间 1h，当 CN^- 浓度为 60 ~ 80mg/L 时，硫酸铜的加氧 0.6kg/m^3，焦亚硫酸钠加量 1.2kg/m^3，电耗为 4.7kW · h/m^3，直接排放 CN^- 浓度一般都在 0.7mg/L 以下，最高不超过 2.0mg/L，总排水 CN^- 浓度低于 0.5mg/L。

工业实践证明，二氧化硫 - 空气法处理效果比较令人满意，但存在电耗过高和设备结垢较严重的缺点。另外，由于处理后废水化学需氧量（COD）增加，溶解氧（DO）降低，能否返回氰化厂使用，至今尚无报道。

5.4.3 氰化废水的酸化回收

向含氰废水（浆）中加入硫酸，使废水呈酸性，废水中的氰化物转变为 HCN。由于 HCN 蒸气压较高，向废水（浆）中充入气体时，HCN 就会从液相逸入气相而被气体带走，载有 HCN 的气体与吸收液中的 NaOH 接触并反应生成 NaCN，重新用于浸出，这种处理含氰废水（浆）的方法称为酸化回收法。

酸化回收法已有60多年的应用历史。早在1930年，国外某金矿就采用这种方法处理含氰废水。其所采用的HCN吹脱（或称HCN气体发生）设备是填料塔，与现有的设备基本相同，但HCN气体吸收设备是隧道式，与现在吸收塔相比，效果差，能耗高。经过60多年技术改进，酸化回收法工艺设备已达到了较为完善的程度。

我国采用酸化回收法处理高浓度含氰废水已有十几年的历史，取得了较好的经济效益、社会效益及环境效益。

目前研究从含氰废水中回收氰化物的技术，其中酸化法已不再局限于处理高浓度含氰化物贫液的窄小范围，现已拓宽至处理中等浓度贫液和矿浆在内的较宽领域。

5.4.3.1 原理及特点

HCN是弱酸，稳定常数为6.2×10^{-10}，酸性条件下，废水中的络合氰化物趋于形成HCN。HCN的沸点为25.7℃，极易挥发，这就是酸化回收法的理论基础。从化学角度考虑，酸化回收法可分为3个步骤，即废水的酸化、HCN的吹脱（挥发）和HCN气体的吸收。

酸化回收法在工业上应用广泛采用硫酸、烧碱、石灰为反应药剂，回收废水中的氰化物、铜等物质。废水经过酸化法处理，氰化物浓度一般低于20mg/L，最低可达到3mg/L。

酸化回收法具有如下优点：

（1）药剂来源广，价格低，废水组成对药剂耗量影响较小。

（2）可处理澄清的废水（如贫液），也可以处理矿浆。

（3）废水氰化物浓度高时具有较好的经济效益。

（4）废水通过尾矿库自净，可循环使用。

（5）除了回收氰化物外，处理澄清液时，亚铁氰化物，绝大部分铜，部分锌，银、金也可得到回收。

（6）硫氰酸盐生成CuSCN沉淀，其去除量与铜浓度相当。

酸化回收法缺点：

（1）废水氰化物浓度低时，处理成本高于回收价值。

（2）与相同处理规模的碱氯法比较，投资高4～10倍。

（3）冬季需要对废水（浆）进行预热，才能取得较好的氰化物回收率。

（4）对于一些氰化厂来说，经酸化回收法处理的废水还需进行二次处理才能达到有效标准。

5.4.3.2 工艺及设备

国内外酸化回收法技术水平基本相同，其工艺大致分为5个部分，即废水的预热、酸化、HCN的吹脱（挥发）、HCN气体的吸收、废水中沉淀物的分离等装置，如图5－18所示。

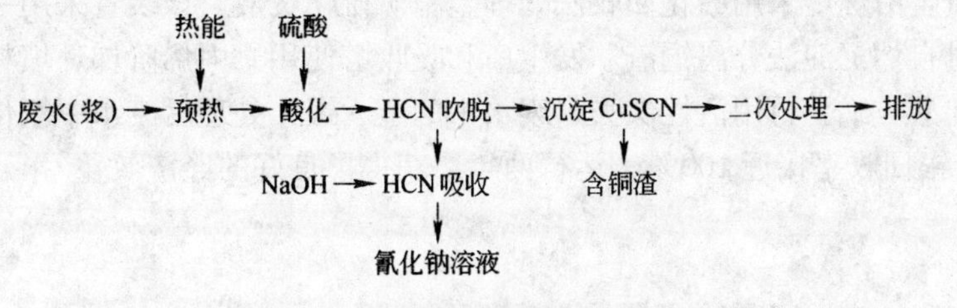

图5－18 酸化回收法工艺流程示意图

沉淀物分离过程也可以放在酸化后、HCN 吹脱前。其优点是避免了沉淀物堵塞 HCN 发生塔填料；缺点是沉淀物中带有高浓度氰化物酸性溶液，在沉淀物干燥过程中存在工人中毒的危险，同时还降低了氰化物的回收。沉淀物分离设备必须防腐，密闭。

一般采用间接加热方式进行预热，其优点是防止锅炉结垢，发生塔和吸收塔结构相同，使用塑料阶梯环填料效果好，可承受较大的气液比和防止沉淀物堵塞。由于硫氰化亚铜等沉淀物粒度很小，现在都利用沉淀槽进行沉淀分离，如果适当地加入聚丙烯酰胺絮凝剂，则可以使用过滤方法分离出硫氰化亚铜渣。

5.4.3.3 影响氰化物回收率的因素

酸化回收法处理效果即氰化物的回收率与废水组成、酸化程度、吹脱温度、吸收碱液浓度、发生塔的喷淋密度、气液比、发生塔结构有较大关系。

(1) Cu 与 SCN^- 比对氰化物回收率的影响。在酸化过程中，几乎全部铜都与硫氰化物生成难溶的硫氰化亚铜。

$$Cu(CN)_3^{2-} + 3H^+ + SCN^- \longrightarrow CuSCN\downarrow + 3HCN$$

大部分矿山废水中的硫氰化物浓度高于铜浓度，保证了铜氰络合物中的氰化物的解离。

(2) 酸化程度对氰化物回收率的影响。由酸化回收法反应机理可知，不同的络合物稳定常数不同、酸化解离时生成的产物不同，其解离起始 pH 值和达到平衡时的 pH 值也不同。根据试验，$Zn(CN)_4^{2-}$ 的起始解离 pH 值约 4.5，$Cu(CN)_2^-$ 约为 2.5，而 $Fe(CN)_6^{4-}$ 在常温下即使 pH 值小于 1 时也不解离。生产上为了彻底地回收氰化物，一般控制处理后废水含酸 0.2% 左右。

(3) HCN 吹脱温度的影响。提高吹脱温度，HCN 的蒸气压升高，HCN 就更容易以液相逸入气相。提高温度的另一个好处是降低了废水的黏度，一般把废水加热到 35～40℃ 再酸化吹脱。吹脱温度与氰化物去除率并非成正比，随着吹脱温度的提高，氰化物去除率的增加幅度变小，过分提高吹脱温度在经济上并不合理。

(4) 吸收液碱度的影响。HCN 为弱酸，故吸收液必须保持一定的碱度才能保证 NaCN 不水解。由于吸收液是批量加入，循环使用。载气中 HCN 的残余浓度增高导致处理废水残留氰化物浓度增高。理论上，吸收液 pH 值应大于 10。工业生产中，吸收液中 NaOH 浓度降低到 1%～2% 时就应停止循环使用，输送到氰化工段。

(5) 发生塔气液比的影响。单位时间内通过发生塔的气体和液体的体积比称作气液比。发生塔气液比决定 HCN 从液相向气相扩散的动力学特性，气液比越大，气体中 HCN 浓度越低，液相的 HCN 越容易逸出。HCN 的扩散受液膜阻力控制，如果气液比增大，则液膜阻力减小，扩散速度加快，但过大的气液比会造成液汽以及使塔的气阻增加，且增加动力消耗，在经济上不合理。气液比一般为 300～1000。

国内某黄金冶炼厂采用酸化回收法处理金精矿氰化贫液。该装置采用一次吹脱一次吸收工艺，通过自然沉淀法分离铜渣。发生塔和吸收塔使用聚丙烯阶梯环填料，高位槽与水射器相结合加酸方式，再用活性炭吸附废水中的金、银，处理后废水中氰化物浓度不超过 3mg/L，金、银回收率接近 100%，运行两年，获得了良好的经济效益。

6 氰化—锌置换法提金

6.1 概述

金可溶于氰化物溶液，是西方炼金术士在18世纪发现的，并首先用于电镀。19世纪80年代，氰化法的研究取得了进展。1884年，A. P. 普赖斯（Price）用金属锌从浓氰化钾电镀液中成功地回收了残余金，并取得专利。1886年，F. W. 福雷斯特和W. 福雷斯特（For-rest）兄弟发明了用浓氰化钾液浸出矿石中的金，并用锌块从浸液中置换沉淀金的方法。在英国格拉斯哥实验室，J. S. 麦克阿瑟（MacArthur）研究的改进方法是：采用浓度很低的氰化钾溶液浸出金（1888年获No. 47专利）、锌以锌屑形态置换沉淀金（1889年获No. 74专利）和预先将锌粉浸入醋酸铅溶液中使形成锌－铅电池，再用于置换沉淀金（1894年取得专利）。这些就是麦克阿瑟－福雷斯特法。在此基础上，经过各家在生产技术和工业装备等方面的不断完善，才形成连续逆流倾析（CCD）洗涤—锌置换提金工艺。

氰化法是一种可从矿石、精矿和尾矿中提取黄金的最经济而又简便的方法，它同时具有成本低、回收率高和对矿石类型适应性广等优点。该法的发明，并于1889年在新西兰的工业应用试验取得成功后，正值南非威特沃特斯兰德金矿地表含粗粒金的氧化矿已用混汞法处理完深部开采出来的硫化矿，其中含有较多细粒金，且部分被黄铁矿包裹，采用原处理氧化矿的“磨碎—混汞”流程，金的回收率已由原来的75%～80%下降至不足60%。此后虽增设了绒面溜槽和洗矿机从混汞尾矿中捕收含金硫化矿物，并将捕获的硫化矿物焙烧后进行氯化浸出，也只能从混汞尾矿中回收38%的金，金的混汞—氯化总回收率仍只74%，并使生产成本大增。1890年，氰化法正式（此前，南非矿业协会曾于1885年对矿样进行过氰化钾浸出，并使金沉淀在锌板上）引进南非，当年年末建成的第一个氰化厂就是作为混汞法的补充而建的，用它处理硫化矿的混汞尾矿，可从尾矿中回收75%的金，使金的混汞—氰化总回收率接近90%。这是由于含金砾岩中不存在任何有害氰化提金的矿物，且微细金粒在氰化液中溶解迅速，因此这种简便的浸出方法使南非黄金生产摆脱了困境，而立即被各厂家广泛采用。这就为氰化法在湿法冶金史上树立了一个里程碑，而成为现代湿法提金的最重要方法。据统计，自1886年至1972年底，南非处理了约31.5亿吨矿石，共生产出纯金3.11万吨。直到现在，南非的黄金产量大部分仍是采用CCD洗涤—锌置换工艺生产的。有史以来，世界黄金总产量约60%是用氰化法生产出来的。

早期氰化法的研究和工业生产之所以使用氰化钾，它主要源于电镀工业的实践。后来的实验表明，氰化钠对金、银的浸出速度大于氰化钾，且氰化钠货源广、价格也便宜，故近代氰化法几乎无例外地都使用氰化钠（甚至氰化钙）的水溶液。

氰化钠为无色透明的晶体，通常由于含有某些杂质而呈灰黄色，性极毒，易溶于水。它在水中的溶解浓度达30%以上，远远超过氰化实践中所需要的任何浓度。当酸化含氰化物的溶液时，氰化物即分解呈无色、极毒、易挥发（沸点26℃）的氰氢酸而挥发。故氰化作业均须在碱性溶液中进行。存在于溶液中的氰氢酸为一种弱酸，在水中很难电离，故氰氢酸不起溶解金的作用。

从氰化物溶液中析出金、银的方法有：锌置换、活性炭吸附、离子交换树脂法、铝置换、电积和萃取等。

从氰化法发展开始到目前，锌置换法是主要的沉金方法。但是，从70年代开始，全世界广泛应用活性炭吸附和树脂吸附。从含金贵液中沉淀金的方法有锌置换法和铝置换法。在生产实践中又分为锌（铝）丝置换法和锌（铝）粉置换法。锌置换法曾用于银矿氰化过程。与锌不同，铝与CN^-离子不形成络合物，而形成AlO_2^-，因此，用铝置换时可再生CN^-离子：

$$3Ag(CN)_2^- + Al + 4OH^- = 3Ag + AlO_2^- + 6CN^- + 2H_2O$$

但是，用铝置换金的效果比置换银差，并且在氰化物溶液含Ag不小于$60g/m^3$时，才可以达到沉金完全。此外，用铝作沉淀剂时，沉淀速度慢，而且在含钙的氰化液中，铝会生成铝酸钙与金一起沉淀，因此在沉淀前氰化物溶液必须除Ca^{2+}（否则会生成$CaAl_2O_4$沉淀混入金泥）。因此，铝置换法没有得到推广。

6.2 锌置换提金原理及工艺过程

将浸出矿浆进行固液分离，洗涤后的浸渣废弃或再利用，所得的上清液称为贵液。在贵液中加入金属还原剂，通过化学反应使金银沉淀到金银品位较高的金泥再进行冶炼的化学沉淀法，是从氰化溶液中普遍采用的提金方法。

6.2.1 锌置换的原理

当锌与含金溶液作用时，金会被沉淀，而锌则溶解于NaCN和NaOH溶液中。

金的沉淀是由于生成电偶的结果，锌为阳极，铅（铅常以杂质状态进入商品锌中）为阴极。络盐$NaAu(CN)_2$在溶液中分解成Na^+和$Au(CN)_2^-$。

在所形成的电流影响下，$Au(CN)_2^-$与锌（阳极）起作用，此时锌进入溶液中成为金属粉末状态沉淀。

$$2Au(CN)_2^- + Zn \longrightarrow 2Au\downarrow + Zn(CN)_4^{2-}$$

锌在氰化溶液及碱中的溶解反应：

$$4NaCN + Zn + 2H_2O = Na_2Zn(CN)_4 + 2NaOH + H_2$$

$$2NaOH + Zn = Na_2ZnO_2 + H_2$$

用金属锌置换沉淀金时，要在含有足够的氰化物和碱的溶液中进行。如果含金溶液中氰化物浓度和碱浓度均较小，则含金溶液中的溶解氧会使已沉淀的金再溶解和使锌氧化成$Zn(OH)_2$沉淀：

$$Zn + 0.5O_2 + H_2O = Zn(OH)_2\downarrow$$

再者是$NaZn(CN)_4$会分解成不溶的氰化锌沉淀：

$$Na_2Zn(CN)_4 + Zn(OH)_2 = 2Zn(CN)_2 \downarrow + 2NaOH$$

氢氧化锌和氰化锌白色沉淀会在金属锌表面形成薄膜，从而妨碍金从含金溶液中完全沉淀析出。

当含金溶液中氰化物浓度和碱浓度较大时，虽然会使锌的消耗增加，但是氢则较猛烈地析出。氢就与含金溶液中的溶解氧化合成水，从而使已沉淀金不再溶解，金属锌不被氧化。这就是金从氰化物浓度较大的含金溶液中沉淀析出速度较快和较完全的原因。因此，进入置换沉淀箱之前的含金溶液的氰化物浓度一般要控制在0.05%～0.08%。当然，最好在从含金溶液中沉淀金以前用脱气塔脱除溶解氧，以彻底消除其置换沉淀金的有害影响。

铅对用金属锌置换沉淀金时有促进作用，这是因为铅与锌能形成电偶，并使氢在铅阴极表面上源源析出，锌不断溶解，金接连沉淀析出的缘故。所以，在生产实践中将醋酸铅或硝酸铅加入含金溶液中，或者是将锌屑浸泡于10%的醋酸溶液中2～3min后再使用（锌粉同硝酸铅或醋酸铅一起加入混合槽中）。

6.2.2　锌置换过程的影响因素

锌置换金的工艺条件和许多因素有关：氰与碱的浓度、氧的浓度、锌的用量、铅盐的作用、温度及溶液中的杂质、贵液中的悬浮物、置换面积等。

此外贵液中含金浓度、置换时间也对置换过程有一定影响，具体的工艺条件由试验确定。

6.2.2.1　氰与碱的浓度

锌置换金时对贵液中氰化物和碱的浓度应有一定的要求，一般来说，氰化物和碱的浓度取决于浸出氰和碱的浓度高低，生产中常用贫液作为洗水，这样有利保持氰和碱的浓度，特殊情况下采用新水作为洗水，将大大降低氰和碱的浓度。这时应补加适量的氰化物和碱。

氰化物和碱的浓度太高，会使锌的溶解速度加快，当碱度过高时，锌可以在无氧条件下溶解，使锌的耗量增加，但由于锌的溶解也会使锌不断暴露新鲜表面而有利于金的置换，一般来说，氰离子浓度不得低于0.02%，生产中通常为0.03%～0.06%，而碱的浓度为0.01%左右。

6.2.2.2　氧的浓度

溶液中溶解氧对置换是有害的，在有氧存在时，溶液中具备了金溶解的条件，已经沉淀的金将发生返溶现象，影响置换效果。另外氧的存在会加快锌的溶解速度，增加锌耗，大量产生氢氧化锌和氰化锌沉淀覆盖锌表面而影响置换。所以在锌粉置换之前必须脱氧，以确保置换顺利进行，生产中一般要求溶液中的溶氧量为0.5mg/L以下。

6.2.2.3　锌的用量

锌作为沉淀剂，其用量的大小对金置换效果起着决定性作用。锌量太少，满足不了置换要求，而用量过多又会造成不必要的浪费，使置换成本增高。由于不同的矿石产出的贵液性质不同，锌的用量也必然不同，因而生产中适宜的锌用量必须通过试验来确定。影响锌用量的因素较多，溶液中氰和碱的浓度高低，被置换的金属量多少，脱氧效果的好坏，置换时间的长短以及温度和锌本身的质量等都将对锌的用量有影响，锌粉置换的锌用量较低，一般为15 ~50g/m^{3}溶液。用锌丝置换耗锌量高达200 ~400g/m^3 的溶液。对锌的质量要求必须严格，特别是对锌粉，要求含金属锌98%以上，细度为小于0.043mm占95%，锌粉越细，表面积越大，金的置换速度越快，锌粉避免受潮结块，并避免与空气接触而被氧化。锌的质量好坏直接关系到锌的耗量和金泥的质量。

6.2.2.4 铅盐的作用

铅在置换过程中的主要作用为锌与铅形成锌-铅电偶，消除氢的极化作用，促进金的沉淀，所以在锌置换金时铅是必不可少的。铅的存在不仅可加速金的置换，同时溶液中的氢离子从铅极取得电子生成氢气，源源不断地从铅极析出。析出的氢与溶液中的氧作用生成水，从而消耗了溶解氧，这一点对没有脱氧作业的锌粉置换来说，更有实践意义。

铅离子还具有除去溶液中杂质的作用，如溶液中硫离子与铅离子反应，可以生成硫化铅沉淀而被除去。生产中常用的铅盐为硝酸铅和醋酸铅。在锌丝置换时故意在锌加0.1%左右的铅，但铅的用量也不宜过多，过多的铅对金的置换也是有害的，过量的铅会覆盖于锌的表面，减慢置换速度，另外铅进入金泥后使金泥质量增加，含金品位下降，不但增加火法冶炼成本，而且会造成污染。影响工人健康。所以生产中铅盐用量要适当，一般金泥氰化时每立方米贵液的用量为5 ~10g，精矿氰化时每立方米贵液的用量约为50 ~100g。

6.2.2.5 温度及溶液中杂质的影响

锌置换金的反应速度与温度有关，置换反应速度取决于金氰络离子向锌表面扩散的速度。温度越高，扩散速度加快，反应速度增加，而当温度低于15℃时，置换率将受到影响。如果温度低于10℃时反应速度将很慢，所以在生产中一般应保持温度在15 ~30℃之间。

溶液中所含杂质如铜、汞、镍及可溶性硫化物等都是置换金的有害杂质。铜的络合物与锌反应时，铜被置换而消耗锌，同时铜在锌的表面形成薄膜妨碍金的置换，其反应方程式为：

$$Na_2Cu(CN)_4 + Zn \xlongequal{} Cu\downarrow + Na_2Zn(CN)_4$$

汞对锌发生如下反应，其反应结果是生成的汞与锌形成合金使锌变脆，影响金的置换效果。可溶性硫化物与锌和铅作用，并在锌和铅的表面上生成硫化锌和硫化铅，降低了锌对金的置换作用。

$$Na_2Hg(CN)_4 + Zn \xlongequal{} Hg + Na_2Zn(CN)_4$$

6.2.2.6 贵液中的悬浮物

贵液的澄清度也直接影响着置换过程是否能正常进行。贵液中的悬浮物主要指矿泥和油类。这些悬浮物在置换过程中会生成泥膜或油膜，污染锌的表面降低金置换速度。而且会使锌粉置换时，大量矿泥进入压滤机将会堵塞滤布使置换无法进行。另一方面矿泥进入金泥影响金泥的质量。因此，在置换前必须对贵液进行净化处理，要求贵液悬浮物含金量为5mg/L以下。

6.2.2.7 置换面积

采用锌粉置换工艺多采用板框压滤机。实践证明，适当降低置换面积可提高置换金泥品位（表6-1）。

表6-1 置换面积与金泥品位的关系

滤板面积/m^2	金泥品位/%
20	13.6
15.38	18.70
13.85	20.85

随着置换面积的减小，进入机腔内液体压力增加，那么使锌粉分散悬浮得越充分，挂在滤纸上的锌粉区也就越均匀。在其他条件相同相反置换面积越大，机腔内压力越小锌粉得不到充分悬浮，甚至有部分下沉在置换层上会出现上薄下厚的现象，不仅不利于置换，而且还会使锌耗增加，堆积的锌粉进入金泥而降低了金泥品位，因此，在生产中应结合具体情况选择适当的滤板数以获得最佳的置换效果。

6.2.3 锌置换工艺

6.2.3.1 锌丝置换沉淀法

锌丝沉淀法是从1888年开始用于氰化提金工艺中。图6-1所示为锌丝置换沉淀箱示意图。锌丝置换沉淀箱是由木板、钢板或水泥制成的箱。箱以横间壁3分成几个格（5~10格），箱长3.5~7m，宽0.45~1m，深0.75~0.9m，横间壁3与箱底1紧密连接。但没有达到箱上缘2。在每格中又建立一个间壁4，其下缘与箱底1不相接，这样的构造是为了使溶液能由下而上流到每个格中，位于间壁4的下缘水平处放置带有3.36~1.68mm（6~12目）筛网5的铁框6，在每个格（除第一格和最后一格外）中的筛网5上均装有锌丝7，第一格一般用作含金溶液的澄清及添加氰化物（提高溶液的氰化物浓度），最后一格用于收集被溶液带上的金泥8，金泥8的清出是从每个格中的排放口9进行的，这些排放口平常用木塞堵住，当含金溶液依次向上通过筛网5时，已沉淀出的金泥以疏松的状态沉积于锌丝的下层，并且大粒金泥因受重力影响沉落到箱底上，而小粒金泥受溶液向上流动的作用则保持悬浮状态，因此，含金溶液就可以在置换沉淀箱中自由流动。

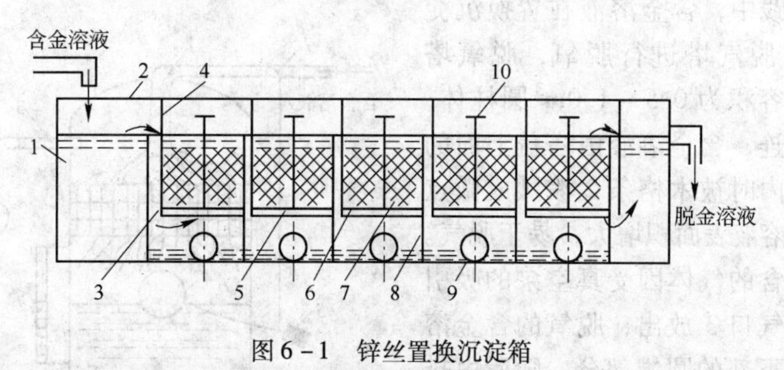

图6-1 锌丝置换沉淀箱

1—箱底；2—箱上缘；3—横间壁；4—间壁（上端）；5—筛网；6—铁框；7—锌丝；8—金泥；9—排放口；10—把柄

锌丝是金属锌用车床车成的或将熔融的锌连续均匀地倾倒在用水冷却的高速旋转的生铁圆筒上制成的，锌丝厚度一般为0.02~0.04mm，宽1~3mm，锌丝在10% $PbAc_2$溶液中浸泡2~8min，均匀铺装于沉淀箱各室中压紧，压紧的锌丝孔隙为79%~98%。

含金溶液同锌丝的接触时间约17~20min，在这一时间内能使99%以上的金被置换沉淀下来。

锌丝置换沉淀箱的操作方法如下：将固定于筛网5中央的把柄10定期轻轻提起上下抖动以使锌丝松动并放出氢气泡，使金泥脱离锌丝而沉积于箱底，把使用已久且可继续用的锌丝移置于箱的前几个格中。而将新锌丝装入箱的后几个格子中，这样做能使含金量低的溶液与置换沉淀能力最强的新锌丝相接触，有利于提高金沉淀率。在装入或移置锌丝时，必须将锌丝抖松和铺撒均匀，特别是要留意将每一格的四个角落塞满，以免有空洞或缝隙，如有空洞则含金溶液会从空洞流过，使接触时间缩短，影响沉淀效果。

金泥通常每月取1~2次，如果金泥含金量高或在锌丝表面析出的白色沉淀过多时，每月可取出2次。在排放金泥之前，应先停止给入含金溶液，并要用水洗涤置换沉淀箱，然后才能取出锌丝和铁框，将锌丝用圆筒筛过筛，以使细小金泥和碎锌丝同大的锌丝分开。较大锌丝再用于下一批含金溶液的置换沉淀。金泥8由排放口9放出，并进入特别的承接器中进行过滤，在这些排放口下方设有与箱平行的流槽。将多流槽上收集起来的碎锌丝进行过滤，然后并同圆筒筛的筛下产物即碎锌丝一起送去烘干处理。金泥和碎锌丝的过滤通常用过滤箱（将帆布卡紧在木框上）进行，但当金泥和碎锌丝量多时，则用压滤机进行。

采用锌丝置换沉淀法的优点是置换沉淀箱制造容易，操作简单，不消耗动力。但是此法有下列缺点：（1）锌丝消耗量大，每产生1kg金需消耗4~20kg的锌；（2）NaCN的消耗量大（但这也是为防止因溶液未脱氧而生成的白色沉淀所必需的）；（3）金泥含锌高；（4）置换沉淀箱占地面积大。所以，锌丝置换沉淀法在生产实践中已被锌粉置换法所代替。

6.2.3.2 锌粉置换沉淀法

锌粉是非常细微的金属物质，其单位质量具有很大的表面积，这就为更完全更快地沉淀金提供了有利条件。

当采用锌粉置换沉淀法时，先将锌粉与含金溶液相混合，接着用各种过滤方法（压滤机、框式过滤机、锌粉置换沉淀器等）使金泥（含锌金沉淀物）与脱金溶液（贫液）分开。

在生产实践中，含金溶液在置换沉淀之前，通常用脱气塔进行脱氧，脱氧塔（图6-2）是容积为0.5~1.0m^3圆柱体，它与真空泵相连，含金溶液由塔盖上面的进液口进入塔内时被木格条2泼溅成微点状分布，以使溶液表面积增大，易于脱气。含金溶液中所含的气体因受真空泵的吸引力作用而由排气口3放出，脱氧的含金溶液则聚集于塔下部的圆锥部分，随后由排液口6流出，为使脱氧的含金溶液在塔内保持一定的水平面，将浮标4设在塔内，其平衡锤5与进液管的蝶阀7相连，有的脱气塔在圆锥部分安有排液（脱氧溶液）活塞，该活塞同供液（含金溶液）活塞（设在进液管）相连，塔内的真空度达79.993~86.66kPa，经脱氧的溶液含氧量

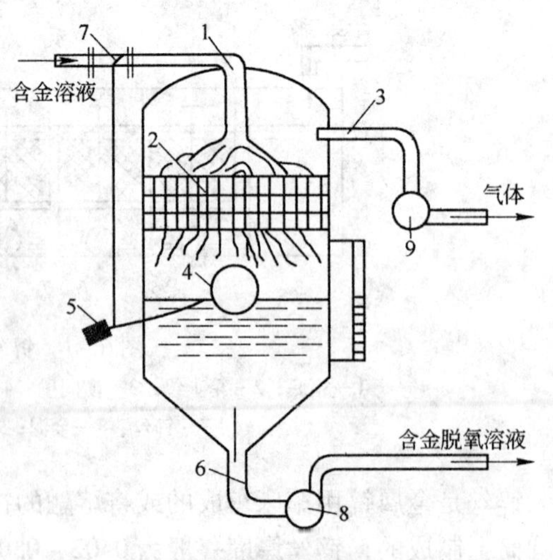

图6-2 脱氧塔
1—进液口；2—木格条；3—排气口；
4—浮标；5—平衡锤；6—排液口；
7—蝶阀；8—离心泵；9—真空泵

为0.6~0.8mg/L。排液口6与浸没式离心泵相连。

含金溶液预先脱氧的优点是：(1) 加速金银的沉淀，并使之沉淀更完全；(2) 锌在脱氧溶液中不被氧化，从而消除了生成白色沉淀的可能性，同时也降低了锌的消耗。

锌粉置换沉淀方式一般是将锌粉胶带式或其他给料器连续给入锥形混合槽中，同时由脱气塔排液管相连的浸没式离心泵（为防止空气吸入而浸没于含金溶液池中）管路中分出的一部分含金脱氧溶液加到槽内，以使它们混合成锌浆从槽的底部排出，并与其余含金脱氧溶液合并在一起送往压滤机或框式过滤机进行过滤，以获得金泥和脱金溶液。采用这种方法时的设备如图6-3所示。

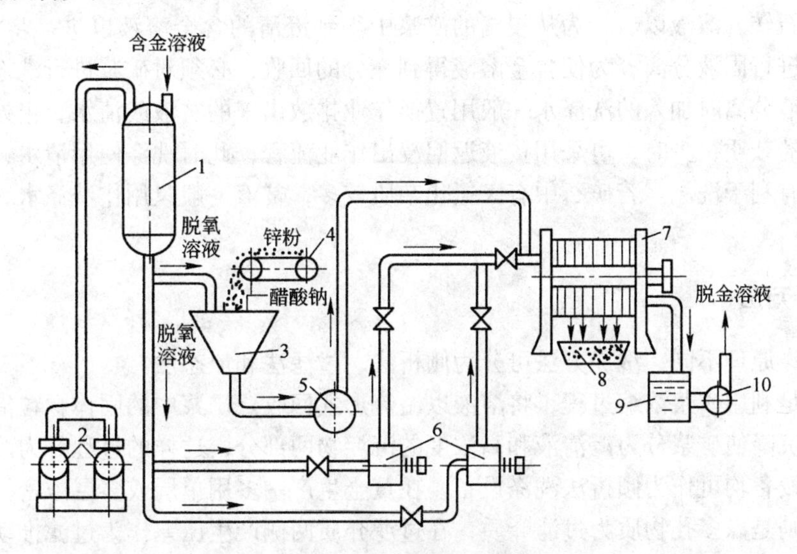

图6-3 锌粉置换沉淀设备

1—脱气塔；2—真空泵；3—锥形混合槽；4—锌粉给料器；5，10—离心泵；6—浸没式离心泵；7—压滤机；8—金泥承接槽；9—脱金溶液槽

锌粉是用升华的方法使锌蒸气在大容积的冷凝器中迅速冷却而得到的。锌粉粒度小于0.01mm（美国规定为小于0.04mm占97%），锌粉中如含粗锌粒和ZnO都会降低置换沉淀效果。如炼锌厂所得到的蓝粉也可用作金银的置换沉淀剂。但它通常含ZnO 10%~15%，ZnO不能使金沉淀而完全进入金泥中，这就提高了金泥中的含锌量，使金泥处理困难并且提高处理费用。所以质量好的锌应当含有金属锌95%~97%，必须指出，锌粉是很容易氧化的，因此，在锌粉的运输或储存时必须使用封闭得很严密的容器，锌粉通常含铅1%左右，它有助于使锌粉更迅速地置换沉淀金。

在混合槽上方安装有滴液管，用它将硝酸铅或醋酸铅加入槽内使锌粉表面上沉积有铅薄膜。以改善锌粉的沉淀能力。装入槽内的铅盐数量为锌粉质量的10%，采用锌粉置换沉淀法时，含金溶液的氰化物浓度和碱度要比用锌丝沉淀法时低，如溶液含0.014% NaCN和0.018% CaO的话，其金的沉淀效果也很好。

脱金溶液每小时用比色法测一次，一旦发现置换沉淀不完全，如脱金溶液含金超过$0.15g/m^3$，则把它重新扬入净化槽内进行澄清处理。脱金溶液的排出量用流量计自动记录。并根据每天的流量、含金溶液和脱金溶液的含金数据计算出从氰化浸出作业中所获得金的数量。

锌粉置换沉淀法与锌丝沉淀法比较有下列优点：（1）锌粉的价格较之锌丝便宜。（2）锌粉的消耗低，处理1m^{3}含金低的溶液和1m^{3}含金高的溶液时，锌粉消耗分别为15～20g和30～50g，而在同样条件下，用锌丝置换沉淀法则其消耗约为75～200g。（3）金泥的含锌量低，因而使金泥的处理方法简单，处理费用较少。（4）作业能实现机械化和自动化。

虽然锌粉置换沉淀法所需的设备较多且能量消耗较大，但它比锌丝置换沉淀法更加完善，所以在生产实践中能得到普遍的采用。

6.3 氰化矿浆的洗涤

金从矿石转入溶液以后，为从浸出的矿浆中得到澄清的含金溶液以进一步沉积金属，必须对矿浆进行固液分离。为使含金溶液得到充分的回收，必须对矿浆进行洗涤。氰化矿浆洗涤在固液分离时加入的洗涤水一般用置换作业排放出来的贫液或清水。当处理的矿石有害、氰化的杂质很少时，可采用贫液返回浸出作业流程，此时洗涤使用清水，这样既有利于浸出也有利于洗涤。若矿石中有害氰化杂质较多，贫液一般只用作洗涤水，以减少贫液的排放量。

6.3.1 洗涤方法

根据洗涤原理不同，洗涤方法可分为倾析法、过滤法和流态法。

倾析法是利用矿浆浓缩过程，将溶液以溢流形式回收。矿浆中的固体颗粒借助于自身重力的作用沉降使矿浆分为澄清液和高浓度的沉淀物两部分，这样的过程称为浓缩。不同形式的浓密设备均可作为倾析法洗涤设备。在黄金生产中多用单层或多层浓密机。

过滤法则是以多孔物质为过滤介质，在过滤介质两侧产生压差作为过滤推动力，矿浆中的溶液通过过滤介质成为滤液。固体则被截留而成为滤饼。过滤的推动力可以是重力、磁力、离心力和机械力等。在黄金生产中，渗滤浸出之后的洗涤过程是以重力为推动力，溶液通过砂滤层而固体被砂层截留。搅拌浸出过程常采用靠机械力推动工作的各种过滤机完成。

以洗涤柱为代表的流态化洗涤技术是控制洗涤液以一定流速自下而上通过洗涤柱与自上而下的氰化浸出矿浆呈逆流作用，使矿浆得到充分的洗涤。生产中即可单独使用各种洗涤方法，也可用不同的方法联合洗涤。

6.3.2 洗涤流程

按洗涤过程液体和固体运动方向不同，可分为错流洗涤和逆流洗涤。错流洗涤（即每次给入新鲜洗涤剂），每次洗涤得到的洗涤液合并后处理。该法洗涤效率高，但洗涤体积大，有价组分含量低。逆流洗涤则被洗物料与洗涤水的方向相反。该法洗涤水体积小，洗涤液中有价组分较高便于后续作业处理，故黄金生产中多采用逆流洗涤。

多层逆流洗涤法也称逆流倾析洗涤（CCD法），多采用多台单层或多层浓密机组成洗涤流程（图6－4）。

洗涤水从最后一台或最下层加入，依次向前一台或向上一层流动，从第一台或第一层流出贵液，而最后一台或最下一层底流作为氰化尾矿排放，各级洗水的含金品位都不相同。

过滤洗涤流程是用过滤机从氰化矿浆中分离出含金溶液，滤饼加入洗涤水经充分搅拌

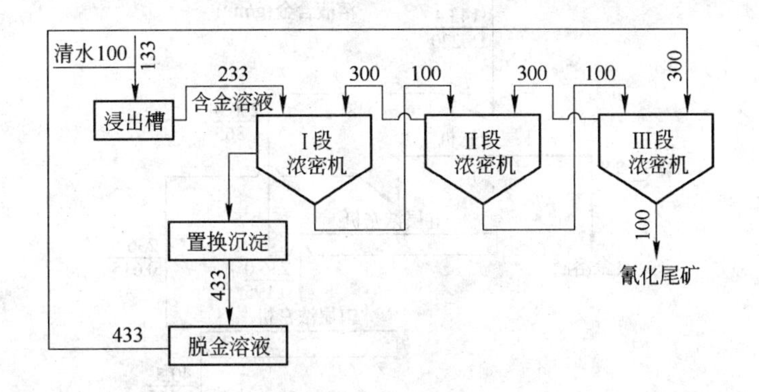

图6-4 某厂三级连续逆流倾析洗涤流程及溶液平衡示意图

调浆后再给入下一段过滤机进行洗涤分离。通常情况下滤饼应经多次洗涤。第一次用稀NaCN溶液或贫液洗涤，然后再用清水洗涤，以提高洗涤效率。

当给入洗涤作业的矿浆浓度较高时，为提高过滤机的洗涤效率和处理能力。在过滤机前增加一台单层浓密机（图6-5），这台浓密机不仅可以提高过滤机的给矿浓度和工作效率，而且起到了澄清各级过滤机的滤液和浸出作业排出的矿浆作用。

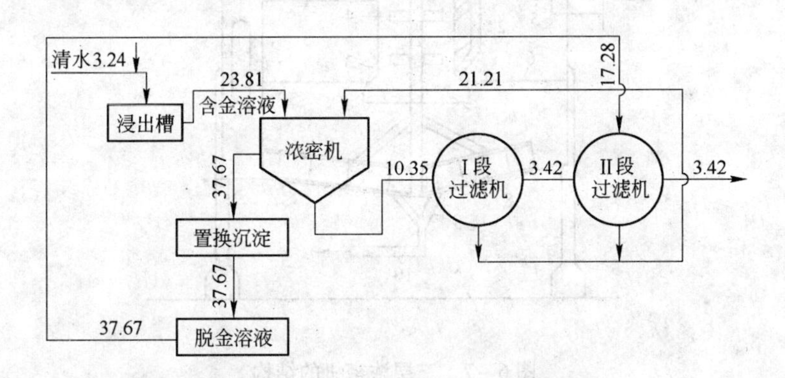

图6-5 某厂矿浆的两段过滤洗涤流程

当多级洗涤前面几级为浓密机后面几级用过滤机洗涤时，则为联合洗涤流程。国内某金矿氰化车间处理金精矿采用的浸洗流程如图6-6所示。

6.3.3 洗涤设备

6.3.3.1 多层浓密机

多层浓密机的构造原理与单层中心传动型浓密机基本相同，只是把多个浓密机池重叠安装在一起。多层浓密机一般为二层到五层。

A 构造

图6-7所示为三层浓密机的结构。浓密机的池体是用钢筋混凝土浇制的，也可以用钢板焊接，池中有两层层间隔板，将池体分为三层，每层相当于一个单层浓密机，每层都

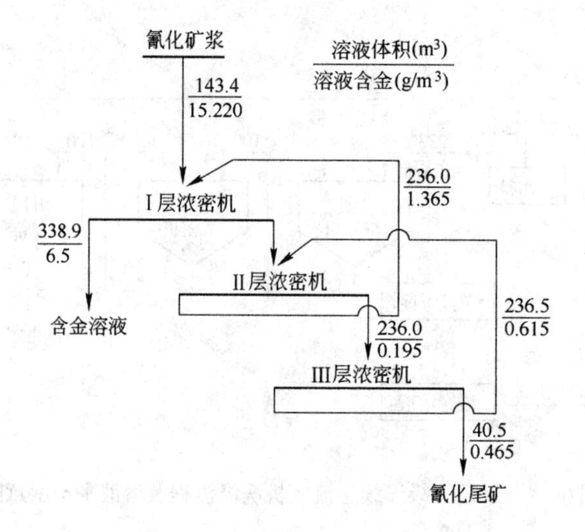

图 6－6　国内某金矿浸洗流程

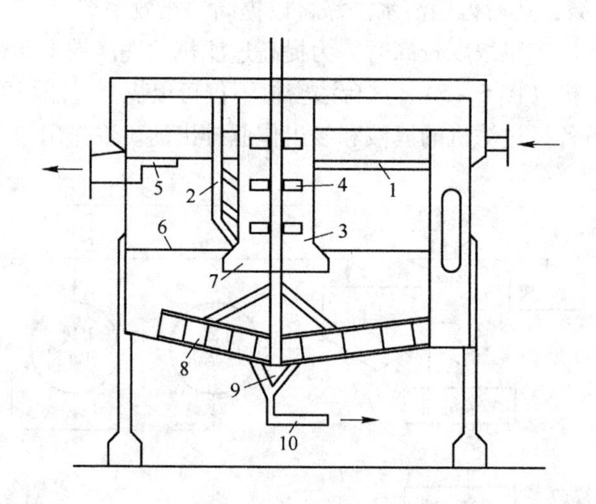

图 6－7　三层浓密机的结构

1—给矿管；2—絮凝剂加入管；3—混合竖筒；4—水轮；5—溢流槽；
6—矿泥与上清液界面；7—扩散板；8—耙臂；9—刮板；10—排料管

有进料口、排料口、溢流口和耙子，上、中、下层的耙子都固定在中间的同一竖轴上，通过同一个传动机构带动竖轴和耙子转动，与单层浓密机结构不同之处，除层数增加外，还有两个特点，一是两层中间有泥封槽；二是其上部有 2～3 个调节水箱；三层浓密机的给料一般是浸出结束后的矿浆与中层溢流水充分混合，先进入上层带有筛板的给料筒内，再进入上层池内沉降，沉降后的浓缩矿浆经中心的封泥槽排入中层的混料室。在这里经下层的溢流水冲洗稀释。然后在中层沉淀，沉降后的浓缩矿浆在经泥封槽进入下层混料室，在这里与洗涤水（贫液或清水）冲洗稀释；再在下层沉降，最后由下层排出氰化尾矿。由此可见，矿浆给入上层，最后由下层排出；而洗涤水给入下层，下层溢流通过调节水箱给入中层，中层溢流通过分配箱给入上层，上层的溢流即为含金较高的贵液。每层浓缩的矿浆通过转动的耙子给入池底泥封槽再排入下层。泥封槽的构造如图 6－8 所示。

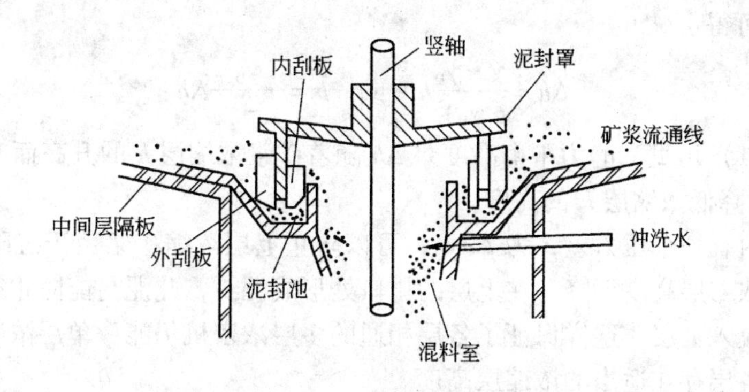

图 6-8 泥封槽的构造

圆环形的泥封池里圈是矿浆排入下一层的通道，外圈则连接在中间层隔板上。泥封罩固定在竖轴上，与轴一起旋转，它插在泥封池的矿浆中，形成矿泥密封，使上一层浓缩矿浆不是直接流入下一层，而是在泥封池内经过横卧的 S 形通道，从而达到强制排矿的目的。

由于矿浆中粗粒矿砂在泥封槽内沉积，S 形通道会逐渐堵塞，内、外刮板的作用就是不断清理 S 形通道使其不致堵塞，并保证均衡排矿。螺旋形的内外刮板焊在泥封罩竖筒的内外两边，每边四块，其倾斜方向相反（有的多层浓密机外刮板为平铁板，垂直焊在泥罩竖筒的外部），外刮板在旋转时将矿泥向下压，内刮板则将矿浆铲起，使其从泥封池里圈溢出进入混料室，与下一层的溢流水充分混合。

内外刮板与泥封池下端的间隙，是全部矿浆通过的间隙，称作排矿间隔。排矿间隔很重要，三角形过小，则给入矿浆量大于排出量，造成积矿和堵塞；三角形过大，则排出的矿浆量过大，破坏了泥封，降低了排矿浓度，影响洗涤效率，一般取三角形为 25 ~ 60mm。

B 工作原理

a 流体静力平衡分析

图 6-9 所示为多层浓密机静力平衡示意图。

假设多层浓密机停止工作，既不给入矿浆和洗水，又不排出矿浆和溢流。在多层浓密机内流体形成静力平衡状态。此时第一层和第二层溢流液面存在一个高度差 Δh，可用下列方程式表示：

$$h_0\gamma_0 + h\gamma = (h + h_0 + \Delta h)\gamma_0 \qquad (6-1)$$

式中 h_0——上层澄清液高度；

γ_0——澄清溶液的密度；

h——上层矿浆浓缩层到第二层溢流口处的高度；

γ——浓缩矿浆的密度；

Δh——静力平衡高度差，即上层溢流管到第二层溢流管内液面的高度差。

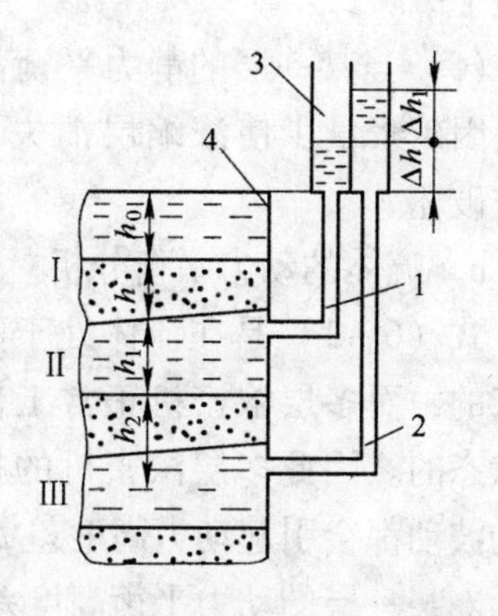

图 6-9 多层浓密机静力平衡示意图

1—第二层溶液管；2—第三层溢流管；3—调节水箱；4—多层浓密机

由式（6－1）可得：

$$\Delta h=\frac{\gamma-\gamma_0}{\gamma_0}h \quad 或 \quad h=\frac{\gamma_0}{\gamma-\gamma_0}\Delta h \tag{6-2}$$

由式（6－1）可见，静力平衡高度差 Δh 随着矿浆浓缩层 h 的升高而升高；反之，降低 Δh 的高度可降低浓缩层 h 的高度。

在第二层内有一个压力差，为 $\Delta h\gamma_0$，可以防止上层浓缩矿浆由于沉降迅速进入第二层，而使上层浓缩层高度下降，在上层的排口处形成泥封，此泥封能防止第二层澄清液通过上层排矿口流入上层，这样保证了各层相通的多层浓密机仍能像单层浓密机一样地独立工作，并保证各层存在适当的浓缩层高度。

静力平衡同样存在于第二层和第三层之间，即：

$$\gamma_0(\Delta h+\Delta h_1+h_0+h+h_1+h_2)=\gamma_0(h_0+h_1)+\gamma(h+h_2) \tag{6-3}$$

由式（6－3）得：

$$\Delta h+\Delta h_1=\frac{(h+h_2)(\gamma-\gamma_0)}{\gamma_0} \tag{6-4}$$

设第一层和第二层的矿浆浓缩层高度相同，即 $h=h_1$，则：

$$\Delta h+\Delta h_2=2h\frac{\gamma-\gamma_0}{\gamma_0} \tag{6-5}$$

式（6－2）代入式（6－5）可得：

$$\Delta h=\Delta h_1$$

由此可见：

（1）多层浓密机各层的浓缩层高度相同时，各层静力平衡高度差也相同。

（2）静力平衡高度差与浓缩层高度有关，与各层澄清溶液的高度，或多层浓密机各层的高度无关。

（3）这种静力平衡对多层浓密机任何相邻两层来说，都是正确的，任何相邻两层都存在静力平衡高度差。

（4）为了控制各层的排矿浓度及控制各层矿浆浓缩层的高度，可以通过调节各层的静力平衡高度差来实现。

（5）当某一层的静力平衡高度等于零时，说明该层因矿浆量少使浓缩层消失（或很小），层间泥封被破坏。

b 流体的动力平衡分析

式（6－1）是在流体处于静力平衡状态下推导出来的，而多层浓密机正常工作时，流体是处于流动状态的。因此多层浓密机的排矿、给矿、洗涤水量的波动都会引起动力高度差 ΔH 的改变如图 6－10 所示。某一层的动力平衡高度差 ΔH，应等于该层进水管路和溢流管路的沿程阻力和局部阻力损失之和。

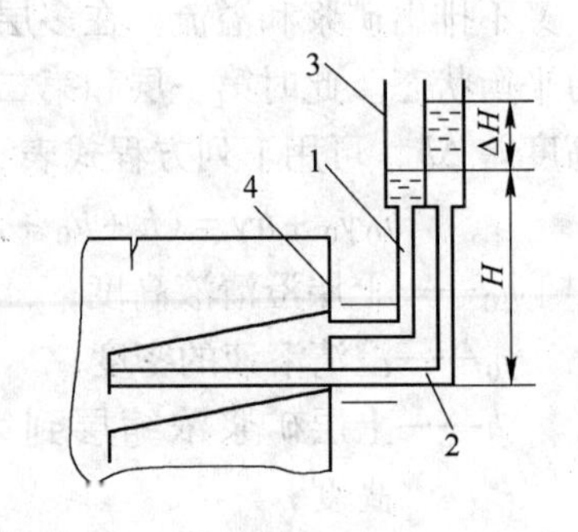

图 6－10 多层浓密机动力平衡示意图
1—第二层溢流管；2—第二层进水管；
3—调节水箱；4—多层浓密机

沿程阻力损失主要与流量及管路的内径有关。当流体在管内流速越大时，沿程阻力越大，局部阻力损失主要是进水管与上一层排矿端相连接缩口处，此缩口用来冲洗上层的排矿，达到充分洗涤的目的。由此可见：（1）正常运转的多层浓密机同一层的分配箱进水液面与溢流液面存在动力平衡高度差 ΔH；（2）当多层浓密机内流体处于静力平衡状态时，任何一层的动力平衡高度差都为零；（3）管路结垢、直径变细、增量增加及局部堵塞等原因是造成动力平衡高度差增加的主要原因。

6.3.3.2 高效浓密机

20 世纪 70 年代后期，在南非爱兰德朗德（Elondsrand）金矿和美国内华达州银王公司和豪斯敦国际矿物公司等处安装了一种新型高效浓密机。爱兰德斯朗德金矿使用它浓缩从旋流器溢流的矿浆。而银王、豪斯敦公司则用于矿浆的逆流倾析法洗涤。

矿浆进入浓密机后，先经脱气然后进入混合器（图 6-11），絮凝剂至少分三段加入混合器的矿浆中，混合器中每段装有搅拌叶轮，使絮凝剂均匀分布于矿浆中。混合好的矿浆流入混合器下部的槽中，沉砂由耙动机械耙出，沉出的上层溶液上升过滤。这种浓密机之所以能够达到好的浓缩指标，重要的是因为在混合槽下部安装了放射状的倾斜板。

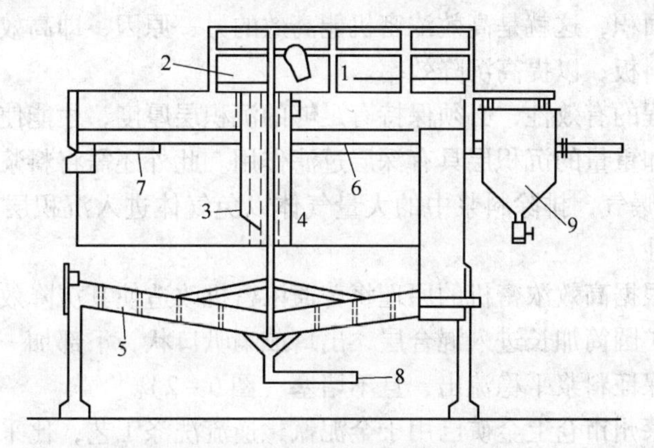

图 6-11 高效浓密机剖面示意图

1—臂转动装置；2—混合器传动装置；3—絮凝剂加入管；4—混合器；
5—耙臂；6—装料管；7—溢流漏槽；8—沉砂排出管；9—脱气系统

高效浓缩机具有体积小（能安装在室内）、效率高（处理能力为常规浓缩机的 10 倍）、投资少等优点，尽管它还存在着对矿浆粒度要求严格、不同矿石生产的矿浆质量变化会引起一些干扰作业的问题有待解决，但它在银王公司运转情况良好。

高效浓缩机的首要特点是在浓缩过程中连续添加絮凝剂，如 Dor-Oliver 公司的 HCT 是以旋流分散并混合 Eimco，是以带搅拌的中央圆筒混合器加絮凝剂后，微细颗粒在絮凝剂的架桥作用中下发生团聚，最小的颗粒是 0.3~0.5mm，最大可达 3.0~4.5mm，一般为 1.0~1.5mm，这样使整个体系中形成了水相和固体颗粒相，高分散的微细粒相的消除使固体沉降速度加快，浓缩过程可在极短的时间内进行，致使在浓密机内仅存在上清层和浓缩沉积层，消除了过滤层。值得注意的是絮凝剂的添加和搅拌必须稳定和连续，否则不能获得满意的絮团粒度和浓缩效果。通常用自动控制来调节絮凝剂的添加量以适应给矿量的变化。

另一个重要特点是送入高效浓密机的矿浆直接给到浓缩沉降层，在浓密机的沉降层里不同颗粒的物料之间仍有一定的孔隙，进入沉降层的料浆中大于沉积层孔隙的粒子直接被阻留，而小于孔隙的粒子在随液体透过孔隙上升通过沉降层时又因与絮团碰撞而可能被黏着，絮团在惯性作用下不仅不随液体流动还可能相互碰撞形成更大团粒。所以，高效浓密机与普通浓密机沉降过程是不同的，普通浓密机是颗粒在池中自由沉降，而高效浓密机主要是料浆通过沉积层过滤，清液上升，所以浓缩效率大大提高。在沉淀池中加倾斜板相当于在不改变池子的外形尺寸条件下，增加了颗粒沉降面积，所以其处理能力可用式（6－6）表示：

$$Q = v(A_{斜} + A_{平}) \tag{6-6}$$

式中 Q——沉淀池处理能力，t/h；

v——颗粒沉降速度，m/s；

$A_{斜}$——倾斜板水平投影总面积，m^2；

$A_{平}$——沉淀池几何水平面，即液体面积，m^2。

从式（6－6）不难看出，若颗粒沉降速度不变，加倾斜板的沉淀池比普通沉淀池处理能力 $Q = vA_{平}$ 比较，可大大提高处理能力；相反，若处理能力及物料性质均不变即可大大缩小沉淀池的表面积，这就是高效浓密机能高效的另一原因，即高效浓密机在混合槽下面安装了放射状倾斜板，以提高沉降效率。

为保证浓密过程的有效性，必须保持有足够的沉积层厚度，才能使这一由多孔团聚体构成、有一定厚度和重量的沉积层具有深层过滤作用。此外还需将料浆送入浓密机前通过脱气槽（图6－3）曝气，排除料浆中的大量气体以免气体进入沉积层后，因气体上升而影响沉积层的稳定性。

国内不少选厂根据高效浓密机的原理将普通浓密机改造使其沉降效率大大提高，改造方法是将中间的挠矿圆筒加长进入混合层，出口成喇叭口状，下部加一横板，横板与喇叭口处有一距离，以保证料浆平稳流出，且不堵塞（图6－2）。

高效浓密机有莱州市仓上金矿已用于金泥氰化逆流洗涤工艺，比采用传统洗涤工艺可节省投资210多万元，减少占地面积3000m²，使用由苏州安利化工厂生产的阴离子聚丙烯酰胺粉状絮凝剂（相对分子质量700～800万，水解度25%）。用量60g/t。由于高效浓密机体积小，矿浆停留时间短，加上给矿直接给到矿浆沉泥层下面，真正的洗涤过程主要发生在给料及其混合过程，所以采用高效浓密机洗涤过程应配备性质优良的皮带秤并与给矿机联锁，以自控系统实现恒定给矿以保证洗涤过程的稳定性。

高效浓密机因只有过滤沉降作用，对于某些矿石，排矿浓度往往比普通浓密机排矿浓度高，生产中会出现“孤岛”现象，即大的絮团沉积在耙子上随耙子一起转动破坏正常排矿，致使传动扭矩增大。排矿浓度降低，严重会造成停产。保证絮凝剂制备及添加量均匀是阻止“孤岛”现象产生的有效措施，此外浓密机本身配备起落灵活的自动控耗装置，及时起落耙子以防止“孤岛”的形成。

6.3.3.3 带式过滤机

过滤洗涤法多使用于南非。氰化矿浆的过滤洗涤可以使用许多种过滤机。通常多使用能进行连续作业的真空过滤机，而较少使用压滤机。在连续真空过滤机中，最常使用的是回转式圆筒形或法因斯（Feinc）型真空过滤机。因这两类过滤机能有效地从浓矿浆（含40%～60%固体）中或有时从含少量固体的氰化液中分离微细颗粒，且便于洗涤固体物料。圆盘形真空过滤机具有投资少、占地面积小等优点，但矿浆易在其上生成结块而影响洗涤效果，滤饼亦不易排泄，故使用较少。

值得介绍的另一种连续真空过滤机是带式过滤机，现今，南非一些氰化厂已采用$60m^2$和$120m^2$的带式过滤机，它由普通钢或不锈钢框架、驱动轮、尾轮和具有横排卸槽与槽中心有排泄孔的增强橡胶运输带组成（图6-12）。运输带在驱动轮和尾轮之间，用空气垫支撑，由变速电动机驱动，带的下方设有真空箱、真空密封防磨带和挠性滤液排出软管。运输带的边上粘贴有橡胶挡缘，以防止矿浆溢出。当皮带通过尾轮时，橡胶挡缘展开，滤布与运输带接触由真空吸紧固定。矿浆经矿浆分配器供入贴紧于运输带的滤布上，真空吸滤使溶液沿运输带上的横排泄槽经排泄孔进入真空箱，然后排入贮槽，分离堰将带式过滤机分成（真空）吸滤区和吸干区。滤布带经干燥区和驱动轮后与运输带分离，滤饼由排料辊卸下后，滤布带经过喷射洗涤器、绷带轮和自动调距器系统，再次于尾轮处与运输带结合而实现连续自动化作业。为了及时掌握滤布的状况，南非研制成一种浊度计，用此种浊度计测定滤出液的浊度，这样操作者随时都可知道滤布的工作情况。

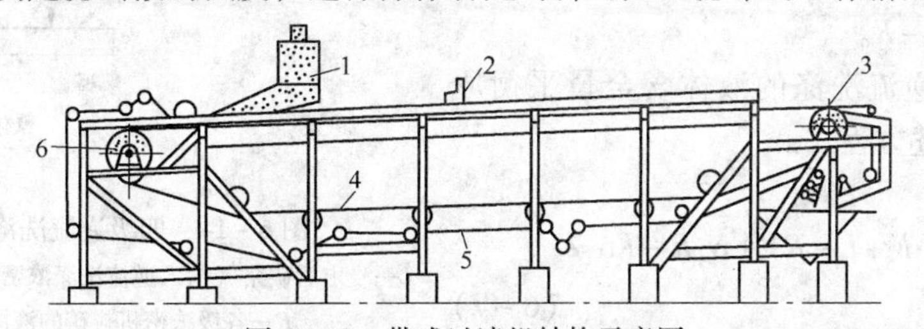

图6-12 带式过滤机结构示意图

1—矿浆筒及矿浆分配器；2—洗水分配器；3—驱动轮；4—三级皮带；5—三级滤布；6—尾轮

带式过滤机可进行多段过滤和洗涤，而不需再浆化。处理能力比圆筒真空过滤机高1~3倍，滤出的贵液可返回用于洗涤而得到富贵液；也可不返回洗涤，滤渣可不返回洗涤，滤渣可成干滤饼排泄，也可排泄湿尾矿。尽管带式过滤机基建投资大，维修费用高，操作需细心，且偶有损失大量贵液等缺点，但它的能耗低，效率高，滤布更换容易，因而可在黄金生产中大量采用。

6.3.3.4 洗涤柱

洗涤柱为细长的圆形空心柱，其中装有矿浆分配器和洗涤液分配器。洗涤柱的原理和结构如图6-13所示。

矿浆从柱的顶部供入，洗液从洗涤段和压缩段的界面供入。在矿浆与水的逆流运动中，固体物料沉降于柱的底部并从排料管排出，含金溶液则从柱顶的溢流堰排出，实现固液分离。

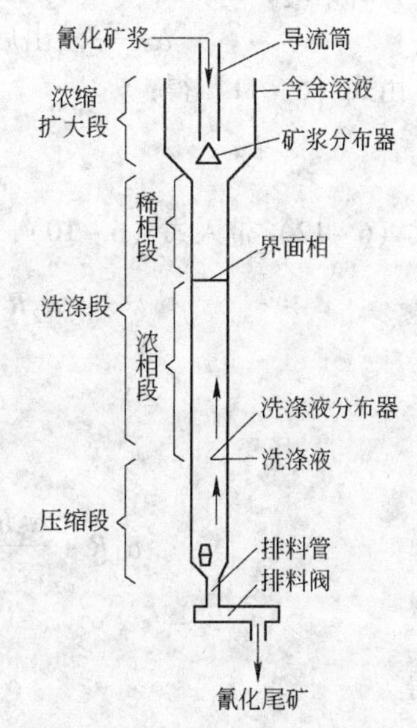

图6-13 洗涤柱的原理和结构

6.3.4 洗涤效率

6.3.4.1 洗涤效率的计算公式

无论是逆流洗涤、过滤洗涤及联合洗涤的洗涤效率计算公式都是在下述假设条件下推导出来的：

（1）各级洗涤作业的排矿量与给矿量相等。

（2）洗水、各级洗涤的溢流和滤液中所含固体极少，可以忽略不计。

（3）同一级洗涤的溢流（或滤液）与同一级洗涤的排矿（或滤饼）中的液体含金品位相同。

（4）在洗涤作业中固体含金不再溶解，液体含金不发生沉淀。

A 逆流洗涤效率计算公式

以四级逆流洗涤流程（图 6－14）为例，设洗涤水含金品位与第一级逆流洗涤浓密机中液体含金品位之比 K 为：

$$K = \alpha_{洗} / \alpha_1$$

式中 $\alpha_{洗}$——洗涤水含金品位。

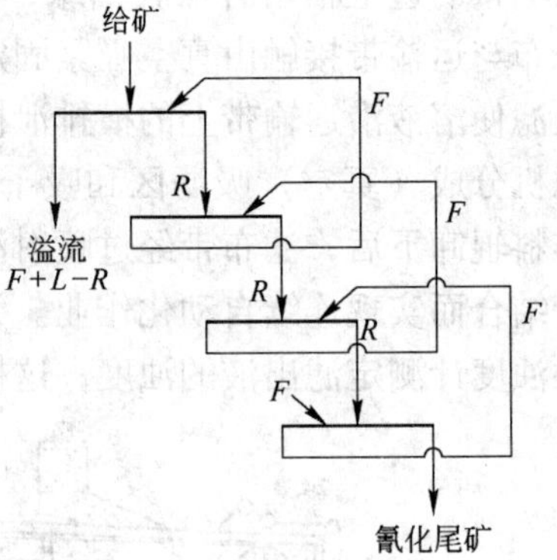

根据四级逆流洗涤流程的浆体量平衡原理，可得出第一级逆流洗涤浓密机溢流量与给矿之比为 $F+L-R$。

根据各级逆流洗涤的液体含金量平衡原理，可得到下述方程式：

图 6－14 四级逆流洗涤流程

L—浸出后矿浆（给入逆流洗涤浓密机）的液固比；

R—各级浓密机排矿的液固比；

F—洗涤水量与给矿量之比

总的

$$\alpha L = \alpha_1 (F + L - R) + \alpha_4 R - K\alpha_1 F \tag{6-7}$$

一级

$$\alpha L + \alpha_2 L = \alpha_1 (F + L - R) + \alpha R \tag{6-8}$$

二级

$$\alpha_1 R + \alpha_2 F = \alpha_2 (F + R) \tag{6-9}$$

三级

$$\alpha_2 R + \alpha_4 F = \alpha_2 (F + R) \tag{6-10}$$

四级

$$\alpha_2 R + \alpha_1 KF = \alpha_4 (F + R) \tag{6-11}$$

式中 α_1，α_2，α_3，α_4——分别为第 1、2、3、4 级逆流洗涤浓密机中液体含金品位；

α——浸出后矿浆中液体含金品位。

由式（6－11）得：

$$\alpha_4 = \frac{\alpha_2 R + \alpha_1 KF}{F + R} \tag{6-12}$$

将式（6－12）带入式（6－10），得：

$$\alpha_2 R + \frac{\alpha_2 R + \alpha_1 KF}{F + R} F = \alpha_2 (F + R)$$

即

$$\alpha_2 = \frac{\alpha_1 R(F + R) + \alpha_1 KF}{(F + R)^2 - FR}$$

由

$$\alpha_1 R + \frac{\alpha_1 RF(F + R) + \alpha_1 KF}{(F + R) - FR} = \alpha_1 F + \alpha_2 R$$

可得

$$\alpha_2 = \frac{\alpha_1 R + \dfrac{\alpha_1 KF}{(F + R)^2 - FR}}{F + R - \dfrac{FR(F + R)}{(F + R)^2 - FR}}$$

由
$$\alpha L+\frac{\alpha_1 RF+\dfrac{\alpha KF^4}{(F+R)^2-FR}}{F+R-\dfrac{FR(F+R)}{(F+R)^2-FR}}=\alpha_1(F+L)$$

可得
$$\alpha L=\alpha_1 F+R-\frac{RF+\dfrac{KF^4}{(F+R)^2-FR}}{F+R-\dfrac{FR(F+R)}{(F+R)^2-FR}}$$

则四级逆流洗涤效率 E_4 为：

$$E_4=\frac{\alpha_1(F+L-R)}{\alpha L+K\alpha_1 F}$$

即
$$E_4=\frac{F+L-R}{F+L-\dfrac{RF(F+R)^2-F^2+KF^4}{(F+R)(F^2+R^2)}+KF}$$

用同样方法可计算出一、二、三级逆流洗涤效率 E_1、E_2、E_3：

$$E_1=\frac{F+L-R}{F+R}$$

$$E_2=\frac{F+L-R}{F+L-\dfrac{FR+KF^2}{F+R}}+KF$$

$$E_3=\frac{F+L-R}{F+L-\dfrac{FR(F+R)+KF^2}{(F+R)^2-FR}+KF}$$

如果五级逆流洗涤，同样可以求出五级逆流洗涤效率公式：

$$E_5=\frac{F+L-R}{R+L-\dfrac{FR[(F+R)^2-2FR(F+R)]+KF^6}{(F+R)^4-3FR(F+R)^2+(FR)^2}}$$

B 过滤洗涤效率计算公式

国内氰化厂浸出作业的矿浆浓度，一般都在30%左右，采用过滤洗涤流程时，第一级洗涤都使用一台单层浓密机，以提高过滤机的给矿浓度。图6－15所示为四级过滤洗涤流程。

该流程的特点是：各级过滤洗涤加入的洗涤水含金品位相等；各级洗涤过滤机的滤饼均返回到浓密机澄清。

根据单层浓密机和各级过滤机液体含金量平衡原理，可求出二、三、四级过滤洗涤的洗涤效率 E'_2、E'_3、E'_4：

$$E'_2=\frac{L-P}{L}$$

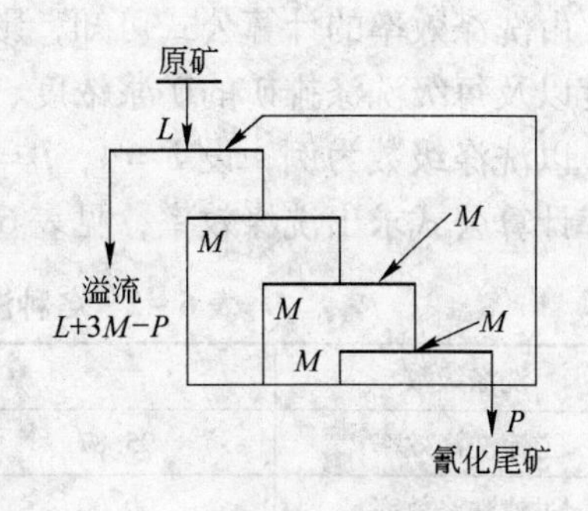

图6－15 四级过滤洗涤流程
M—过滤洗涤水量与给矿量之比；
P—过滤洗涤滤饼含水量与给矿量之比

$$E'_3=\frac{L+M-P}{L+M-P+\dfrac{P\ (P+KM)}{M+P}}$$

$$E'_4=\frac{L+2M-P}{L+2M-P+\dfrac{P^2+KMP^2}{M+P}+\dfrac{KMP^2}{M+P}+\dfrac{KMP}{M+P}}$$

C 联合洗涤效率计算公式

逆流洗涤和过滤洗涤的级数不同及滤液返回的地点不同，可组成多种联合洗涤流程。

图6-16所示为四级联合洗涤流程，其特点是前三级为逆流洗涤，最后一级为过滤洗涤，同样可用各级洗涤浓度和过滤机液体含金量平衡的原理，求出前面为逆流洗涤、最后一级为过滤洗涤的三级和四级联合洗涤流程的洗涤效率 E''_3、E''_4。

$$E''_3=\frac{F+L-P}{E+L+M-\dfrac{(R+KF)(F+M)}{F+R}+KF}$$

$$E''_4=\frac{F+L-P}{F+L+M-\dfrac{R(F+R)+KF^2}{(F+R)^2-RF}\left(F+\dfrac{RM}{F+R}\right)-\dfrac{KFM}{F+R}+KF}$$

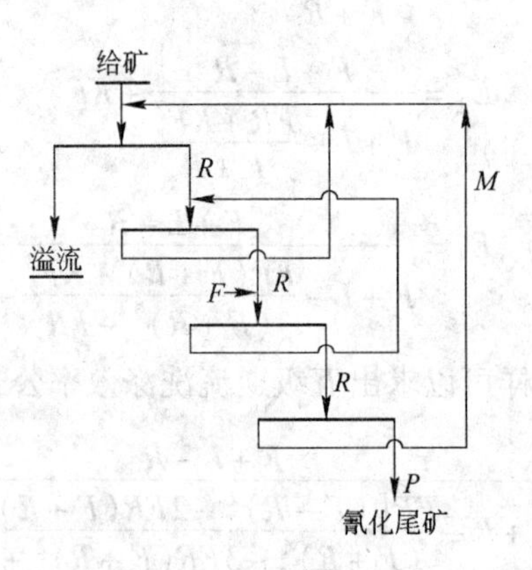

图6-16 四级联合洗涤流程

6.3.4.2 影响洗涤效率的因素分析

由洗涤效率的计算公式可知，影响洗涤效率的因素有洗涤级数、给入洗涤作业的矿浆浓度以及每级洗涤排矿的矿浆浓度、洗水量、洗水含金品位等。

以洗涤级数为例，设 $F=4$，$L=2$，$R=1$，$K=0.02$，$M=0.8$，$P=0.2$ 时，可用洗涤效率计算公式求出洗涤效率，见表6-2。

表6-2 各种洗涤流程洗涤级数不同时的洗涤效率 (%)

洗涤级数	二	三	四	五
逆流洗涤效率	95.87	98.68	99.37	99.54
过滤洗涤效率	90.00	98.37	99.65	99.87
联合洗涤效率		99.26	99.68	99.88

由表6-2可知，三种洗涤流程的洗涤效率都随洗涤级数的增加而明显增加，随洗涤

级数的增加洗涤流程的洗涤效率越接近。

与讨论洗涤级数洗涤效率的影响一样，将其他条件固定后可求出 F 或 M 不同时的洗涤效率。计算结果证明无论是逆流洗涤还是过滤法洗涤，随着洗水量的增加，洗涤效率明显增加。

在确定的条件下，计算出随 R 和 P 变化时的洗涤效率，证明随逆流洗涤浓密机排放浓度的增加或随各级洗涤过滤机滤饼含水量的降低，洗涤效率有所提高。

降低给入第一级洗涤的矿浆浓度 L，可以提高第一级及总的洗涤效率。

当以贫液为洗涤水时，K 值越大，置换效率越低，贫液含金品位越高，实际上随着洗水含金品位的提高，洗涤效率成比例下降。

当 L、F、M、R、P、D、K 保持不变时，三种洗涤流程的洗涤效率都与处理量无关，当处理量增加时，必须增加洗涤水量，使 F 和 M 保持不变，才能保证较高的洗涤效率。

此外，上述三种洗涤流程的洗涤效率都与给入第一级洗涤的液体（浸出液）含金品位无关。当浸出液含金品位增加时，第一级洗涤的溢流和最后一级排矿中的液体含金品位将成比例地增加，而总洗涤效率保持不变。

7 氰化—炭吸附提金

早在 1887 年莱扎吉斯（Lazousk）就发现活性炭能吸附贵金属，1899 年约翰斯顿（Johmston）用木炭从碱性氰化液中回收金获得专利。早期的木炭吸附—浮选载炭提金工艺，以及活性炭吸附—火法熔炼载金炭提金工艺，因回收率低或因太不经济而没能推广使用。20 世纪 50 ~70 年代，载金炭的解吸及脱金炭的再生方法的研究和建立，使活性炭能够循环使用，降低了炭浆法回收金的成本，炭浆法才成为主要的提金方法而得到迅速的推广，发挥出炭浆工艺的投资少、成本低、能处理低品位含金氧化矿石的优越性。

众所周知，置换沉淀法提金对于溶液的碱度和游离的氰化物浓度是很敏感的，含金氰化液中许多常见组分也都会影响置换沉淀反应顺序。另外，锌置换必须是澄清的溶液，因此洗涤水过滤使流程复杂、投资高，尤其对处理高泥质矿石其有效性便受到限制。多年来人们在强化氰化提金过程方面做了大量工作。无过滤氰化过程是氰化法提金的一个飞跃，其中利用活性炭吸附剂提金工艺已被国内外生产实践中广为推荐。

7.1 活性炭吸附原理

7.1.1 活性炭性质

活性炭是一族物质的总称，是一种非常优良的吸附剂。活性炭是以木炭、竹炭、各种果壳和优质煤等为原料，通过物理和化学方法对原料进行破碎、过筛、催化剂活化、漂洗、烘干和筛选等一系列工序加工制造而成的，具有物理吸附和化学吸附的双重特性，可以有选择吸附气相、液相中的各种物质，以达到脱色精制、消毒除臭和去污提纯等目的。

活性炭没有一个确定的结构式和化学组成。通常都用它们的吸附特性来区别不同的产品，而其吸附特性又随原材料的性质和加工过程的不同而异。

X 射线衍射研究表明，活性炭的结构和石墨相似，已知标准的石墨结构是由连接成六角形的碳原子层组成（图 7 -1）。各层之间的范德华力维持着约 0. 335μm 的距离，而活性炭吸附被认为是由与石墨相似的微小片晶组成的（图 7 -2）。这些片晶只有几个碳原子厚，直径为 2 ~10nm，它构成一些分子大小的开口孔的壁。六角形的碳环无规则地排列着，其中有很多已经断裂，活性炭的总体结构是很复杂的，不像石墨层状有序的排列，而是“紊层”结构。

在隔绝空气的条件下缓缓加热原料，在较低的温度下（300 ~400℃）将多余的水分和结晶水除去，在脱水同时还发生炭化作用，即将有机物转变成初生炭。初生炭是以灰、焦油、无晶炭和晶体炭（主要是石墨晶体）为主的混合物。然后再于高温（800 ~1100℃）下，在适宜的氧化剂（如水蒸气、二氧化碳、空气或其任意混合物）存在下进行活化焙烧。活性气体中的氧就可将炭骨架上较活泼的部分氧化燃烧，生成一氧化碳和二

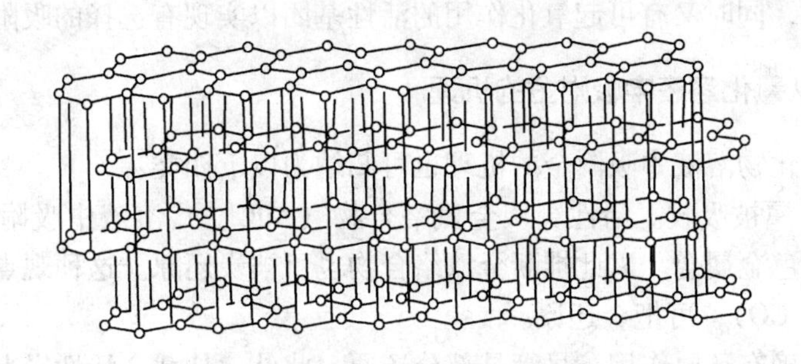

图 7－1 石墨结构示意图

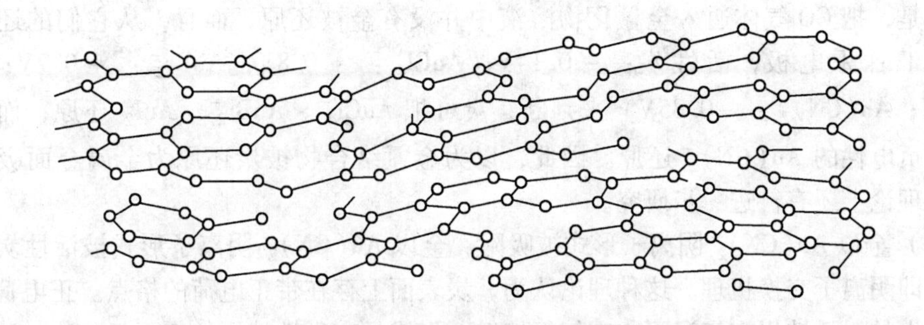

图 7－2 典型的活性炭结构示意图
（含氧有机官能团位于断裂的石墨环网的边缘）

氧化碳，这些产物从结构中析出从而增加了产品炭中的多孔结构和表面积。活性炭的大量结构缺陷使边缘上的碳原子的化合价不能饱和，那么与其他组分上结合的能力很强，所以在活性炭表面结合有大量的含氧有机官能团，它们多半处于已断裂的碳原子网的边缘，这些官能团一般为：

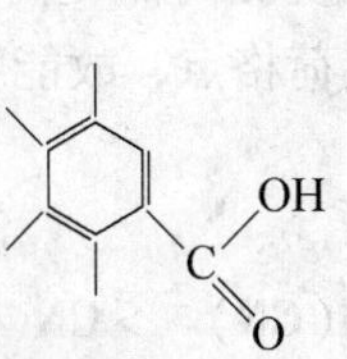

羧基基团 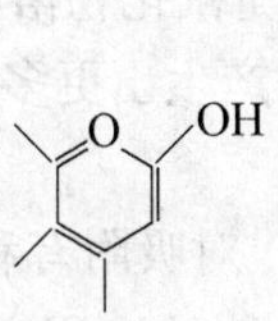　　酚式羟基基团 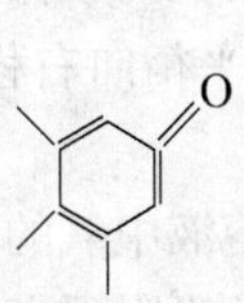　　羰基基团

还有些人认为其官能团结构为：

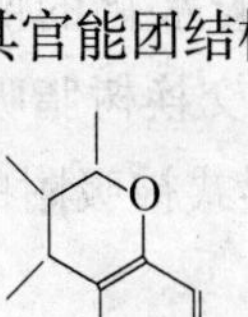

正常的内酯 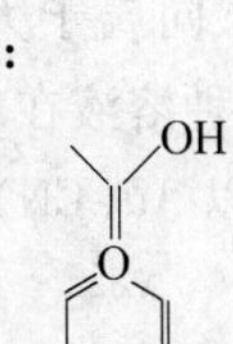　　荧光素型内酯 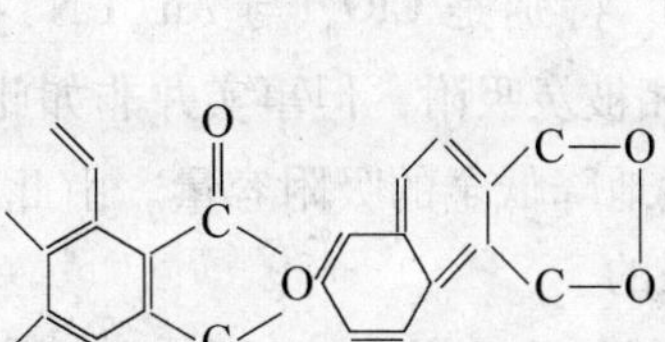　　环形过氧化物

不管其形式如何，由于含氧官能基团的存在使原本疏水性很强的炭骨架变成了亲水性物质。由此看来，活性炭能作为良好的吸附剂就在于它多孔结构及庞大的表面积为被吸附

物提供附着场所，同时又有可起氧化作用的活性基团以实现有选择的吸附。

7.1.2 活性炭从氰化溶液中吸附金的机理

活性炭从氰化物溶液中吸附金的机理也可归纳为以下四类：

（1）金以金属被吸收。活性炭从金氯络合物（$AuCl_4^-$）溶液中吸附金后，可明显地看到炭表面有黄色金属金。以此推断金氰络合物也可被炭还原。这种观点认为炭上吸附的还原性气体（如 CO），可把金还原。

炭吸附时，确有还原作用，尽管是部分还原。此外，从载金活性炭上解吸金，所用的解吸剂非氰化物不可，因为氰化物溶液是金属金最好的溶剂。这一事实也支持还原吸附的观点。

但是，把 CO 气体通入金氰化物溶液中并没有金被还原，而且，从它们的还原电位（相对于甘汞电极，活性炭：-0.14V；$AuCl_4^-$：+0.8V；$AuBr_2^-$：+0.7V；AuI_2^-：+0.3V；$Au(CN)_2^-$：-0.85V）来判断，炭可把 $AuCl_4^-$、$AuBr_2^-$、AuI_2^- 还原，而不能把比其更负电性的 $Au(CN)_2^-$ 还原。因此，以为金氰络合物被炭还原为金属金面吸附的机理，在理论上还有待进一步研究。

（2）金以 $Au(CN)_2^-$ 阴离子形式被吸附。金以 $Au(CN)_2^-$ 阴离子形式被活性炭吸附的机理，即阴离子交换机理。这种理论认为，炭表面上存在带正电荷的格点。正电荷格点是这样产生的：活性炭在室温下与空气氧接触，形成具有碱性特征的表面氧化物，这种氧在炭上的结合是不牢固的，当炭与水作用时，它会转入溶液并形成 OH^- 离子，这样炭表面带正电荷：

$$C + O_2 + 2H_2O = C^{2+} + 2OH^- + H_2O_2$$

双电层中的 OH^- 离子和溶液中的 $Au(CN)_2^-$ 交换，亦即具有阴离子交换剂性质。也可以说，炭上带正电荷的格点吸附溶液中 $Au(CN)_2^-$ 阴离子。

这种机理解释了炭的吸附能力随氰化物溶液的酸度提高而提高的现象，因为在较低 pH 值下，上述反应平衡向右移动，产生出更多的正电荷格点，故能吸附更多的$Au(CN)_2^-$ 阴离子。

同样，氰化物溶液中氧的存在，对吸附有利。

研究证明，炭的吸附强度顺序为：$Au(CN)_2^- > Ag(CN)_2^- > CN^-$。这一机理遇到难以解释的问题是：当氰化溶液中有大量的 Cl^- 或 ClO_4^- 阴离子存在时，并不降低 $Au(CN)_2^-$ 的吸附容量。Cl^- 特别是 ClO_4^- 与 $Au(CN)_2^-$ 相像，同属于大而弱水化的阴离子，理应与 $Au(CN)_2^-$ 竞相被炭吸附，但事实并非如此。而这种溶液在离子交换树脂吸附时，ClO_4^- 的存在，会明显地降低金的吸附容量。由此看来，以 $Au(CN)_2^-$ 形式被吸附的机理，也不是完全令人信服的。

（3）以 $M^{n+}[Au(CN)_2]_n^-$ 离子对被吸附。提出这一机理是基于以下事实：氰化物溶液中存在阴离子（如 Cl^-、ClO_4^-），甚至其浓度高达 1.5mol 时，也不降低金的吸附容量。但是当溶液中有中性分子（如煤油）存在时，会使金的吸附量下降。

炭吸附金的中性分子组成，取决于溶液的 pH 值。在酸性溶液中，金以$HAu(CN)_2$被吸附，在中性和碱性介质中，金以一种盐类形式被吸附。这种吸附，是靠范德华力即所谓

"弥散力"的作用而富集在炭上的。

研究者们发现，吸附了 $NaAu(CN)_2$ 的木炭燃烧后，所得灰烬中的钠含量不足以形成 $NaAu(CN)_2$；被松木炭和糖炭吸附过的 $KAu(CN)_2$ 溶液中，含有大量的酸式碳酸盐，而且钾离子也仍然留在溶液中；酸的存在能促进金的吸附，而盐（如 $CaCl_2$ 等的存在），也能提高金的吸附容量。从以上发现得出：金是以 $M^{n+}[Au(CN)_2]_n^-$ 的形式被炭吸附。当 M^{n+} 为碱金属阳离子时吸附不如碱土金属阳离子时牢固，即吸附强度取决于金属阳离子，其顺序为：$Ca^{2+}>Mg^{2+}>H^+>Li^+>Na^+>K^+$。这样，活性炭灰分中的 Ca^{2+} 以及溶液中的 Ca^{2+}、H^+ 都可能取代 Na^+、K^+。

按此机理，金以 $M^{n+}[Au(CN)_2]_n^-$ 离子对或中性分子被炭吸附，其中 M^{n+} 为碱土金属阳离子而不是碱金属离子。吸附作用既是炭的表面吸附作用，也可是通过孔隙中的沉淀作用。

（4）以 AuCN 沉淀。早期有人认为在炭的孔隙里能沉淀出不溶性的 AuCN。AuCN 的产生是氧化作用的结果，也有人认为是酸分解的结果。

试验证明，溶液 pH 值越低，炭中吸附的金容量越大：

pH 值	1	2	3	6	12
载金量（mg_{Au}/g_C）	200	160	120	80	60

综上所述，活性炭吸附金氰络合物的机理研究，迄今仍是不充分的，无论哪一种机理，都有其可信和不可信的成分。因此，有人提出了一个综合性的吸附机理：

（1）在炭的巨大内表面上或微孔中，吸附 $M^{n+}[Au(CN)_2]_n^-$ 离子对或中性分子，并随即排出 M^{n+}。

（2）$Au(CN)_2^-$ 化学分解成不溶性的 AuCN，AuCN 保留在微孔中。

（3）AuCN 部分还原成某种 0 价和 1 价的金原子的混合物（+0.3 价）。

7.1.3 活性炭的工艺参数

活性炭是吸附提金工艺中金的主要运载体，其性能好坏直接影响整个工艺的技术、经济指标，因此在选择活性炭时必须了解其工艺特性。

7.1.3.1 活性炭性质参数

（1）粒度。活性炭粒度大小是决定比表面积的一个重要因素。从吸附角度讲，粒度小比表面积大对吸附有利；另一方面为了有效地与矿浆分离，筛孔不宜过小，这又决定了炭的粒度不能过小，一般用于矿浆吸附的活性炭粒度为 3.327 ~ 0.991mm，最低到 0.833mm。而用于清液吸附过程可降低到 0.5mm。

（2）孔隙度。孔隙度是决定活性炭比表面积的另一个重要因素。孔隙越大吸附表面积越大，吸附活性越强，但孔隙度大的炭的机械强度会降低。

（3）密度。活性炭的真密度约为 $2g/cm^3$，为使活性炭在矿浆中充分悬浮，创造最佳吸附条件，矿浆的密度应与活性炭的密度相适应，所以炭浆吸附工艺矿浆浓度一般控制在 40% ~50%。堆积密度是用标准方法振实后的活性炭质量对其体积之比，通常为 0.4 ~ 0.5g/mL。

（4）耐磨性。耐磨性是描述活性炭强度大小的指标，活性炭的耐磨性与烧制活性炭的材质及工艺有关。一般认为炭的强度越低，在生产中炭损耗越大，炭耗通常为100g/t，有的高达300g/t，为降低炭在生产中损耗及带来的金损失，在新炭使用前必须进行耐磨性试验，在炭水比1:5下搅拌不同时间称其损失量，绘出磨损曲线，为研究活性炭预处理的工艺条件提供依据。

7.1.3.2 吸附特性参数

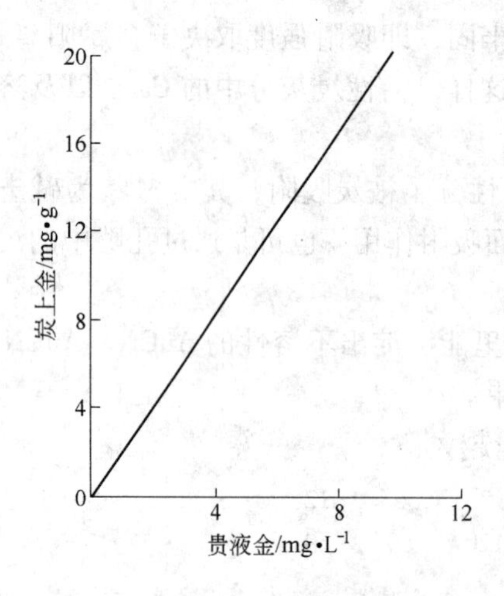

图7-3 载金活性炭金容量与氰化介质中金浓度的关系

吸附系数是活性炭吸附活性指数，即1g活性炭在与含金1mg/L的溶液接触时炭的平等荷载量，$mg_{金}/g_{炭}$。吸附系数用K表示，K值越大，表示活性炭对金有较大的吸附能力和较快的吸附速率。吸附速率是表示活性炭对溶液中金吸附快慢的物理量，用一定时间内活性炭从溶液中吸附金量与全部金的百分数表示（图7-3）。

吸附容量是指单位质量的活性炭所能吸附金的最大负荷，也称饱和容量，用$mg_{金}/g_{炭}$、$kg_{金}/t_{炭}$表示。对纯含金溶液，不同活性炭的吸附容量可达20~30$kg/t_{炭}$，对生产中的实际溶液由于大量杂质的存在影响炭对金的吸附。常用的椰壳炭和杏核炭的吸附容量都可达10$kg/t_{炭}$以上。

在生产中为了减少金的滞留量，一般控制载金炭负荷在3~5$kg/t_{炭}$时便进入解吸，以及时生产成品金。

7.2 活性炭吸附提金工艺

7.2.1 清液吸附

清液吸附主要用于从渗滤法浸出（堆浸、槽浸等）所得到的含金氰化液中提金。这种过程的特点是溶液中含固体杂质少，贵液中金浓度波动较大，因此适宜采用固定炭床吸附。堆浸炭吸附柱如图7-4所示。

吸附柱由柱体、分布板、泡罩、中心给矿管、液面测量杆等组成。分布板以上柱体部分为圆筒形，下部为锥形以便清除细炭。分布板上装有泡罩以便使液体在整个柱面积上均匀地向上流动。带有刻度的液面测量杆末端有一平板用来测定炭料面，便可得知底炭量。为防止炭冒槽，可在柱顶盖上钢丝网筛。

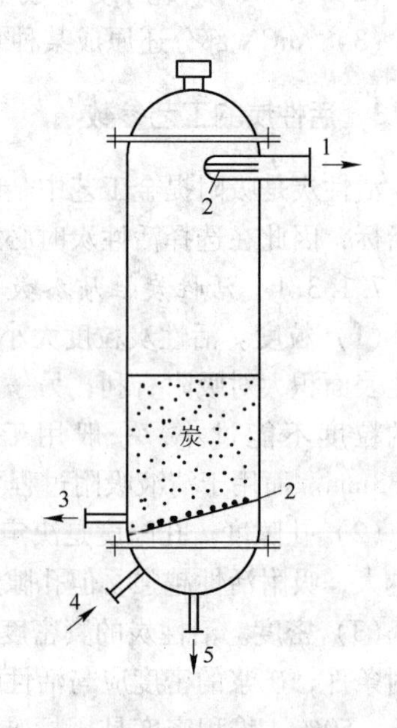

图7-4 堆浸炭吸附柱

1—贫液出口；2—筛网；3—排炭口；4—贵液入口；5—排余液口

7.2.1.1 工艺过程

一般都是用5个炭吸附柱串联呈逆流吸附，贵液从分布板下方给入柱内，通过钻孔泡罩均匀地上升通过炭床，溢流出的液体靠自重依次流入下一槽，炭以水喷泵间断地送到上一槽。

一般来说控制浸出过程的氰化物浓度和 pH 值基本可以保证吸附过程的顺利进行。适宜的 pH 值和氰化物浓度要根据具体的矿石性质决定，通常与浸出过程相适应。控制溶液速度使之既保证有较快的吸附速度，又不致引起吸附柱中炭的外溢。理想的流速是使炭呈流态化状态。从国外一些堆浸贵液炭吸附资料来看，控制浸出时[NaCN]浓度 0.1% ~ 0.3%，pH 值为 10.5 ~ 11，这样炭吸附时[NaCN]是 0.08% ~ 0.25%，pH 值大于 9，使用的活性炭粒度多为 0.25 ~ 0.5mm(12 ~ 30 目)，溶液流速在 500L/(min · m^2)左右。吸附金液一般小于 0.8g/m^3，好者可降到 0.03g/m^3。吸附金液循环浸出，直至经济上有意义为止。

在处理含金量高的矿石时，为了回收更多的贵金属，通常需要较大的吸附柱和较多的吸附阶段，在这种情况下，还是配置一个锌沉淀回收系统费用较低。

7.2.1.2 应用实例

戈尔德菲尔兹矿业公司奥提兹矿，生产能力 1950t/d，原矿金品位 1.75g/t，破碎至 15.9mm，粒度分布见表 7-1。

表 7-1 某金矿石粒度分布

粒级/mm	+19	+16	+13	+11	+9.5	-9.5	合 计
产率/%	23	13	13	5	5	41	100

在细粒级中金品位高得多，小于 0.147mm（100 目）粒级只占矿量的 10% 左右，可金含量却占总金属量的 40% 左右，矿石渗透性很好。

以 0.1% 的氰化钠（即 1kg/m^3），pH 值为 10.5 的溶液喷淋浸出，贵液含氰化钠 0.03%，含金为 1.08g/m^3。

5 个 ϕ2.43m × 1.82m 的吸附柱，每柱横截面为 4.64m^2，每柱体积容量为 8.5m^3，每柱炭存量为 1350kg，溶液以 611.85L/(min · m^2)的流速通过炭床。

国内某省炭—堆浸—炭吸附提金厂处理石英脉氧化矿石。金属矿物主要为褐铁矿、黄钾铁钒，其次为少量的黄铁矿和方铅矿，但金粒主要以细粒不规则形状分布于石英、方铅矿中。

破碎至小于 50mm 的原矿以人工堆筑在堆浸台上，矿堆高 2 ~ 2.5m，矿堆筑成后石灰水或 NaOH 溶液喷淋至流出液为 pH 值 9.5 以上，开始用来自高位槽的 NaOH 溶液喷淋，溶液经过矿堆汇流入浸出液低位贮槽，再用泵打入高位槽。如此循环，当贵液中含金达一定浓度后（一般浸出 3 ~ 5 天后，贵液含金在 10g/m^3 以上），将部分贵液用泵打入高位澄清槽，靠位差经管路使溶液进入四个串联的活性炭吸附柱以回收金，吸附尾液流入低位槽调节 NaCN 浓度，再行喷淋。经若干次循环，直至浸液浓度不再增加，或虽有增加但成本核算得不偿失时，即为浸出终了。然后用石灰水、清水冲洗矿堆，洗矿流出液体可作下一次槽浸药剂。洗矿结束后拆堆。筑堆和拆堆时，应分层取样以确定原矿和浸渣品位。

技术条件：堆矿量 1000t，喷淋强度 2 ~ 4L/($t_{矿}$ · h)，矿石粒度小于 50mm，吸附柱装炭量 18kg/柱，氰化钠浓度 0.03% ~ 0.1%，吸附溶液流速 6 ~ 10L/min，溶液的 pH 值 9.0 ~ 11。

7.2.2 矿浆吸附

由于炭具有在混浊的溶液中不降低其吸附性能的特点，因此可将炭与未过滤的浸出矿浆直接接触完成对金的吸附。

活性炭矿浆吸附工艺包括浸出、吸附、解吸、电解、酸处理、炭再生等主要作业。它的广泛适应性，已由其自身使用范围的不断扩大和实践中可行的工艺改革得到证实。自1973年霍姆斯特克采矿公司在美国南达科他州里德金矿建立了世界上第一座大型氰化—炭浆厂以来，炭浆法的应用不断发展，且形成两种典型的工艺流程，一种是先浸出后吸附流程白炭浆法（CIP吸附循环），另一种是边浸出边吸附的炭浸法（CIL吸附循环）。

炭浆法原则流程为：入选矿石首先在一系列串联搅拌槽中进行浸出，以溶解金银，浸出矿浆给入CIP吸附循环之前，金银已基本浸出完毕。CIP吸附循环中，矿浆在一系列串联搅拌槽中靠重力作用由一个槽向下一个槽移动。每个槽子中，矿浆和炭接触的同时，炭粒就从溶液中吸附金银，矿浆从上一搅拌槽通过隔炭筛流入下一个槽时炭仍留在槽中，从最后一槽流出的矿浆尾矿经筛分后进行尾矿除氰处理筛上回收细料载金炭，单独处理回收金，采用空气提升的方法，周期地从槽中抽出一定比例的载金炭提到上一个槽，在第一槽中，将含金银量最高的载金炭移出并送至解吸工序，逆流吸附结果，使矿浆中溶解金的损失达到最小。

一般地说，浸出时间都大于吸附时间，因此，在CIP作业中，可使氰化浸出和炭吸附在同一槽进行来减少设备数量，这样可不设置独立的吸附循环系统。这是CIP炭浸工艺的优点。

矿浆中加入活性炭吸附剂浸出具有特殊意义，它与普通的氰化法相比可使浸出时间缩短，金的回收率也可提高。其原因是：在一般情况下，氰化溶液中金的溶解速度主要取决于溶液中氰根和氧向金属表面扩散的速度，金溶解初期因溶解中产物浓度很低，而金表面浓度高，这一络合物浓度梯度正是产物向溶液扩散的推动力。随着反应进行溶液中络合物浓度增加，浓度梯度减小，推动力也随之减小，加之反应物浓度的不断降低，金的溶解速度随时间延续而降低。而炭存在的情况下则大不一样，溶解的金络离子从金表面扩散到溶液后，还要向炭表面扩散，并被吸附。这样就降低了溶液中金络离子的浓度，可维持金表面与溶液中金络离子的浓度梯度，可使络离子的扩散动力保持在一定水平，金产物扩散速度的提高，同时也给反应物向金表面扩散创造了条件。因此，由于加入活性炭金溶解产物向活性炭表面扩散，改善了反应向金表面扩散条件，这两个因素的作用结果，大大强化了金的溶解过程。

炭浸流程即氰化和吸附同时进行，由于炭是从溶液中而不是直接从矿石中吸附金银，而且在通常情况下浸出时间都远远大于吸附时间，故浸吸槽数量和尺寸仅由浸出参数决定，又因吸附率是溶液中含金量的函数。因此炭吸附流程可以设一预浸段，预浸之后再边吸附边浸出。边浸边吸附使该系统溶液中金的含量较低，需要以较高的总装量来补充较低的吸附能力，所以单位质量炭的吸附量要比炭浆法低，装炭量的不同使CIL系统提炭矿浆输送量大。炭浆法和炭浸法比较见表7-2。

表7-2 炭浆法（CIP）和炭浸法（CIL）比较

名 称	CIP	CIL
与炭接触的溶液含金量	高	低
炭的载金量	高	低
总的装炭量	小	大
提炭矿浆输送量	小	大
槽中滞留金	多	少
广泛面积	大	小
能 耗	高	低

无论哪种流程进入浸出前都应将矿浆进行浓缩以保证适宜的浸吸矿浆浓度。还要将矿浆进行筛分以除去对金银有吸附能力的木屑及砂粒等杂物。最后一槽矿浆排出后，必须经细筛以回收打碎细粒炭，因这些炭都是小于隔炭筛孔的载金炭，将其回收后集中处理。

除屑作业的目的在于筛除粗粒矿以及木渣、塑料等杂物，因为这些杂物对金或多或少具有吸附能力，进入氰化作业会造成金的损失。另外，进入解吸作业，在较高温度下，这些物质又往往形成凝胶状物质，严重干扰提金的解吸还易造成堵塞。

除屑作业目前国内炭浆厂普遍使用直线振动筛除屑，但由于振动强度小，有效筛分面积小，加之木屑等杂物易黏附于筛面而造成堵塞，往往需伴随人工刮排。滚筒筛除屑代替直线振动筛除屑，已在许多厂推广使用。

7.2.3 炭吸附设备

活性炭吸附过程包括炭与矿浆的充分接触、炭与矿浆的分离以及炭的输送。

为保证炭与矿浆的充分接触，吸附槽必须进行搅拌，使炭悬浮不断更新接触表面，搅拌形式与其他浸出槽类似，有机械搅拌、空气搅拌以及两者的结合。为减少能耗和炭的机械磨损，不少厂家在对搅拌槽流体运动形式研究基础上改进了槽内结构和叶片的形式。为减少炭输送过程中的磨损，炭浆多用空气提升器输送，使该设备常因阀门阻塞和失灵而造成停产。采用新研制出的叶轮短而矮的离心提炭泵（图7-5）可代替空气提升器。

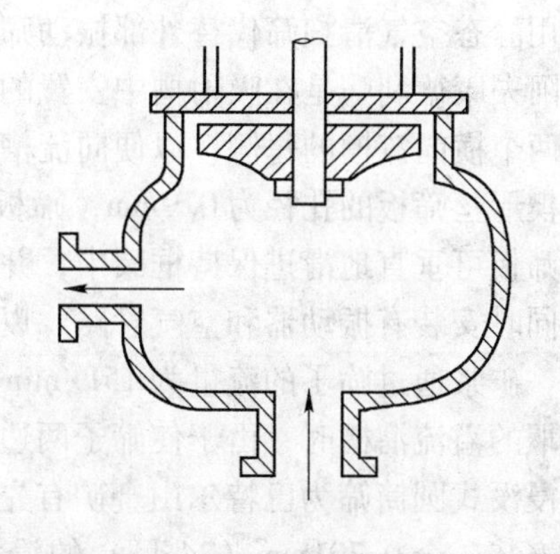

图7-5 离心提炭泵

炭吸附过程多采用水平布置的连续逆流搅拌吸附槽，由于活性炭硬度小，因此，在其吸附和输送过程中必须考虑到其磨损最低，以保证金的有效回收。

无论是炭浆法还是炭浸法，其逆流吸附都必须使矿浆从一个槽自由的流到串联的下一个槽，而同时炭粒不能随矿浆一起流动，必须停留在其所在的槽中，这就要求在矿浆流动时需有一阻留炭的装置——隔炭筛或成槽中间筛。

带有外部振动筛的逆流吸附搅拌槽是初期炭浆厂生产设备，筛子固定在搅拌吸附槽的上部，以使矿浆流逐级通过筛子流动，炭与矿浆逆流并周期地用空气提升（图7-6）。

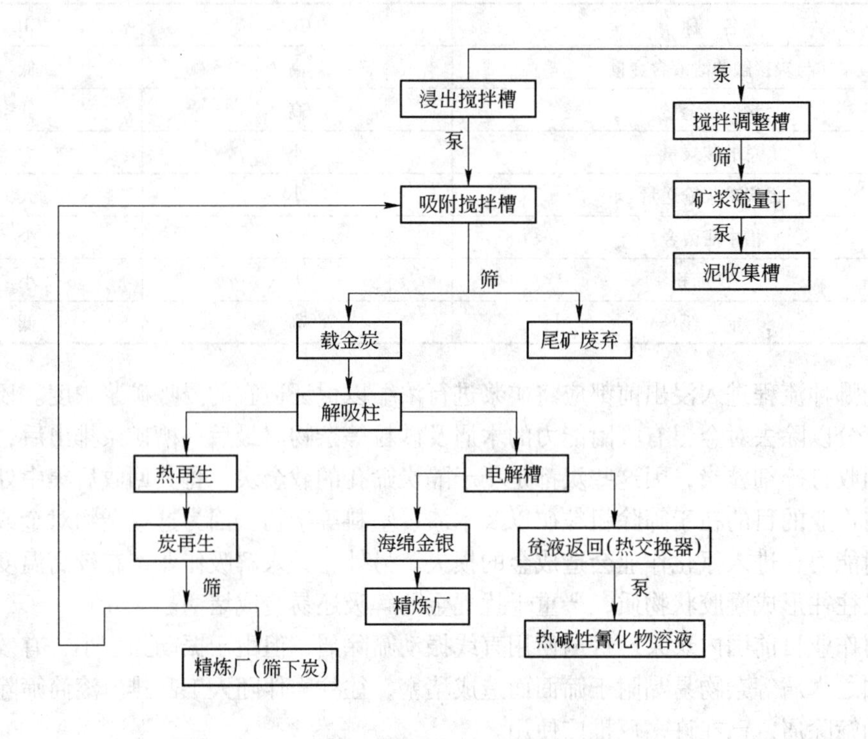

图7-6 霍姆斯特克公司克里德厂炭浆吸附系统

一般说来，第一代吸附槽有2%~5%体积的炭（10~25g/L），矿浆停留时间达60min，这使炭浆吸附槽体积增大。

用静态空气清扫筛代替外部振动筛，以把级间的炭与矿浆分离。

阿夫康德利筛是在吸附槽中安置的横向流槽筛，两块可替换的筛板安装在对准中心位置的两个横向流槽的每侧，以便向流槽供应矿浆，使矿浆从一级输送到另一级。

楔形丝筛板的孔径为0.9mm，筛板高300mm，长1014mm。一个吸附槽需安装8块筛板。筛板可垂直地滑进保持框架中，并且筛板易于拉出和替换以便进行清理和检修，这些筛子同时安装有振动器和空气管路，以便联合清理筛面，生产试验结果表明：当没有振动器时，矿浆通过筛子的流量为15L/min，当有振动器时为500L/(min·m)，而当配置有锯齿开堰的溢流溜槽时，由于使筛子两边的静压头相等，因此可大大提高生产力。

浸没式圆筒筛为巴特尔山金矿有先安装的一种空气清扫中间筛，即在每一个炭浆槽内垂直安装一个0.701mm（24目）的浸没式圆筒筛，筛板直径为910mm，高2400mm，其中有1880mm被浸在矿浆中，所以有效筛分面积为5.3m^2，最大有效面积为7m^2，生产能力高，可达542~790L/(min·m^2)，同时不易堵塞。添加防垢剂后通常能防止结垢，筛子很容易从矿浆中提升，以进行更换和修理。由于槽间矿浆面高差较大（300~600mm），故此时会出现矿浆跑槽现象。

在炭对金的吸附量、金的吸附率和存炭量不变的前提下，为了进一步减少矿浆停留时间，缩小吸附槽尺寸，并降低成本，这就要求吸附槽在炭浆比更高的条件下运转。该槽将中间筛作为吸附槽壁的一部分，以空气清扫，用传统方法即用空气提升器或泵使炭和矿浆逆流。由于筛子有特殊的结构设计，它避免了空气直接冲击筛子，并且筛子和支架是缓冲连接，因此可预防该区域的磨损。

改进的空气清扫筛使吸附槽能够采用高炭浓度，从而减少吸附槽的尺寸，炭的浓度从5%（体积比25g/L）增加到25%（体积比125g/L）时，致使级的体积减小到80%，吸附槽体积减小也可降低多级炭吸附厂房的高度。对于每月处理十万吨矿石来说，戴维—麦基炭浆吸附槽比原始的吸附槽的投资节约44%。从吸附到电解总共节约近20%，另外降低总体高度的工厂在同一水平上，它不再要求级间有较大的高差，这容易控制和操作。

7.3 吸附方法及设备

7.3.1 炭浆法氰化提金

1847年俄罗斯拉佐夫斯基发现活性炭能从溶液中吸附贵金属，1880年戴维斯等人首次用木炭从含金氯化溶液中吸附回收金，此时只能将载金炭熔炼以回收其中的金。由于必须制备含金澄清液和活性炭不能反复使用，在工业上无法与广泛使用的锌置换沉金法竞争。1934年，首次用活性炭从浸出矿浆中吸附提取金，但活性炭仍无法返回使用。直至1952年美国的扎德拉等人发现采用热的氢氧化钠和氰化钠的混合溶液可成功地从载金炭上解吸金，这才奠定了当代炭浆工艺的基础，使活性炭的循环使用才变为现实。1961年，美国科罗拉多州的卡林顿选厂首次将炭浆工艺用于小规模生产。完善的炭浆工艺于1973年首次用于美国南达科他州霍姆斯特克金矿选矿厂，其处理量为2250t/d。此后在美国、南非、菲律宾、澳大利亚、津巴布韦等国相继建立了几十座炭浆提金厂。目前炭浆工艺已成为氰化回收金银的主要方法之一。

我国从20世纪70年代末期开始研究炭浆提金工艺。1985年在灵湖矿和赤卫沟矿建成炭浆提金选厂，此后相继建成投产十几座炭浆提金厂，已成为我国回收金银的主要工艺方法。

试验研究表明，炭浆工艺除用于从氰化矿浆中提取金银外，也可用于从其他溶金药剂的浸出矿浆中提取回收金。

7.3.1.1 炭浆工艺原则流程

氰化炭浆提金工艺流程如图7-7所示，主要包括浸出前的原料准备、氰化搅拌浸出、活性炭逆流吸附、载金炭解吸、贵液电积、熔炼铸锭和活性炭再生等作业。

A 浸出前的原料准备

含金矿物原料经破碎、磨矿和分级作业，获得所需浓度和细度的矿浆。金泥氰化时，此分级溢流经浓缩后进行氰化浸出。当氰化浸出前用浮选法富集含金矿物时，分级溢流送浮选作业，产出金精矿。金精矿再磨至所需细度后，分级溢流经筛分脱除大于0.589mm的矿砂和木屑，再经浓缩脱水后获得浓度约为45%的矿浆送搅拌氰化浸出。

B 氰化搅拌浸出

氰化搅拌浸出在12个串联的充气机械搅拌槽中进行。浓缩机的底流先进入调浆槽，预先使矿浆与空气和石灰乳搅拌几小时，调整矿浆pH值和含氧量，然后进入氰化浸出回路。在矿浆搅拌浸出的同时，仍需加入石灰乳和氰化物，并鼓入空气，使矿浆pH值和氰根含量维持在规定值。

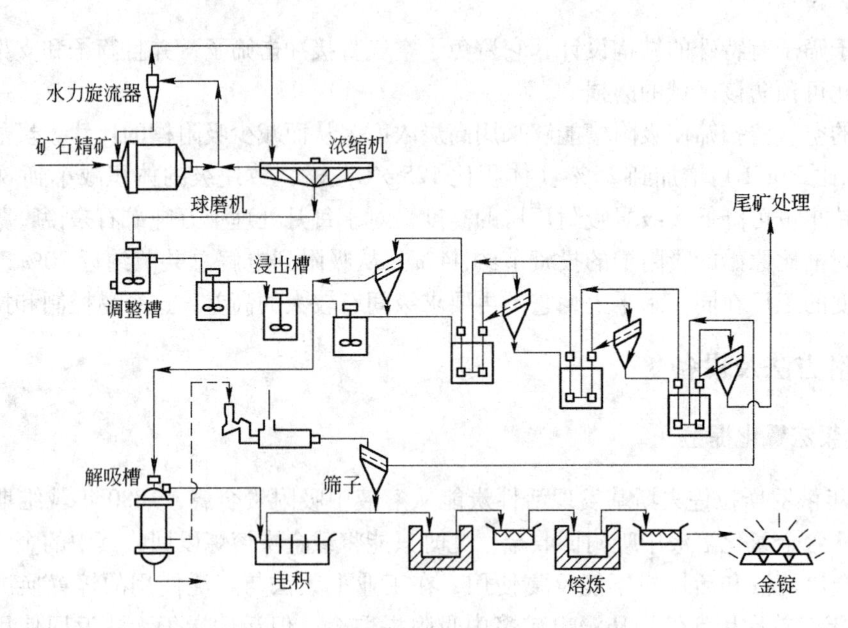

图 7-7 炭浆法回收金的简明设备流程

C 活性炭逆流吸附

搅拌氰化浸出后的矿浆进入活性炭矿浆逆流吸附回路。吸附系统一般由 4~6 个活性炭吸附槽组成，通过空气提升器和槽间筛实现矿浆和活性的逆流流动。此时仍可鼓入空气，添加石灰乳和氰化物，但最后 1~2 个吸附槽不加氰化物，以降低贫化矿浆中的氰化物含量。初期的炭浆工艺的槽间筛主要采用振动筛，炭磨损量较大。目前炭浆工艺的槽间筛主要采用固定的周边筛、桥式筛或浸没筛等。筛分后的矿浆返回本槽，活性炭则被送至前一槽。再生炭或新炭加入吸附格的最后一槽，载金炭则从第一吸附槽定期转送至载金炭解吸系统进行金的解吸和活性炭的再生。吸余尾浆再经检查筛分（筛孔为 0.701mm）回收漏失的载金细粒炭后送尾浆处理工序。

D 载金炭解吸

载金炭经脱除木屑和矿泥后，送解吸柱进行金银解吸。目前，生产上可用四种方法进行载金炭的解吸：

（1）扎德拉法。扎德拉法是 1952 年美国扎德拉发明的方法。在常压下，采用 85~95℃的 1% NaOH + 0.1% ~0.2% NaCN 混合液从下向上顺序通过两个解吸柱，解吸所得液送去电积金。电积后的脱金液（贫液）再返至 1 号解吸柱，解吸时间约 40~72h。美国霍姆斯特克金选厂用此法解吸载金量为 9kg/t 的载金炭时，解吸时间为 50h，炭中残余金含量为 $150g/t_{炭}$。适用于处理量较小的金选厂，设备投资和生产费用均较低。

（2）有机溶剂法。有机溶剂法为美国矿务局海宁发明的方法，又称酒精解吸法，采用 10% ~20% 酒精、1% NaOH + 0.1% NaCN 的热溶液（80℃）解吸，作业在常压下进行，解吸时间为 5~6h。活性炭的加热再活化可 20 个循环进行一次。缺点是酒精易挥发、易燃、易爆。需装备良好的冷凝系统以捕集酒精蒸气，防止火灾和爆炸事故的发生。上述缺点限制了此法的推广应用。

（3）高压法。高压法为美国矿务局波特发明的。在 160℃ 和 354.64kPa 条件下采用

1% NaOH + 0.1% NaCN 溶液进行解吸，解吸时间为 2 ~ 6h。缺点是需高温高压，设备费用较高。优点是可减少解吸时间，降低药剂消耗和存炭量。适用于处理量大、活性炭载金量很高的金选厂。

(4) 南非莫美公司法（ARRL 法）。南非莫美公司法是南非约翰内斯堡莫美研究实验室的达维德松提出的。在解吸柱中采用 0.5% ~1% 炭（93 ~ 110℃）10% NaOH 溶液（或 5% NaCN + 2% NaOH 溶液）接触 2 ~ 6h，然后用 5 ~ 7 个炭体积的热水洗脱，洗脱液流速为每小时 3 个炭体积，总的解吸时间为 9 ~ 20h，其优点类似于高压解吸法，但需多路沿流设备，增加了系统的复杂性。

载金炭解吸所得贵液送电积沉金或锌粉置换沉金，活性炭送炭再生作业。

E 活性炭再生

炭浆吸附过程中，活性炭除吸附已溶金外，还会吸附各种无机物及有机物，这些物质在解吸金过程中不能除去，造成炭污染，降低其吸附活性。因此，解吸炭在返回吸附系统前必须进行再生，以恢复其对已溶金的吸附活性。解吸炭的再生方法为酸洗法和热活化再生。酸洗法是采用稀盐酸或稀硝酸（浓度一般为 5%）在室温下洗涤解吸炭，作业常在单独的搅拌槽中进行，此时可除去碳酸钙和大部分贱金属络合物、酸洗后的炭须用碱液中和，用清水洗涤，然后才能将其送去进行热活化再生。热活化再生是为了较彻底地除去不能被解吸和酸洗除去的被吸附的无机物及有机物杂质，多数金选厂分定期地将酸洗、碱中和及水洗涤后的解吸炭送入间接加热的回转窑中，在隔绝空气的条件下加热至 650℃，恒温 30min，然后在空气中冷却或用水进行骤冷。美国霍姆斯特克选厂的试验表明，空气冷却可获得较高的活性，可在活化窑的冷却段中冷却，也可将加热后的解吸炭排至漏斗中冷却。热活化再生的活性炭经筛网为 0.833mm 的筛子筛分以除去细粒炭。活化后的炭返回吸附作业前须用水清洗以除去微粒炭。

7.3.1.2 炭浆工艺的主要影响因素

炭浆工艺氰化浸出系统的影响因素与搅拌氰化浸出相同，金的浸出率主要取决于含金矿物原料特性、磨矿细度，浸出矿浆液固比、介质 pH 值、氰化物浓度及充气程度等。炭浆吸附系统的主要影响因素为活性炭类型、活性炭粒度、矿浆中炭的浓度、炭移动的相对速度、吸附级数、每吸附级的停留时间、炭的损失量、其他金属离子的吸附量等。

(1) 活性炭类型。炭浆工艺必须使用坚硬耐磨的粒状活性炭，其中细粒炭的含量需降至最低程度。目前，国内炭浆选金厂除使用椰壳炭外，还使用杏核炭，其性能与椰壳炭相似。近年来有的采用合成材料生产的活性炭代替椰壳炭，其形态可为粉状、粒状或挤压柱状，据称有很高的耐磨性能。

(2) 活性炭粒度。炭浆工艺使用粒度较粗的粒状炭，以利于采用筛子将其从矿浆中分离出来。活性炭须预先进行机械处理和筛分，以除去易磨损的棱角和筛除细粒炭。供炭浆工艺用的活性炭的粒级范围为 0.991 ~ 3.327mm、1.397 ~ 3.327mm 或 0.5 ~ 1.397mm。

(3) 矿浆中炭的浓度。每吸附级矿浆中炭的浓度对已溶金的吸附速度和吸附量有很大的影响。矿浆中炭的浓度主要取决于矿浆中已溶金的浓度和排出矿浆中已溶金的含量。美国霍姆斯特克选金厂矿浆中的炭浓度为 15g/L，菲律宾马斯巴特炭浆厂的炭浓度为 24g/L，我国灵湖金矿金泥氰化炭浆工艺中的炭浓度为 9.5g/L。

(4) 炭移动的相对速度。每级活性炭移动的相对速度与该级已溶金的量及活性炭的载金量有关。吸附段活性炭充分载金时的载金量为 5 ~ 10$kg_{金}/t_{炭}$，也可高于或低于此值，如有的可高至 40$kg_{金}/t_{炭}$。载金量较低会导致解吸和炭的运输过于频繁，易增加活性炭的损失。活性炭的载金量与每级炭的移动速度（窜炭量）有关，单位时间移动的炭量越少，每级炭的载金量越高。

(5) 吸附级数。吸附级数取决于已溶金的极大值及欲达到的总吸附率，通常采用四级，如霍姆斯特克选厂用四级、我国灵湖矿选厂用四级。但当矿石含金量高时，也可采用五至七级，马斯巴特选厂用五级。

(6) 每级矿浆停留时间。每级炭与矿浆的接触时间为 20 ~ 60min、通常平均每级接触时间为 30min。每级炭与矿浆的接触时间因矿石含金量而异，其最佳接触时间应通过试验确定。

(7) 活性炭的损失量。在吸附回路中活性炭经搅拌、提升、筛分、洗涤、解吸及热活化等作业会引起炭的磨损及部分碎裂，虽然吸附矿浆经检查筛分可回收被磨损的少量细粒载金炭，但有少量细粒载金炭损失于尾浆中。因此，金的回收率与炭的损失量密切相关。为了降低炭的损失量除采用耐磨的粒状炭、预先进行机械处理和筛分洗涤外，还应尽量避免采用振动筛进行矿浆和炭的分离、避免用机械泵送炭。因此，炭浆厂一般采用固定的槽间筛和用空气提升器提升炭。炭的损失量与活性炭的耐磨性有关，使用椰壳炭时，炭的损失量一般为每吨矿石 0.1kg。

(8) 其他金属离子的吸附。通常碱性氰化矿浆中除金银的络阴离子外，还含有其他的金属离子络合物。但金氰络离子对活性炭的吸附亲和力最大，其次是银氰络离子，铁、锌、铜、镍等与氰根生成的络离子对活性炭的吸附亲和力比金银小，这些杂质离子易解吸，会在解吸液中产生积累。为了防止锌、铜和其他贱金属离子产生积累，常用的方法是定期排出一定量的贫解吸液，定期分析检测解吸液中杂质离子的含量，以决定应排出废弃多少贫解吸液。

7.3.1.3 炭浆吸附回路的主要设备

炭浆吸附回路的设备应能满足下列要求：(1) 使吸附槽内矿浆与活性炭能充分接触；(2) 槽间筛能使矿浆与活性炭有效分离；(3) 回路中炭的磨损应尽可能小；(4) 尽量避免吸附槽内矿浆的短路现象。

炭浆吸附回路的主要设备有炭浆吸附槽、槽间筛及活性炭的输送装置。

A 炭浆吸附槽

炭浆吸附槽可采用空气搅拌槽或机械搅拌槽。炭浆工艺初期使用空气搅拌槽，但一般认为使用空气搅拌槽会提高活性炭中碳酸钙的含量。目前倾向于采用机械搅拌槽作炭浆吸附槽。炭浆吸附槽的结构应能满足矿浆与活性炭实现良好接触，剪切力应很小，以减少活性炭的磨损。普通的敞口机械搅拌槽的剪切力较高，在某种程度上增加了活性炭的磨损。国外采用低速搅拌，中空轴中低压空气的多尔低速涡轮机械搅拌槽或帕丘卡空气搅拌槽。菲律宾马斯巴特选厂采用包橡胶的双螺旋桨搅拌槽，以降低叶轮尖端的速度，降低剪切力，既有利于矿浆的良好搅拌，又能减少活性炭的磨损。

将用于氧化铝生产的轴流式搅拌槽经改造后已成功地用于炭浆工艺中，轴流式搅拌槽有空气搅拌式和机械搅拌式两类。轴流式机械搅拌槽的结构如图 7 - 8 所示，槽中央有一

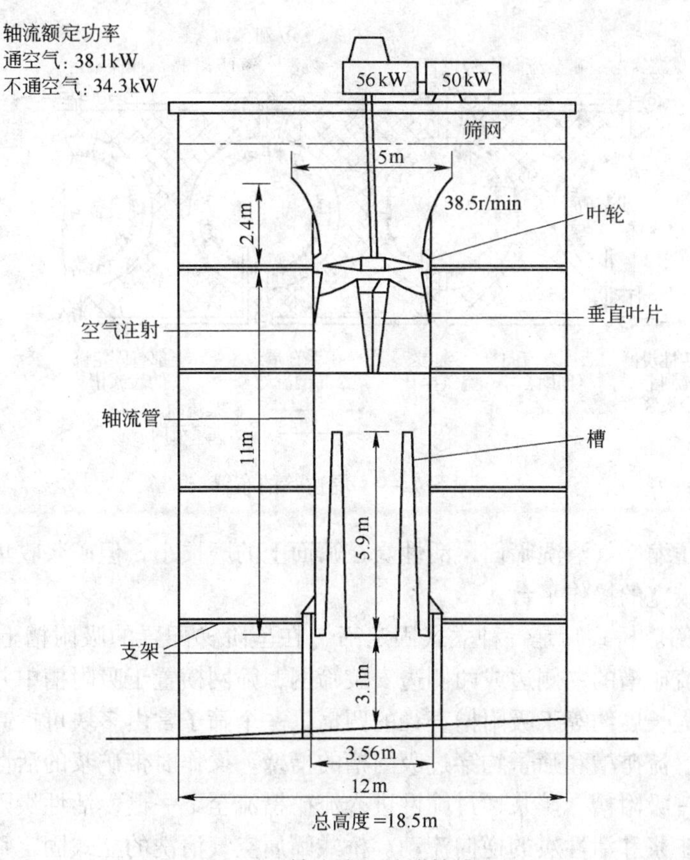

图7-8 轴流式机械搅拌槽

循环管，循环管顶部装有一个向下泵的水翼叶轮，旋转时推动矿浆向下流过循环管，使矿浆进行有效的循环。由于叶轮呈轴流式和叶轮断面呈弯曲状。因而对轮尖端速度小，轴流速度大，径向流速小，剪切力小。中央循环管下部有许多垂直开槽，开槽从底部延伸至沉积矿浆最高处，有利于长期停车后的设备启动，可使矿浆进行小循环，逐渐推动矿浆呈悬浮状态，但开槽有可能使矿浆短路。轴流式机械搅拌槽与其他机械搅槽的不同点在于必须使槽内充满矿浆后才能启动运转，其高径比可达2:1。美国平森厂的经验表明，只要充气循环管的直径选择适当，其能耗仅为普通机械搅拌槽的30%，而且矿粒均匀悬浮，活性炭的磨损小，金的回收率高，解决了油污染、停电时积砂和氰化物消耗量高等问题。

B 槽间筛

槽间筛的作用是使矿浆与活性炭分离，实现矿浆和活性炭的逆向流动。

初期的炭浆厂主要采用振动筛作槽间筛。如1973年投产的霍姆斯特克选厂采用不锈钢方孔振动筛作槽间筛，由于含炭矿浆的连续泵送和筛面振动，炭的磨损相当严重，生产成本较高。为了减小炭的磨损，降低成本，提高金的回收率和便于操作维修，研制了多种固定筛用作炭浆工艺的槽间筛，其中主要有周边筛、桥式筛和浸没筛等。

（1）周边筛。周边筛是南非研制成功的立式固定筛之一，是在呈阶梯配置的吸附槽上部周边安装的带有内部空气清扫的固定筛（图7-9）。带矿浆的活性炭定期从下吸附槽提升至上一吸附槽中，矿浆经筛网进入溢流槽流至下一槽，活性炭则留在槽内。周边筛的

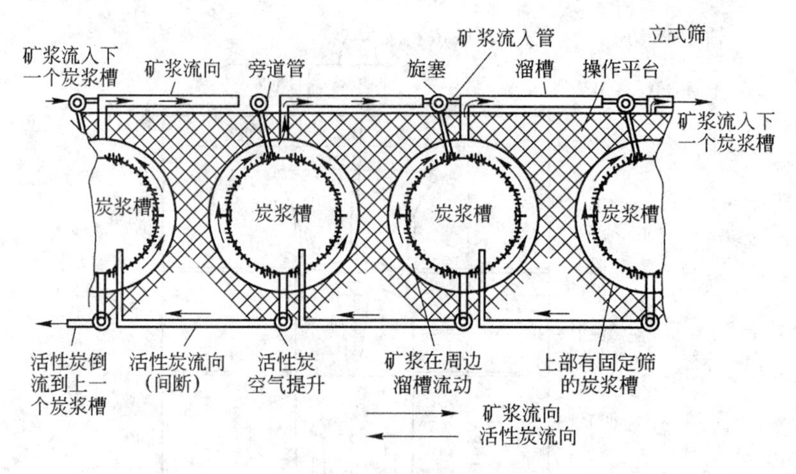

图 7－9 周边筛的布置

筛网固定，用压缩空气清洗筛面，活性炭在筛面上的磨损小，但矿浆收集较复杂，操作维修不方便，需较宽的操作平台。

（2）桥式筛。桥式筛是一种立式固定筛 在呈阶梯配置的吸附槽上部设置一个或多个流矿槽，在流矿槽的一侧边或两侧边安装筛网，筛网横置于吸附槽中并浸没于矿浆面之下，筛网的最大长度约等于吸附槽直径的四倍。一个筛子常由多块可拆卸的筛板组成，以便于更换维修。流矿槽和筛子均穿过吸附槽的槽壁。操作时带矿浆的活性炭定期由下一吸附槽提升至上一吸附槽，矿浆通过筛网进入流矿槽流至下一槽，活性炭则留在上一吸附槽中，从而实现矿浆和活性炭的逆向流动。桥式筛属空气清洗的立式固定筛。当吸附槽呈单列配置时，桥式筛采用直线配置（图 7－10）。当吸附槽呈双列配置时，桥式筛呈直角配置（图 7－11）。此种筛增设溢流堰后可增大处理能力，它易操作、投资少、易维修、生产成本较低，五只桥式筛的空气清理费只相当于一只振动筛的清理费。

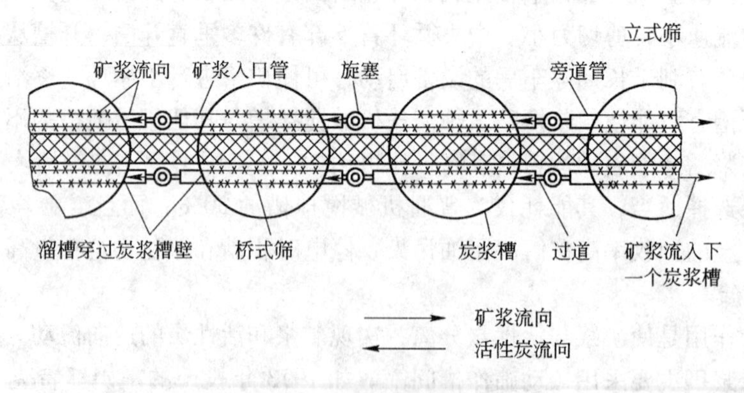

图 7－10 桥式筛单列直线布置

（3）浸没筛。浸没筛又称为平衡压力空气清洗筛（图 7－12）。它可防止筛网堵塞和减少活性炭磨损，广泛用于炭浆厂。操作时筛网两边的矿浆压力平衡，吸附槽可配置在同一水平面上，不需用压缩空气清理筛面，投资较低。

C 活性炭的输送

新活性炭加入炭浆吸附回路前应预先在机械搅拌槽中进行擦洗，以磨去活性炭的棱角

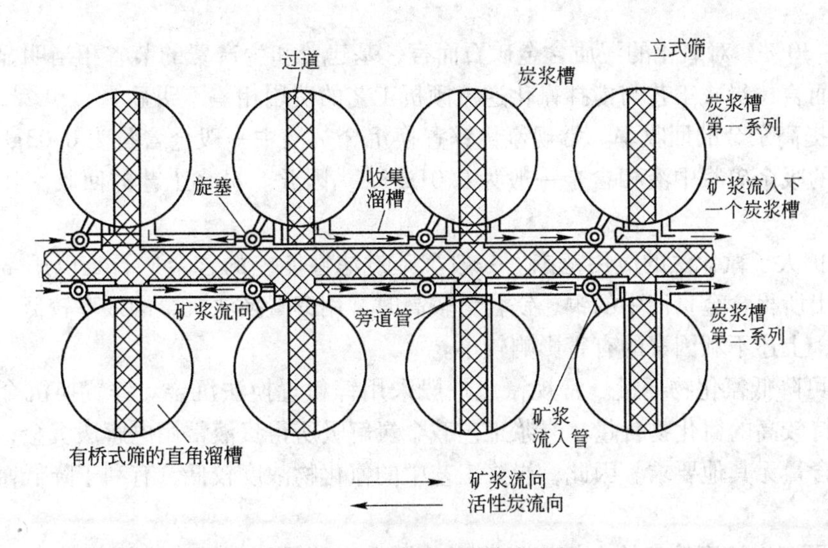

图 7－11 桥式筛双列直角布置

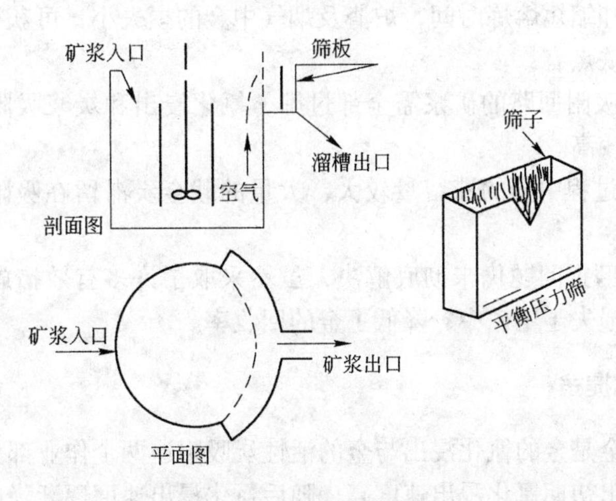

图 7－12 浸没筛示意图

和尖角。擦洗后的活性炭用筛分法除去已碎裂的细粒炭，只将粒度合格的粒状炭加入炭浆吸附回路的最后一个吸附槽中。活性炭从吸附槽的后一槽向前一槽移动的输送方式主要取决于生产规模和经济因素。处理量特别小时，可采用人工方式输送炭，但劳动强度大，且易造成炭的损失。因此，炭浆厂主要采用空气提升器输送炭。现代炭浆厂采用水力喷射器输送炭，使用曲率半径大的弯管，尽量减少管路中的管件和阀门，以降低输送过程中炭的磨损，此外，也可采用转送器或吹风装置输送炭。当活性炭处于润湿下沉状态移动时，可减少输送水量，炭的磨损最小，常用隔膜泵输送溢出物贮槽中的炭。

7.3.1.4 炭浆工艺的优缺点

炭浆工艺与常规的搅拌氰化逆流倾析工艺比较，氰化炭浆工艺具有下列优点：

(1) 取消了固液分离作业。炭浆工艺采用筛子进行载金炭和矿浆的分离，简化了流程，省去了昂贵的固液分离作业。此工艺尤其适用于处理泥质难固液分离的含金矿物原料。

(2) 基建费用和生产费用较低。据统计，基建费用可节省 25% ~50%，生产费用可节省5% ~30%。对氧化的泥质含金矿石而言，基建费和生产费的节省相当明显，但对浮选金精矿而言，炭浆工艺与搅拌氰化逆流倾析工艺的费用相差不明显。

(3) 提高了金的回收率。常规氰化锌置换沉金贫液中一般金含量为0.03g/m^3，炭浆工艺排出的吸余矿浆中液相含金一般为0.01g/m^3。因此。炭浆工艺的回收率比常规氰化法高。

(4) 扩大了氰化法的应用范围。一般沉降过滤性能差的含金矿石难以用常规氰化法处理。浸出所得含金贵液中的铜、铁含量较高时，用锌置换法沉金的效率较低。但对炭浆工艺而言，上述不利因素的有害影响较小。

(5) 可降低氰化物耗量。常规氰化一般采用锌粉置换法沉金。锌置换沉金时，含金溶液应保持较高的氰化物含量。炭浆工艺载金炭解吸所得贵液常用电解法沉金，对贵液中氰化物的含量无其他要求。因此，炭浆工艺中的氰化物浓度较低，有利于降低氰化物的消耗量。

(6) 可产出纯度较高的金锭。炭浆工艺用电解沉积法提金，金泥的纯度高，可降低熔炼时的熔剂耗量和缩短熔炼时间，炉渣及烟气中金的损失小，可获得纯度较高的金锭。

炭浆工艺主要缺点有：

(1) 进入炭浆吸附回路的矿浆需全部过筛，氰化浸出和炭浆吸附在不同的回路中进行，基建费用仍然较高。

(2) 炭浆工艺过程中金的滞留量较大，大量的载金炭滞留在吸附回路中，资金积压较严重。

(3) 活性炭的磨损问题仍未彻底解决，虽然采取了许多有效措施，但仍然有部分被磨损的细粒载金炭损失于尾矿中，降低了金的回收率。

7.3.2 炭浸法氰化提金

炭浸法氰化提金是金的氰化浸出与金的活性炭吸附这两个作业部分或全部同时进行的选金工艺。由于浸出初期氰化浸出速度高，随后氰化浸出速度逐渐降低，目前使用的炭浸工艺多数是第一槽为单纯氰化浸出槽，从第二槽起的各槽为浸出与吸附同时进行，且矿浆与活性炭呈逆流吸附。

炭浸法的典型流程如图7－13所示。此工艺是20世纪80年代南非明特克（Miutek）选厂在炭浆提金工艺的基础上研究成功的。对比炭浆工艺和炭浸工艺的典型流程可知，炭浆法是从金已被完全浸出的氰化矿浆中吸附已溶金银，而炭浸法则是边氰化浸出边吸附已溶金银的方法；两者工艺原料的准备、载金炭的解吸、炭的再生、贵液与尾浆的处理作业基本相同，均采用活性炭从矿浆中吸附已溶的金，但因工艺不完全相同，也存在较明显的差别。炭浆法的氰化浸出和炭的吸附分别进行，所以需分别配置单独的浸出和吸附设备，而且氰化浸出时间比炭的吸附时间长得多，浸出和吸附的总时间长，基建投资高，占用厂房面积大，由于生产周期长，生产过程中滞留的金量较大、资金积压较严重；炭浸工艺是边浸出边吸附，浸出作业和吸附作业合二为一，使矿浆液相中的金含量始终维持在最低的水平，有利于加速金的氰化浸出过程。因此，炭浸工艺总的作业时间较短，生产周期较短，基建投资和厂房面积均较小、生产过程滞留的金量较小，资金积压较轻。

氰化浸出开始时金银的浸出速度高，以后浸出速度逐渐降低，浸出率随时间延长所增

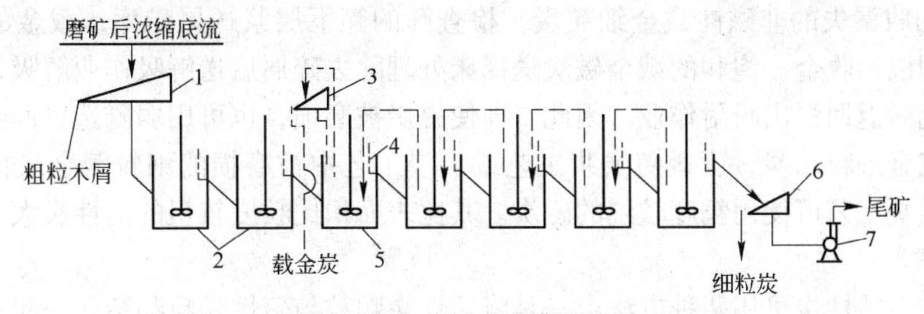

图 7－13 炭浸工艺典型流程

1—木屑筛；2—预浸槽；3—载金炭筛；4—固定浸没筛；
5—浸出吸附槽；6—检查筛；7—泵

加的梯度递降。由于活性炭只能从矿浆吸附已溶的金银，为了加速金银的氰化浸出，炭浸工艺的炭吸附前一般仍设 1～2 槽为预浸槽。炭浸工艺一般由 8～9 个搅拌槽组成，开始的 1～2 槽为氰化预浸槽，以后的 7～8 槽为浸出吸附槽。炭浸工艺与炭浆工艺相比，所用活性炭量较多，活性炭与矿浆的接触时间较长，炭的磨损量较大，随炭的磨损而损失于尾浆中的金量比炭浆工艺高。

7.3.3 磁炭法氰化提金

磁炭法（Magchal）是磁性炭浆法的简称，由 N. 海德利于 1948 年首创。并于 1949 年获得专利，其工艺流程如图 7－14 所示。磨矿分级溢流经弱磁选机除去磁性物质，非磁性矿浆经木屑筛（0.701mm）除去木屑和粗矿粒，粗矿粒返回磨矿，筛下产品进入浸出吸附槽（一般为四槽）。磁性活性炭由最后的浸出吸附槽加入，经四段逆流吸附后由第一浸出吸附槽获得载金磁炭。用槽间筛（0.833mm）进行磁性活性炭与矿浆的分离和实现磁性炭与矿浆的逆流流动。操作时，用空气提升器连续地将带磁性炭的矿浆送至槽间筛，筛上的磁性炭逆流送至前一浸出吸附槽，筛下的矿浆则流至下一槽。从最后一槽出来的浸吸后的尾浆经弱磁场磁选机回收漏失的载金细粒磁炭而产出磁选精矿。磁选尾浆再经检查筛

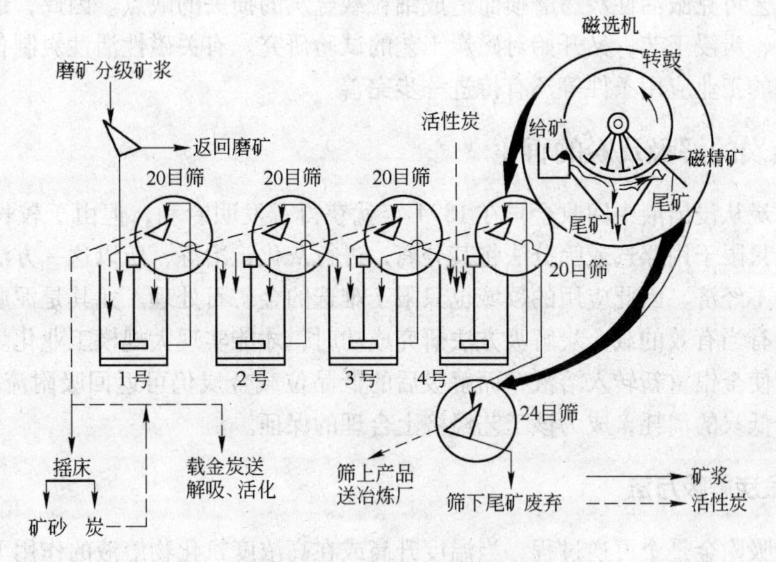

图 7－14 磁炭法工艺流程

0.701mm 回收漏失的非磁性载金细粒炭，检查筛的筛下层浆送尾矿库，载金的细粒炭送冶炼厂处理以回收金。饱和的载金磁炭送摇床处理除去碎屑后送解吸作业解吸，解吸后的磁炭经活化后返回浸出吸附作业。因此，即使磁炭被磨损，也可用弱磁选机回收浸出吸附尾浆中的载金细粒磁炭，可避免炭浆工艺或炭浸工艺中被磨损的细粒载金炭损失于尾浆中，而且磁炭工艺可使用粒度较细的磁炭。其比表面积比粒度较粗的活性炭大，有利于提高吸附效率。

制备磁性活性炭可用两种方法：一是将活性炭颗粒与磁性颗粒黏结在一起；二是将炭粒和磁性颗粒一起制成活性炭粒。黏结法常用硅酸钠作黏结剂，所得磁炭干燥后有较高的稳定性。黏结剂不溶于氰化矿浆中，而具有很高的耐碱耐热性能。

磁炭工艺曾于 1948 年在美国内华达州格特切尔试验厂进行过 1.81 ~ 2.72t/h 的连续半工业试验，在亚利桑那州的萨毫里塔试验厂进行过 2.27t/d 的连续试验，均获得了较理想的指标。萨毫里塔厂的试验条件为：矿石磨至小于 0.074mm 占 86% ~ 91%，矿浆液固比 2:1，炭逆流吸附时间为 16h，不同矿石的试验结果列于表 7 – 3 中。

表 7 – 3　选金磁炭工艺半工业试验结果　(g/t)

产　品	Ⅰ	Ⅱ
给　矿	0.686	5.143
磁炭精矿	161.829	1473.6
尾矿液	0.024	0.127
尾矿渣	0.345	0.514

磁炭工艺虽早于炭浆工艺，半工业试验也取得了较理想的指标，但因当时金价低等原因而未获得进一步发展。后来由于金价的提高及处理低品位矿石的需求以致炭浆工艺和炭浸工艺的迅速发展。

磁炭工艺可克服活性炭易磨损而造成细粒载金炭的损失的缺点。因此，近年来人们为了完善炭浆、炭浸工艺，又开始对磁炭工艺的试验研究。有关磁性活性炭制备及磁炭制备及磁炭工艺的工业应用条件等还有待进一步完善。

7.4　载金炭的解吸及炭的再生

用活性炭从浸出液中回收金早在 1894 年就获得了发明专利，但由于较长时间内对载金炭的处理只限于用浮选或筛分法将其分离，进行灰化，冶炼，所以这一方法因消耗大量的炭而显得不经济，因此应用的领域也只限于难选的金矿石处理。尤其是泥质矿石的金的回收上，只有当有效的载金炭解吸方法研究成功时，才能实现大规模工业化。载金炭在解吸液作用下使金银重新转入溶液，而解吸后的低品位载金炭仍可返回吸附流程循环使用，这就大大降低炭的消耗，成为该工艺经济上合理的保证。

7.4.1　载金炭解吸方法

由于炭吸附金是个可逆过程，当温度升高或在高浓度氰化物溶液的作用下炭对金的吸附能力大大下降，或者说在这样的条件下，$M[Au(CN)_2]_n$的溶解度加大，因此可以在较高强度及提高氰化物浓度下实现对载金炭的解吸。

目前，从载金炭上解吸的方法主要有常压法、高压法、乙醇洗脱法及去离子水洗脱法四种。

(1) 常压法。常压法用较低浓度的氰化钠和碱溶液为解吸液，在接近沸点温度下以一定流速进行解吸，使炭上金银转入溶液，如霍姆斯特克金矿解吸条件是用90~98℃的0.2%的NaCN和1% NaOH溶液，以每小时一个床层体积的流速通过载金炭，经50h解吸，可使活性炭上的金低于160g/t，这一方法所需解吸液体积大，药剂消耗大，所得含金溶液的浓度较低。

(2) 高压法。在高压釜内作为解吸液的氰化钠碱溶液（1.0%~0.4% NaOH+0.1% NaCN）在0.36~0.4MPa的压力下，实现高于溶液沸点的温度下（150~160℃）解吸，其结果可使解吸时间大大缩短，一般在2~6h内即可完成解吸。因此高压法解吸液消耗少，炭循环速度提高，可降低整个工艺过程的滞留金，有利企业的资金周转，但因需要加压设备而使得设备及操作复杂化。

(3) 乙醇洗脱法。为提高常压解吸效率，VSBM发明了乙醇法，即在1.0% NaOH（保证pH在11~14，最好13~14）和0.1% NaCN溶液中加入20%~30%体积的乙醇（或甲醇、丙醇、异丙醇）在80~90℃温度下，经6h后可使99%的贵金属洗脱，解吸过程控制提高的pH值对于较低活性炭对金氰络合物的吸附能力来说是必要的。该法的特点是不需加压即在较低温度条件可使洗脱效率大大提高，然而其主要的缺点是酒精挥发损失较大，而且易燃不安全。为克服这些缺点人们正在研究用安全、经济的有机溶剂代替乙醇和甘醇类（价格高）乙腈等有机物，寻找更科学的工艺方法（如分馏法）以提高解吸效益。

(4) 去离子水洗脱法。去离子水洗脱法为南非的莫美试验研究室的R. J. Davidasn发明的，主要包括载金炭预处理及去离子水洗脱两步完成。用少量的5% NaCN及1% NaOH溶液对载金活性炭处理1~2h，再用去离子水洗脱5~7h，整个过程在90~110℃温度下作业，此法比常压法的效率高，且药剂消耗较低，过程是在常压下进行。主要缺点是过程复杂，需制备去离子水。

该法解吸金的有效性被认为是在高pH值下，钙型的亚金氰络合物转化为不稳定的钾型或钠型，于是才能被热去离子水洗脱下来。在解吸金的同时，银也得到解吸且有较快的解吸速度和较高的解吸率。

7.4.2 影响解吸过程的因素

7.4.2.1 温度

活性炭在常温下可有效地从低浓度氰化物溶液中吸附金，而在高温下在较高氰化物浓度下解吸，所以一般来说随着温度升高其解吸率提高，且洗脱时间大大缩短。

温度是解吸作业中极关键的因素。例如，乙醇解吸过程中温度下降10℃，解吸时间就要增加6~10h。因此，解吸柱醇液池以及所有用于解吸的管路均采用绝热措施。此时流速影响也很大，必须细心控制。

当温度较高时解吸速度快，则解吸液的流速也可相应增快，解吸液流速过慢会导致解吸时间过长，设备体积大；反之，过快会造成液体量过大，含金量低。适宜的温度和流速应通过试验来确定。解吸液流速以床层体积/h，或 L/h、m^3/h 的液体量表示。

7.4.2.2 碱及氰化物浓度

各种解吸方法都在高的 NaOH 碱溶液中进行以利于解吸，而不同的解吸方法氰化物浓度的影响程度有很大差别。如常压法认为解吸液中少量的 NaOH 能使金的解吸效率稍微提高，但并不是主要成分。而去离子水洗脱法则认为随着预处理剂中 NaCN 浓度的升高（1% ~10%），金的洗脱效率显著提高，8% NaCN 时洗脱率最高。

7.4.2.3 预处理

炭与矿浆接触过程中，不仅吸附金，而且有大量贱金属盐沉积表面，而使之活性降低，尤其以 CaO 为保护碱、控制浸出 pH 值长时间充气搅拌和循环吸附都不可避免地产生钙盐沉积在炭表面。将其用酸溶液洗下来后有利于金的解吸。试验证明，用去离子水法解吸前进行酸洗可提高解吸率 2.5% ~7.9%。

7.4.3 载金炭解吸工艺

无论哪种解吸方法，均在解吸柱内完成。一般的解吸系统包括两个解吸柱，间断交换作业。图 7－15 所示为某厂去离子水法解吸载金炭的解吸系统设备联接示意图。

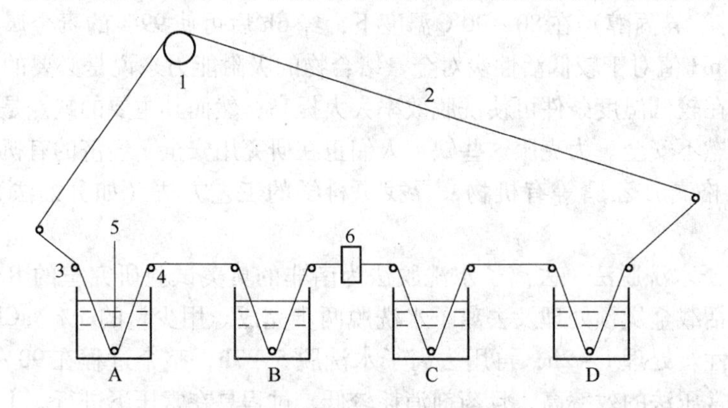

图 7－15 某厂去离子水法解吸载金炭的解吸系统设备联接示意图

解吸柱和管线是由衬有橡胶的低碳钢制成，解吸液有外套，但不是蒸汽外套。

洗涤水、酸洗溶液，NaOH－NaCN 预处理液和解吸水都是通过一个在解吸柱底部的公用水管添加的。

HCl 通过一个塑料喷射管加到主料管线中。采用联锁控制防止酸和 NaCN 同进加入，在解吸柱的顶部一个圆柱体楔形钢丝筛网可以防止炭随溶液流出。热交换器用油浸入锅炉中的直热式分解产生的蒸汽加热溶液，然后当溶液离开解吸柱时，热交换器从中回收热。一个气压真空腿从解吸柱溶液流出端往上伸出，防止解吸柱沸腾或形成任何超高压。

在解吸柱内底部有一平的不锈钢筛，挡住炭，并防止炭粒回流到药剂管线和各阀门中。在解吸柱下面装有一带阀门的排水管，以便让炭从柱中取出。

解吸顺序如下：

（1）装炭；

（2）酸洗 90℃（或室温）盐酸 90min；

（3）水洗5个床体积，90℃ 120min，110℃ 140min；

（4）预处理5% NaCN，1% NaOH，110℃ 270min；

（5）氰化物浸出60min；

（6）解吸6个床体积水，50min；

（7）冷至室温2个床体积水，54min；

（8）借筛上压力水将炭送往再生窑前的料仓中。

7.4.4 活性炭再生

炭在吸附金的同时还吸附了大量的矿浆中存在的无机盐如$CaCO_3$、$MgCO_3$、$Ca(OH)_2$等，另外滴漏到矿浆中的机械润滑油、加速浓缩时用的絮凝剂及矿种中存在的少量有机物均可吸附在活性炭上，这些污物存在或使其表面疏水或占据其的活性晶格，从而影响其吸附活性，使炭的吸附量、吸附速率大大降低。因此必须对贫载金炭进行再生处理，使其恢复活性。再生过程分为酸洗和焙烧两步。

7.4.4.1 酸洗

酸洗的目的是除去碱性有机物及某些贵金属。酸洗是使用3%～5%的盐酸或硝酸溶液与载金炭或解吸炭接触作用一定时间后放出洗液再用水洗至中性。若酸洗废液中的金属有回收价值或达不到排放标准可加Na_2S将贱金属沉淀。

酸洗设备可以是单独的洗炭槽，也可在解吸设备内完成。值得注意的是在同一设备中进行时，因产生的CO_2会使炭床随上升流悬浮，造成柱上的筛孔堵塞，内部压力过大，应有适宜的排气装置。

在酸洗过程中产生氰氢剧毒物，因此必须采取适当的防护措施。

酸洗必须彻底，否则会严重影响再生炭的活性，此外对酸洗处理的炭必须用清水充分洗涤至中性，尤其是对载金炭的酸洗尤为重要，否则没被洗净的氯离子带至解吸贵液中会对电解过程造成危害。

7.4.4.2 焙烧

由于酸洗后的炭表面大部分污染物已除去，能较大程度地恢复吸附活性，因此一般可以循环使用。但随着有机物的不断累积又使炭的活性逐渐降低，这时就需要加热再生，活性炭焙烧再生。其目的是除去炭上的有机污物，润滑油类等杂质和水银。焙烧再生炭的质量与许多因素有关，如温度、升温速度、气氛、在炉内停留时间等。通常再生焙烧恢复率在800℃左右最高。为防止炭化应控制氧量，一般应在密封条件下进行，此外再生恢复率还与炭酸洗是否彻底有关。大量的研究表明，不经酸洗或酸洗不彻底的炭其再生恢复率明显降低，而且不可弥补。这是因为没被酸洗的炭在高温下，表面的硫酸盐发生分解生成的CaO和MgO在温度急剧上升的条件下，由微孔迅速扩散到表层，炭粒表面发白，微孔被烧损，活性下降，酸洗越不彻底，微孔破坏越厉害，恢复率越低。工业活性炭热再生装置有多种形式，如多层式、回转式、流化床式、移动床式，这些炉型都燃烧煤气或石油气，间接或直接加热活性炭，水蒸气活化，再生时间从0.5～6h不等。此外还有以电作为能源的再生装置，有微波炉、远红外炉及直接通电式的再生炉等。五种活性炭再生炉经济技术指标见表7-4。

表7-4 五种活性炭再生炉经济技术指标

项 目	QSY252 回转窑	WYS50 再生炉	HH 立式炉	JHR400 再生炉	JX4500
生产能力/kg·h^{-1}	16	50	35	16	180
再生温度/℃	600~810	850	650~850	650~800	650~750
电功率/kW	38.8	75	25	25	6
能耗/kW·h·kg^{-1}	2	0.8	0.7	0.85	电：0.03
吸附能力恢复率/%	90	95~100	95	95~105	95~105
对解吸水分要求/%	≤40	≤30	25~40	≤30	20~50
设备安装尺寸（长×宽×高）/m×m×m	5.23×1.40×1.85	1.55×1.25×2.15	3.0×3.0×5.5	3.0×2.5×5.0	12.0×6.0×5.0
参考价格/万元	10.0	12	7.5	6.0	35
工作方式	连续	连续	连续	连续	连续

国内炭浆厂所用再生设备多为电间接加热回转式再生炉，如江苏启东市活性炭再生设备厂制造的WYS型活性炭再生炉。再生工序设备联系图如图7-16所示。解吸后或酸洗后的活性炭送入底部带有振动器的锥形料仓，通过可变速的螺旋给料机将炭直接送入再生窑。再生窑加热（方式有电加热、燃烧加热）至650~820℃，在热蒸汽作用下活化炭，在窑内停留时间一般在0.5~2h，经再生的活性炭自流入一个锥形骤冷槽内，用水冷却使其硬化，然后过滤除去水和细粒炭返回吸附作业。在排料端的气体密封罩提供骤冷槽的水封，并装有上升废气烟道及一套废气洗涤系统，以免烟气中有毒物质逸出污染环境。

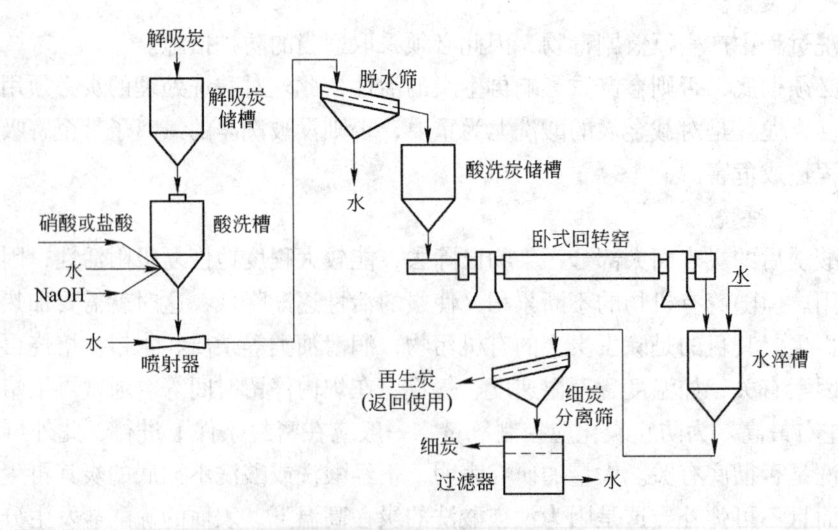

图7-16 再生工序设备联系图

筛出全部细粒炭非常必要，因为这部分载金炭，通过吸附段时不能被中间筛阻拦而损失掉。

定期检查再生炭的质量，并及时与新鲜活性炭的效能作比较，如某厂不再生炭的吸金效率仅68%，而周期再生炭吸金效率达92%以上。

另外，活性炭在再生及输送过程中都会造成损失，因此每天都要测定细粒炭的损失，计算损失量，无论是洗水还是冷却水，其中的细粒炭都应过滤回收送至冶炼。

如某厂以3~5床层体积的3% HCl溶液，在40℃下酸洗处理脱金炭30min，水洗3~4次至中性，然后在650~700℃下于水蒸气气氛中加热30min使之活化。

7.5 金的电解沉积

7.5.1 基本原理

以不同方法转入并得到富集的含贵金属溶液称为贵液或富液，可以用电解沉积法将贵金属回收。下面以电解沉积法回收载金炭解吸富液中的贵金属为例说明电解过程。

在含金溶液电解过程中，主要发生以下反应：

阴极区

$$Au(CN)_2^- + e = Au + 2CN^-$$

$$Ag(CN)_2^- + e = Ag + 2CN^-$$

$$2H^+ + e = H_2$$

由于金的不断沉积，$Au(CN)_2^-$浓度逐渐降低，而CN^-离子浓度不断增加，使反应的电极电位不断降低，当与反应的电极电位相等时即有H_2放出，从电解沉积金来讲不希望H_2析出，但又不可避免。

此外，在电解过程中还有一些副反应发生：

$$[CN^-] + [O] + 2H_2O = NH_3 + HCO_3^-$$

$$OH^- + H^+ = H_2O$$

$$HCO_2^- + OH^- = H_2O + CO_2$$

由于解吸和电解多在较高温度下进行，因此氰化物会发生水解：

$$CN^- + H_2O \rightleftharpoons HCN^- + OH^-$$

电解初期至电解终了氰化物浓度降低和氢氧化钠浓度增高，以及车间里的氨的气味，都可证明这些反应的存在。造成这一现象的另一原因是作为阴极材料的钢棒溶解：

$$Fe + 4CN^- + 2H_2O \longrightarrow Fe(CN)_4^{2-} + 2OH^- + H_2$$

$$Fe + 0.5O_2 + H_2O \longrightarrow Fe(OH)_2$$

钢棒对溶液也有置换作用：

$$Fe + 2Au(CN)_2^- \longrightarrow 2Au + Fe(CN)_4^{2-}$$

$$Fe + 2Ag(CN)_2^- \longrightarrow 2Ag + Fe(CN)_4^{2-}$$

7.5.2 电解沉积工艺

与任何其他电解沉积过程一样，电解与温度、电解液流量、电解时间以及电解槽电压和电流大小、电解槽结构等因素有关，这些因素又都取决于电解液性质。一般来说，不同的电解过程温度控制范围与解吸方法有关，在常压下得到解吸液电解温度一般控制在45~70℃，而在高温下所得解吸液电解温度可在100℃以上，电压2~7V，电流强度125~200A。

普勃西德特、布兰德焙砂炭浆厂，以去离子水法解吸载金炭的解吸液，在有隔膜电解槽中电解，其工艺条件见表7-5。

表 7-5 工艺条件

参 数	设计值	12h 循环实验值	10h 循环实验值
贵液金品位/$g \cdot m^{-3}$	900		>16.4
废阴极液金品位/$g \cdot m^{-3}$	20	42.0	21.2
电解率/%	97.8	93.0	97.0
流量/$m^3 \cdot h^{-1}$	4.8	3.8	3.8
阴极液温度/℃	±50	50	50
阴极液（NaOH）浓度/%	25~30	23	24
电流/A		180	180
电压/V		4.8	5.2
钢丝棉/g	500	500（600）	650
时间/h	24	12	16

电解槽分矩形电解槽（图 7-17）和圆形电解槽（图 7-18），各自又有无隔膜电解和有隔膜电解之分。使用最广的是无隔膜矩形电解槽，其结构与常规锥形电解槽相同，只不过用于含金溶液电解的阴极多用钢棒，阳极为不锈钢板。为了保证电解液能够均匀地通过电极而不形成绕流，阳极不锈钢板制成带沟槽形的，为了防止钢棒短路。将阴极置于带孔的聚丙烯塑料容器中。圆形电解槽是以不锈钢（圆筒形不锈钢筛网）作阳极，是以普通钢棒松松地绕在不锈钢管为中心轴的卷筒上，并加上多孔护板而成。

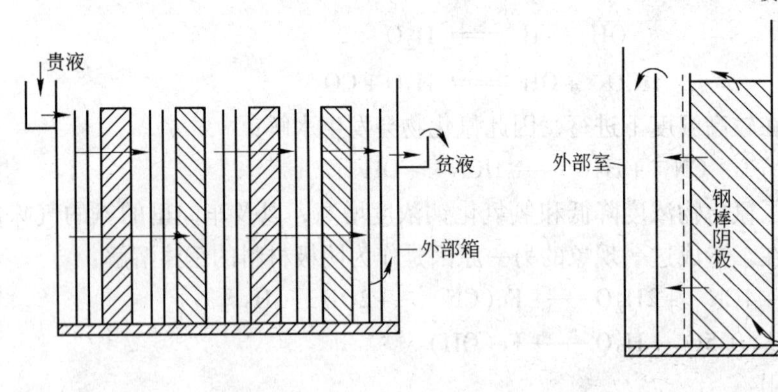

图 7-17 矩形电解槽电极示意图

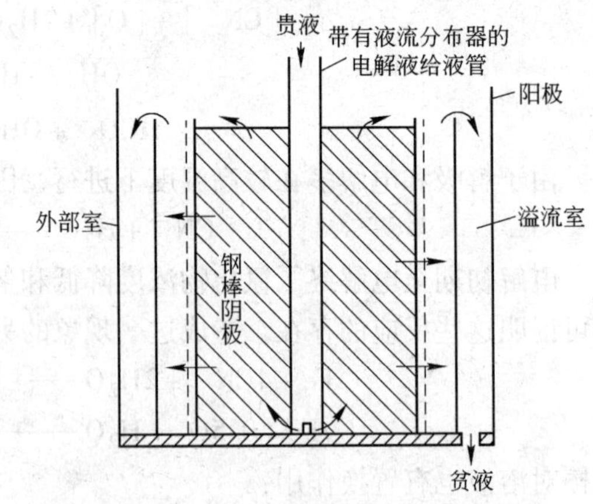

图 7-18 圆形电解槽结构示意图

7.5.3 电解工艺的发展

7.5.3.1 两步电解

常规电解槽是以钢棒为阴极，金沉积完全后，钢棒阴极全部进入冶炼工序，因此不仅电解过程中消耗钢棒，而且冶炼过程中还要酸溶除铁。

美国戈尔德菲尔兹矿产公司奥格兹矿，是用两极电解。初级电解槽由不锈钢制成，阴极由较粗的不锈钢制成，放在一般矩形截面塑料筐内，阳极是带孔的不锈钢板；二级电解槽由聚丙烯制造。该槽的阳极是初级电解槽来的沉积有金的不锈钢棒阴极，该槽阴极是比初级更轻，且抛光的不锈钢板，在足够长和时间内，使阳极上金完全溶解且沉积在新阴极板上，此时的不锈钢棒相当干净，再稍经处理（在氰化物溶液中浸泡）后，便可返回初级电解槽使用。二级电解法是10%氧化钠溶液加入软水配成的，从阴极上刮下的电解金85%～90%的金渣或金粒。

两步电解有其特殊的优点，即避免了在热酸中溶解钢棒，节省了人力、试剂和设备，省去每次重烧阴极作业，节约了钢棒。产品纯度高，省掉熔炼工序，减少了金的损失。

电解槽安装及操作过程中，必须保证电极与母线接触良好，阳极定期清除污垢以降低电阻、减少电能消耗。电极与电解槽底应保持适宜的距离，过深会因电极泥堆存造成短路，过高又会造成溶液绕流电极而影响电解效果。电解液的温度直接关系到电解工艺的效益，对不同性质的电解液都有最适宜的电解温度。如采用乙醇法解吸载金炭时，电解液温度宜控制得较低（如70～71℃）这样既可减少乙醇的损失，又可降低溶液电阻，此外要严格控制电流强度，电压电流不宜过高，以抑制 NH_3、O_2 和 H_2 的产生。

电解槽必须加盖以及安装通风设施以排除电解槽上的雾气，保证环境卫生。

7.5.3.2 用碳纤维电积法从贵液中回收金

以碳纤维作阴极从低品位含金氰化液中回收金的研究取得很大进展。

碳纤维以聚乙（丙）烯腈纤维为基体，经严格的预氧化和炭化工艺处理而成。由于碳纤维具有巨大的表面积和极高的孔隙度，同时又有良好的导电性且耐腐蚀等优点。所以碳纤维电积克服了原来使用平板电极时电流效率极低的弊病。

碳纤维阴极和钢棒阴极对含金溶液电积结果见表7－6。以碳纤维作为阴极电耗低，当电流密度为45～70A/m^{2}时，每克金电耗约0.6kW·h，电解时间短，而且阴极还可重复使用多次。

表7－6 碳纤维阴极和钢棒阴极对含金溶液电积结果

编号	溶液体积 /mL	溶液含金量 /mg·L^{-1}	电解条件			电解后溶液 含金量/mg·L^{-1}	回收率/%
			电流密度 /A·m^{-2}	电压/V	时间/h		
1	1000	27	45	4.0～4.5	3	0.2	99.26
2	1000	27	70	4.5～7.0	3	0.1	99.63
3	1000	37.7	90	5.0～7.0	4.5	<0.1	99.73
4	1000	26	45	5.0～6.5	3	5.7	98.07
5	1000	26	7.6	6.5～9.5	3	2.8	89.23

注：1～3为碳纤维阴极；4、5为钢棒阴极。

7.5.3.3 有隔膜电解

以离子交换膜将阴极区和阳极区隔开，使两极反应限定在两个区域内，防止有害的副反应发生，如不加离子交换膜溶液中 CN^- 离子可能在阳极上被氧化，而有隔膜以后游离氰化物不致破坏损耗，使金的沉淀进行得更彻底。另外，离子膜的存在断绝了阳极析出的氧与阴极上沉积的金的接触，从而防止了金的反溶，更有意义的是离子交换膜的选择性渗透作用。当选用阳离子膜时，Na^+ 和 H^+ 等阳离子可自由通过，Na^+ 离子与阴极区不断产生的 CN^- 构成游离 NaCN，从而使氰化物溶液再生，返回用于浸出。离子交换膜的存在可保持两区的相对稳定，避免相互干扰。

8 离子交换树脂法提金

在活性炭吸附提金法得到有效的研究并迅速被推广的同时，作为无过滤吸附提金的另一种有效方法，离子交换树脂法也得到了很大发展。离子交换树脂法是利用离子交换树脂直接从含金溶液或矿浆中吸附金，再分离出载金树脂进一步处理的提金方法。

8.1 概述

8.1.1 离子交换机理

离子交换剂是一种含有能够同已溶电解质的离子进行交换的离子化基团的高分子固体难溶物质。离子交换剂的行为和多元电解质一样，多酸称为阳离子交换剂，多碱称为阴离子交换剂。

离子交换树脂是人工合成的，由在溶液中能解离的离子化基团组成，这种基团可解离成两部分：一部分是不能进行离子交换的固定离子（用R来表示）；另一部分则是与固定离子电荷符号相反的反离子。按照离子交换树脂中反离子电荷的符号，分为阳离子交换树脂和阴离子交换树脂，阳离子交换树脂的相反离子为酸性官能团，与溶液中的阴离子进行交换。根据官能团酸性强弱，又可分为强酸性阳离子交换树脂和弱酸性阳离子交换树脂。阴离子交换树脂的骨架与阳离子交换树脂相同，仅官能团为碱性基团，通常为一些有机胺，可进行阴离子交换。同样，根据官能团碱性的强弱可分为强碱性阴离子交换树脂和弱碱性阴离子交换树脂。除上述两类树脂外，还有一些特殊性能的树脂，如两性树脂、氧化还原树脂、螯合树脂和大孔径树脂等。从结构上看最简单的称为“海绵”型树脂。

由于氰化液或矿浆中的金、银均以氰化络合物阴离子$[Au(CN)_2]^-$和$[Ag(CN_2)]^-$形式存在，故从氰化工艺中吸附回收金使用阴离子交换树脂。

当用阴离子交换树脂与氰化溶液接触时，金银络合阴离子按以下反应被吸附：

$$\overline{RCl} + Au(CN)_2^- \longrightarrow \overline{RAu(CN)_2} + Cl^-$$

$$\overline{RCl} + Ag(CN)_2^- \longrightarrow \overline{RAg(CN)_2} + Cl^-$$

按照现代化学观点，离子的交换反应动力来自交换的离子在树脂相和溶液中的化学位差。当结构类似于“海绵”的树脂浸入溶液中时，由于“海绵”孔隙中游离的反离子浓度高，而会竭力向浓度低的溶液中扩散，而使树脂的电中性遭到破坏，为恢复树脂的电中性，就要从溶液中吸附相应量的电荷符号相同的另一些离子达到各离子重新分布的动力学平衡。

研究证明，在离子交换过程中，化学反应步骤一般是很快的，而在离子交换动力学中起决定作用的是扩散过程，即离子交换的速度是由树脂颗粒内的离子扩散或树脂颗粒周围液体不动层（液膜）中的离子扩散所决定。前者通称胶层扩散，后者通称膜层扩散。一般胶层扩散慢得多，所以从溶液中吸附提金的交换过程，其交换速度取决于胶层扩散。树脂解吸过程，由于是在固定床层中进行，此时膜层厚度大，膜层内外界面溶液的浓度差和离子的扩散速度小，所以可能受膜层扩散控制。

除贵金属外，离子交换剂还会吸附存在于溶液中的铜、锌等其他金属氰化物。

$$2\,\overline{RCl} + Cu(CN)_2^{2-} \longrightarrow \overline{R_2Cu(CN)_2} + 2Cl^-$$

$$2\,\overline{RCl} + Zn(CN)_2^{2-} \longrightarrow \overline{R_2Zn(CN)_2} + 2Cl^-$$

反应通式为：

$$n\,\overline{RCl} + Me(CN)_i^{n-} \longrightarrow R_nMe(CN)_i + nCl^-$$

式中 n——络合阴离子价数；

i——配位数。

除了络合离子外，树脂还吸附溶液中的氰化物，碱、硫氰化物以及其他简单阴离子。

$$\overline{RCl} + CN^- \longrightarrow \overline{RCN} + Cl^-$$

$$\overline{RCl} + OH^- \longrightarrow \overline{ROH} + Cl^-$$

$$\overline{RCl} + CNS^- \longrightarrow \overline{RCNS} + Cl^-$$

试验证明，对绝大多数的阴离子交换剂吸附金属的顺序为 Au > Zn > Ag > Cu > Fe。当离子交换剂吸附了各种离子后，使它与矿浆分离，再进行金银的解吸，得到含金贵液进而沉积金银。

8.1.2 对离子交换树脂的要求

离子交换树脂的基本物理化学特性是交换容量、膨胀性、孔隙度、选择性和机械强度。

进入吸附作业的氰化矿浆中，溶液中除含贵金属离子外，还含有许多其他离子需要加以回收，因此，离子交换树脂的选择性是十分重要的。

无论是在常温下还是在高温下，离子交换树脂应该不溶于水、酸或碱的水溶液。这样才能多次反复使用。

由于树脂在搅拌中与矿浆接触，树脂颗粒之间、树脂与矿粒之间以及树脂与器壁之间的强烈摩擦，会破坏树脂。温度的剧变会使树脂颗粒开裂，这些都需要树脂有高的机械强度。

混合碱性大孔结构的阴离子交换树脂是比较好的从氰化矿浆中吸附金的交换剂。如前苏联研制的 AM-26 型树脂与强碱性树脂 AM 比较，不仅具有很高的机械强度和化学稳定性，而且对金有良好的选择性。试验表明，对金吸附提高 1~2 倍，而对各种贱金属的总吸附量降低了 1/2~1/3。

提金所用树脂一般是粒度为 0.4~2mm 的球形颗粒。

8.2 离子交换树脂提金过程

离子交换树脂从矿浆中吸附金银有两种方法，即先氰化浸出后离子吸附和氰化浸出与离子吸附同时进行，后者多为实践所采用。

8.2.1 吸附浸出

吸附浸出过程的主要工艺因素包括：吸附过程的时间、一次树脂装入量、树脂吸附周期、树脂吸附的操作容量、吸附级数及树脂和矿浆流量等。典型的吸附浸出工艺流程如图8-1所示。

与炭吸附提金工艺一样，氰化前矿浆先进行筛分分离出木屑，防止木屑氰化吸附过程中吸附金、银、氰化物等，增加试剂消耗，同时也防止木屑对筛网、设备及管道的堵塞。

氰化后的矿浆进入吸附设备，在这里溶解的金和银吸附到离子交换树脂上。从最后一台吸附槽排出尾矿浆送去净化处理前要经过检查筛分，以回收漏失的树脂，减少贵金属损失。从第一台吸附槽排出的荷载贵金属的离子交换树脂在筛子上与矿浆分离，并同时用水洗涤，筛下水返回吸附槽，筛后的树脂给入跳汰机，将粒度大于0.4mm的矿砂与树脂分离，这些粗砂粒在逆流吸附过程中与树脂一起排出，给下一步树脂解吸和再生作业带来困难，并恶化再生过程指标。经跳汰、摇床重选出来的矿砂送到磨矿系统，树脂则送去解吸和再生。

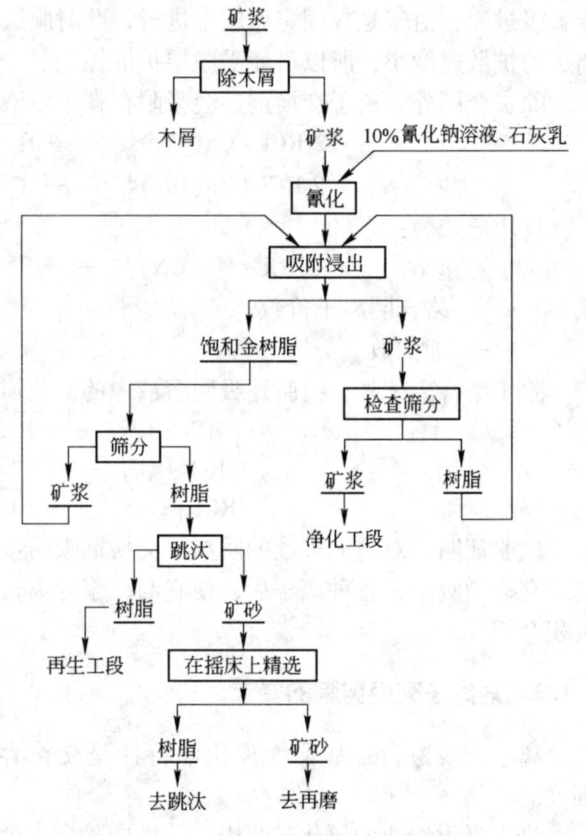

图8-1 典型的吸附浸出工艺流程

8.2.2 离子交换树脂再生

由于离子交换树脂价格高，吸附后，不仅要将贵金属回收到溶液中，而且要使树脂本身能完全再生，恢复其初始吸附特性，使加入流程的新鲜离子交换树脂减少（仅补偿其机械损失所必要的最小量）。只有对载金树脂作深度净化，除去贱金属杂质后，才能确保达到所需金的解吸率同时又可再生，所以流程比较复杂且方案较多。离子交换树脂解吸再生工艺流程如图8-2所示。整个流程分9个工序，但随着具体条件不同，其流程工序也不尽相同。

8.2.2.1 洗涤除去矿泥和木屑

载金的离子交换树脂通常含有矿泥和细木屑，这时需要把树脂放在再生柱中，通过上升的新鲜水流进行洗涤。以2~3倍树脂体积的新鲜水洗涤2~3h。用热水更好，尤其是处理浮选精矿吸附过程中的载金树脂，使用热水更有利于洗去离子交换树脂表面的浮选药剂。

8.2.2.2 氰化处理及其洗涤

氰化处理时采用4%~5%氰化钠溶液，除去树脂中的铜和铁氰络合物。可除去约80%的铜和50%~60%的铁。处理时间为30~36h。

氰化处理在洗去贱金属的同时贵金属也会不同程度地洗下来（金达15%，银达40%~

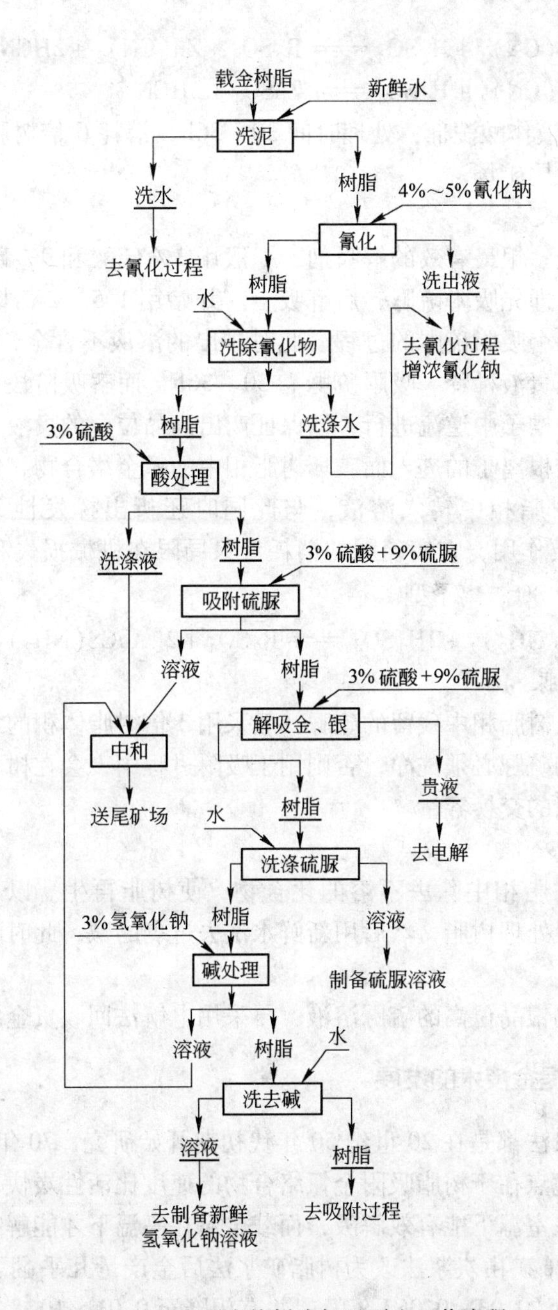

图8-2 离子交换树脂解吸再生工艺流程

50%)，因此只有当树脂中铁和铜累积到严重降低树脂对金的操作时，才进行氰化处理。

树脂处理后排出的液体给入浸出作业，然后用新鲜水在柱内进行洗涤，直至柱内排出的洗液中不含游离的氰化物为止，所需洗涤时间为15~18h，洗水送至浸出作业或去配制新鲜氰化钠溶液。

8.2.2.3 酸处理

酸处理的目的是从树脂相中，除去锌氰络合物和氰离子。一般认为 $Zn(CN)_4^{2-}$、$Ni(CN)_4^{2-}$ 的稳定性较差，无机酸首先将其分解为简单氰化物，再进一步转为阳离子而被解吸。

$$R_2Zn(CN)_4 + H_2SO_4 = R_2SO_4 + Zn(CN)_2 + 2HCN\uparrow$$
$$Zn(CN)_2 + H_2SO_4 = ZnSO_4 + 2HCN\uparrow$$

可采用3%硫酸溶液作酸洗剂，处理时间30~36h，消耗6倍树脂体积的酸洗剂排出液用碱溶液中和后送至尾矿场。

8.2.2.4 金的解吸

硫脲的酸溶液是金、银最有效的解吸剂，一般用3%硫酸和9%硫脲溶液从树脂上解吸金。该工序分两步，即先吸附硫脲，后解吸金。开始用1.5~2倍树脂体积的解吸剂溶液进行解吸时，存在一个吸附硫脲的过程。此时排出的溶液不含金，也不含硫脲。另外，分步解吸也是为了防止贵液稀释。吸附硫脲需30~36h，而解吸阶段需要75~90h，金的解吸一般在几个串联的槽子中逆流进行，以保证产出高品位金的贵液。

解吸时首先是硫酸根离子的进入而破坏树脂相中的氰金络合物，然后生成带正电荷的硫脲络金离子，并从树脂相中转入溶液，与此同时还析出挥发性HCN。在此过程中，SO_4^{2-}进行交换起着重要作用，它使硫脲的消耗量只局限在机械损失和副反应上，并在解吸金后树脂完全转化为SO_4^{2-}离子型。

$$\overline{2RAu(CN)_2} + 2CS(NH_2)_2 + 2H_2SO_4 = \overline{R_2SO_4} + 2[AuCS(NH_2)_2]SO_4 + 4HCN\uparrow$$

8.2.2.5 洗除硫脲

解吸金后，为回收树脂相中残留的硫脲一般采用3倍树脂体积的水清洗树脂，溶液返回解吸过程。树脂中的硫脲必须洗净，否则用于吸附过程中，会在树脂中生成难溶的硫化物沉淀，从而降低树脂的交换容量。

8.2.2.6 碱处理

碱处理是用来从树脂相中除去不溶的化合物，使树脂再生。以4~5倍树脂体积的3%~4%氢氧化钠溶液处理树脂，然后用新鲜水洗去过剩的碱，此时的树脂即可返回吸附过程。

解吸得到的含金和银品位高的硫脲溶液，再采用电解法回收贵金属。

8.2.3 离子交换树脂提金技术的发展

树脂矿浆法和炭浆法都是在20世纪50年代初期开始研究，70年代应用于工业生产，与炭浆法相比，它的优点在于树脂吸附金氰络合物的速度比活性炭快，吸附量较大，机械强度较高。载金树脂在室温下能有效解吸，而载金炭在高温下才能解吸。

南非Golden Jubilee矿由炭浆法改为树脂矿浆法后金产量几乎翻了一番。金的损失从$(0.1 \sim 0.2) \times 10^{-6}$降至$(0.03 \sim 0.05) \times 10^{-6}$并有望降至$0.01 \times 10^{-6}$。在吸附阶段，总的树脂耗量为2500L，约为炭浆法的炭耗量的1/3。其基建费、能耗均比炭浆法低，再加上洗涤和再生作业的成本低，抵消了树脂成本相对较高的缺点。

含油类及有机物的矿浆（浮选剂、机油等）对活性炭吸附金有较大影响而对树脂来说几乎不受影响。不沉积碳酸钙，所以无需酸洗除钙及焙烧再生。但是树脂的粒度小，需要细筛。其密度小，如果搅拌不好，树脂可能聚积在矿浆表面（可采用加重树脂来解决）。树脂吸附的选择性比活性炭差，但有人认为这也是优点。试验证明，树脂对铜、镍、铁等的吸附容量比活性炭高，但丝毫不影响树脂对金的吸附容量。因此从某种意义上来说，还能有利于贱金属的回收及减轻对环境的污染。

前苏联、加拿大、津巴布韦、南非等国已实现工业生产或中间工厂生产。20 世纪 80 年代美国华盛顿、贝林哈姆、瓦尔达克思咨询公司研制的将全部工业设备安装在一辆附有挖掘设备的载重汽车后部的拖车上的移动式工厂已投入生产。移动式树脂提金厂由于机动灵活，能在矿山管理范围内就地处理精矿，克服了需要大量堆存精矿和精矿运输成本高的缺点，从而降低了回收费用，有明显的经济效果。

树脂提金工艺的关键是合成理想的离子交换树脂，具有吸附容量大、选择性高、机械强度大、易于洗涤再生、不易中毒等特点。

近年来，在扩大离子交换材料，改善树脂化学和机械性能，提高弱碱性树脂的 Pka 值，发展新型树脂方面有一系列新的进展。

在研制新型树脂方面有螯合树脂——带有螯合能力的基团，对金氰络离子具有特殊的选择如噻重氮树脂、聚合—甲氨基羟基喹啉树脂。两性树脂——将两种性质相反的阴、阳交换功能基团连接在同一树脂骨架上，其特点用水便可再生；铁磁性树脂；吸附树脂——未经官能团反应的树脂；萃淋树脂——综合液体离子交换剂和颗粒状离子交换树脂的优点，克服了溶液萃取中液体操作分层的困难，将磷类、胺类、脂类萃取剂吸附在各种多孔的吸附树脂骨架中，故而选择性强，分离过程简便。另外，还研制了离子交换纤维，由于纤维的直径小，仅 10μm 左右，且交换是在整个丝上进行，而不像树脂那样离子需向球心扩散，所以交换或吸附速率高。

8.3 离子交换树脂提金生产实例

乌兹别克斯坦的莫隆陶金矿是一个特大型采选冶联合企业，设计年处理矿石 2000 万吨，从 1969 年开始生产，年产黄金 100t 左右，选矿工艺为重选—氰化联合流程。原矿含金 5g/t 左右，金的总回收率为 93%，尾矿含金 0.2 ~ 0.3g/t，其中重选回收率 20%。采用 AM－2 树脂进行矿浆吸附。

乌兹别克斯坦黄金联合体下属的安格烈提金厂采用重选—浮选—氰化工艺，氰化采用树脂提金，工艺流程如图 8－3 所示。其氰化作业主要消耗树脂见表 8－1，提金工艺技术指标见表 8－2。

表 8－1 安格烈提金厂氰化作业主要消耗指标

序 号	材料名称	单位消耗/kg·t^{-1}	用量/t·d^{-1}	备 注
1	液 氯	2.3	759	
2	氰化钾	0.8	264	
3	树 脂	0.065	21.5	
4	硫 脲	0.35	115.5	
5	石 灰	10.0	3300	
6	硫酸亚铁	0.10	33	
7	丙 烯	0.009	3	m^2/t
8	絮凝剂	0.30	91.1	
9	氢氧化钠	0.494	163	
10	硫 酸	0.64	211	
11	电	8		kW·h/t

表 8-2 安格烈提金厂工艺技术指标

名 称	指 标	名 称	指 标
原矿含金/$g \cdot t^{-1}$	4.5~5.0	浮选回收率/%	75
尾矿含金/$g \cdot t^{-1}$	0.4	氰化回收率/%	7~9
原矿粒度/mm	<400	吸附率/%	98
跳汰入选粒度/mm	<8	解吸率/%	99
重选回收率/%	9~10	电解率/%	99
三段闭路磨矿细度（小于0.074mm）/%	90	日处理矿石量/万吨	2.6~2.8

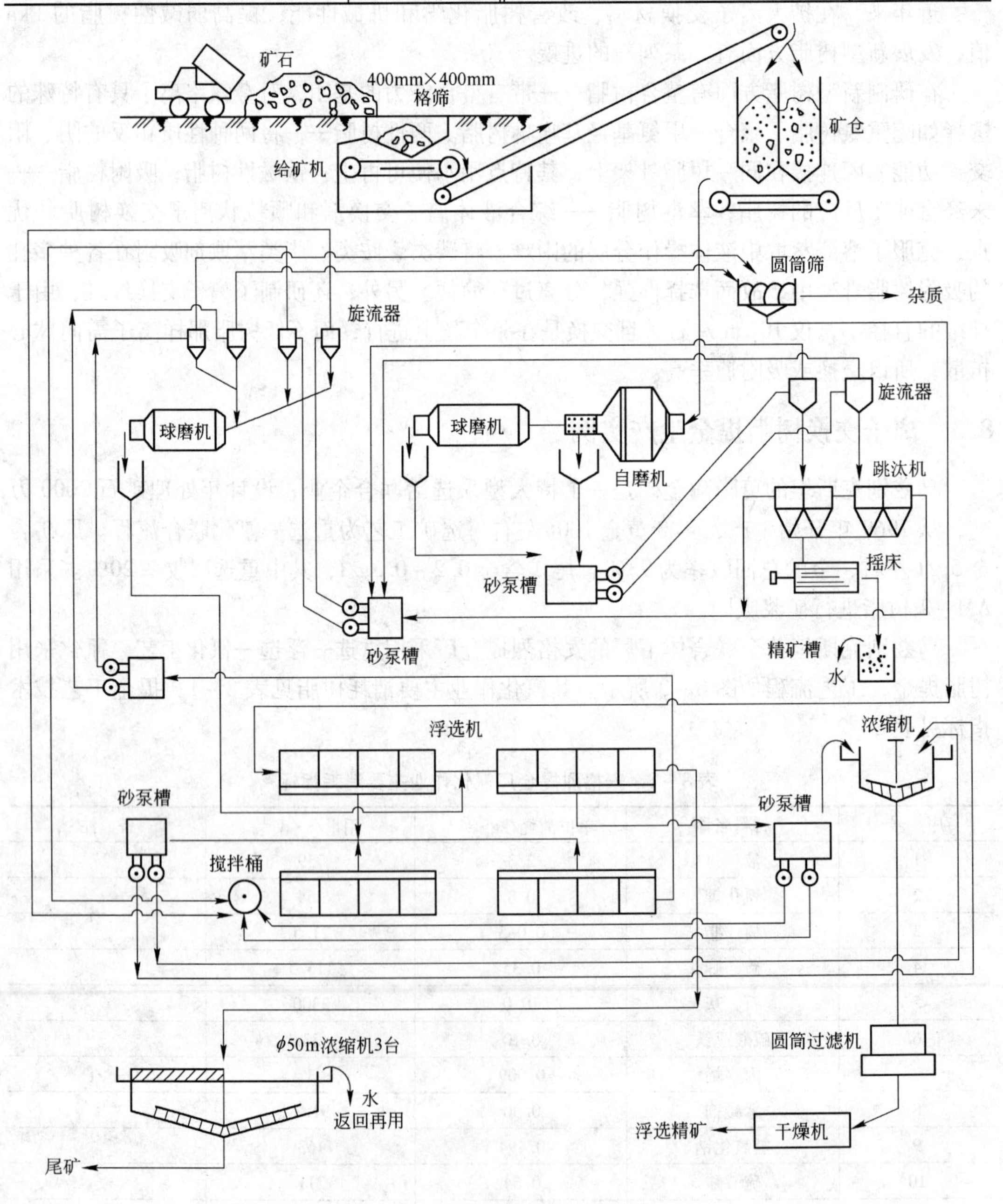

图 8-3 安格烈提金厂工艺流程

9 其他提金方法

9.1 硫脲法提金

鉴于氰化法提金使用剧毒的氰化物，以及氰化废弃物对环境的严重污染，20 世纪 60 年代以来世界各国为寻求新的浸出剂做了大量的研究工作，其中硫脲法被认为是最有希望取代氰化物的浸出溶剂，其原因是：

（1）硫脲法溶解金的速率比氰化物要快得多。

（2）硫脲比氰化物毒性小得多。

（3）硫脲法溶解金需要在酸性介质中进行，往往使它适用于浸出那些经预处理产生酸的难氰化矿石。

（4）溶液中生成的硫脲—金属络离子是阳离子，这就使之适应了用溶液萃取法和离子交换法来回收金。

9.1.1 硫脲的性质

硫脲又称硫化脲素，分子式为 $SC(NH_2)_2$，分子量为 76.12，为白色有光泽的菱形六面晶体，密度 $1.405g/cm^3$，熔点 180 ~ 182℃，易溶于水，在 20℃下在水中溶解度为 9% ~ 10%，水溶液呈中性。

硫脲在碱性溶液中不稳定，易分解为硫化物和氨基氰，氨基氰又可转化为脲素：

$$SC(NH_2)_2 + 2NaOH \longrightarrow Na_2S + CNNH_2 + 2H_2O$$

$$CNNH_2 + H_2O \longrightarrow CO(NH_2)_2$$

硫脲在酸性介质中具有还原性质，并能自身氧化成二硫甲脒，并可进一步生成硫脒和亚磺酸盐，在二硫甲脒存在下，氧化产物可能有硫酸盐、硫化氢、元素硫，甚至还有二氧化碳、氮化物。

$$2SC(NH_2)_2 \rightleftharpoons (SCN_2H_3)_2 + 2H^+ + 2e^-$$

$$(SCN_2H_3)_2 \longrightarrow SC(NH_2)_2 + (\text{亚磺酸化合物})$$

$$(\text{亚磺酸化合物}) \longrightarrow CNNH_2 + S$$

硫脲在酸性（或碱性）介质中加热时发生水解：

$$SC(NH_2)_2 + 2H_2O \xrightarrow{\text{加热}} CO_2 + 2NH_3 + H_2S$$

因此，硫脲酸性液浸金的温度不宜过高，试验和生产过程中，一般均采用硫脲的稀硫酸溶液作浸出液，操作时先加硫酸调浆后再加硫脲，以免矿浆 pH 值过高和局部温度过高而使硫脲分解失效。

硫脲溶液本身的毒性比氰化物低得多，硫脲易氧化分解和易自然分解，其最终氧化产物为元素硫、硫化氢、氮化物和二氧化碳等。因此，硫脲提金的废液除可直接返回使用外，多余的部分贫液也易处理。

9.1.2 硫脲溶解金的机理

金在硫脲酸性溶液中的溶解属电化学腐蚀过程，在硫脲和氧化剂双重作用下，硫脲分子吸附于金粒表面形成络合物，而使金的氰化还原电位降低的结果，高铁离子是硫脲浸出过程在有效的氧化剂，其溶解过程为：

$$Au(SCN_2H_4)_2^+ + e \rightleftharpoons Au + 2SCN_2H_4$$

25℃时，测量 $Au(SCN_2H_4)_2^+/Au$ 电对的标准还原电位为（0.38 ± 0.01）V，故平衡条件为：

$$\varepsilon = 0.38 + 0.0591\lg\alpha_{Au(SCN_2H_4)_2^+} - 0.118\lg\alpha_{SCN_2H_4}$$

在硫脲酸性液中金被氧化溶解的平衡电位仅与硫脲的游离浓度和金硫脲络离子浓度有关。

$$(SCN_2H_3)_2 + 2H^+ + 2e \rightleftharpoons 2SCN_2H_4$$

$$\varepsilon = 0.42 + 0.0295\lg\alpha_{(SCN_2H_4)_2} + 0.0591pH - 0.0951\lg\alpha_{SCN_2H_4}$$

为保持溶液中的硫脲不分解，在浸出金的过程中，必须将硫脲氧化产物还原成硫脲。二氧化硫则起高效还原作用，二氧化硫的添加可避免物料的钝化，并防止硫脲的降解。因此，可采用低的初始硫脲浓度，大大降低硫脲用量。

与其他浸出过程一样，影响硫脲溶金的主要因素有硫脲浓度、$Au(SCN_2H_4)_2^+$ 络离子浓度、pH 值、磨矿程度和浸出时间等。

硫脲溶金只要保证足够高的硫脲平衡浓度和降低 $Au(SCN_2H_4)_2^+$ 离子浓度，就可提高金的浸出率。要增加硫脲的平衡浓度，除适当增加硫脲用量提高其初始浓度外，还必须降低介质的 pH 值，故采用酸性硫脲液作浸出试剂（通常采用硫酸溶液）且介质 pH 值应随硫脲浓度的提高而下降。

双氧水、过氧化钠、氧化铁和硫酸铁均可作为氧化剂，高价铁离子可以作为硫脲酸性液溶金的氧化剂，而且由于酸性溶液中 Fe^{2+} 浓度可调节，浸出时可采用较高的硫脲浓度。因此，虽然硫脲酸性液溶金的热力学上较氰化法差，但氰化法靠溶解氧作氧化剂，常压时矿浆中的溶解氧的浓度低（约 0.26×10^{-3} mol），而硫脲酸性浸出矿浆中的高价铁离子浓度较高（0.1 ~ 0.2mol）氧化速率较大，故硫脲酸性液溶金在热力学上较氰化法有利。

溶液中的杂质如铜、锑，与硫脲作用生成络合物，从而不仅消耗硫脲，还降低了金的溶解速度。砷、铅、硫和二价铁等杂质均对金溶解速度无影响，三价铁作为氧化剂能提高金的溶解速度。

9.1.3 硫脲提金法

为了使浸出时的矿浆中的 $Au(SCN_2H_4)_2^+$ 离子浓度维持在废弃标准值（约 10^{-6} mol）以下，必须在溶金的同时采用适当的方法使已溶金不断地沉积析出，使金的浸出和沉积同时进行。浸出和沉积同时进行的提金法称为一步法。要在工业上实现硫脲一步提金工艺，较现实的方案是金属置换法、矿浆电积法、矿浆树脂法和炭浆法。虽然离子浮选法和矿浆溶剂萃取法等也可降低矿浆中的 $Au(SCN_2H_4)_2^+$ 离子浓度，但尚难用于工业生产。金属置换法和矿浆电积法为电化学法，而矿浆树脂法和炭浆法为吸附法。

硫脲一步法提金工艺除具有一般硫脲提金的优点外，其突出特点是省去了固液分离作业，浸出率高，浸出—电积（吸附）工艺更有其药剂和金属材料消耗小，时间短，故厂房面积、设备容积和贫液量均较小，对提高提金过程的经济效益是有利的。

9.1.3.1 电化学法

A 金属置换法

由于浸出矿浆中 $Au(SCN_2H_4)_2^+$ 离子浓度较低（约 10^{-4}mol），其平衡电位较低，因此需采用负电性强的金属作置换材料才能有较大的沉积速度和较高的沉积率，但浸出矿浆的 pH 值约为 1.0，所以置换剂的电负性又不能太强，否则酸溶严重。采用铁作置换剂时的主要反应为：

$$Fe + 2Au(SCN_2H_4)_2^+ = 2Au + Fe^{2+} + 4SCN_2H_4$$

$$\Delta\varepsilon = 2\varepsilon_{Au(SCN_2H_4)_2^+/Au} - \varepsilon_{Fe^{2+}/Fe}$$

$$= 1.2 + 0.118\lg\alpha_{Au(SCN_2H_4)_2^+} - 0.236\lg\alpha_{SCN_2H_4} - 0.0295\lg\alpha_{Fe^{2+}}$$

$$2H^+ + Fe = Fe^{2+} + H_2$$

$$\Delta\varepsilon = -0.0591pH + 0.441 - 0.0095\lg p_{H_2} - 0.0295\lg\alpha_{Fe^{2+}}$$

当 pH = 1.0，p_{H_2} = 0.1MPa 时，

$$\Delta\varepsilon = 0.382 - 0.0295\lg\alpha_{Fe^{2+}}$$

从上述方程可知，铁置换已溶金的推动力相当大，置换速率高，可得到较高的沉积率。置换过程本身不消耗硫脲，游离出来的硫脲可返回矿浆重新用于浸出，但铁置换时铁的酸溶是不可避免的，其酸溶量随介质酸度和置换剂负电性的增大而增大，因此铁置换时的酸耗和置换材料消耗量较大，另外，已溶金的置换沉积和金的浸出之间也存在一定矛盾，会造成已沉积的金再反溶。

为降低消耗，改善提金效果，通过考查发现在硫脲浸金过程中，矿浆 pH 值在强酸性环境中（即小于 2）有高的溶解速度，而置换过程矿浆 pH 值一般认为保持在 4 左右为最佳值。初期的硫脲—铁置换一步提金法是浸出、置换同时进行，那么在刚加入硫酸时，矿浆 pH 值处于强酸性下，金的溶解速度最快，绝大部分金是在刚加入硫酸的那段不太长时间内被溶解出来的，但与此同时铁置换材料——铁棒在强酸性条件下，遭受强烈的腐蚀作用而白白消耗，随着浸出和置换反应进行，硫酸逐渐被消耗，pH 值随之上升。

根据这些现象，人们对一步提金法进行改进，以分段法，用波浪式 pH 值法大幅度降低药耗，即硫脲和硫酸分段加入矿浆，浸出和置换间隔进行。当药剂加入矿浆后，金在强酸条件下溶解，反应一定时间后 pH = 2 ~ 4，加入铁棒进行置换，然后取出铁棒再加药浸出，再置换，如此 pH 值多次波动，浸出和置换多次交替进行。

由于浸出和置换在不同的 pH 值下进行，既保证了金有较高的溶解速度，又减少铁棒在强酸下溶解对酸的消耗及铁的消耗。由于已溶金浓度的及时降低，增强了金溶解的推动力，减弱硫脲与其他离子的作用；另一方面避开了硫脲在强酸性条件下的反应时间，从而又减少了硫脲的分解损失，因而分段法可达到节约硫酸、硫脲，降低铁耗的目的。某高

砷、高碳金精矿试验结果表明，在技术指标相同的条件下，一步法和分段法比较硫脲用量由18kg/t降到6kg/t，硫酸用量由39.6kg/t降到15.8kg/t。

B 矿浆电积法

电积时的主要电极反应为：

阴极 $Au(SCN_2H_4)_2^+ + e = Au + 2SCN_2H_4$

$Fe^{3+} + e = Fe^{2+}$

阳极 $2OH^- - 2e = H_2 + O_2$ $\varepsilon^\ominus = +0.401V$

$2SCN_2H_4 - 2e = (SCN_2H_3)_2 + 2H^+$ $\varepsilon^\ominus = +0.42V$

$Fe^{2+} - e = Fe^{3+}$ $\varepsilon^\ominus = +0.77V$

由以上反应可以看出，已溶金在阴极沉积过程恰为金浸出过程的逆反应，因此电积过程本身不消耗硫脲，又不产生妨碍过程进行的反应产物，游离出来的硫脲可以返回浸出，唯一消耗的是电能。

从阳极反应可以看出，最容易进行的是氢氧离子不断被氧化，而在阳极析出氧，更有利于矿浆中的Fe^{2+}氧化成Fe^{3+}，由$\varepsilon_{(SCN_2H_3)/(SCN_2H_4)}$较低，所以当电流密度达一定值后，硫脲的阳极氧化是不可避免的。故矿浆电积法的关键之一是选择适宜的电流密度，以达到既可使已溶金最大限度地在阴极沉积析出，又可防止硫脲在阳极过分氧化的目的。

电积过程的好坏与硫酸用量、硫脲用量、阴极板面积、电流密度等有关，随着硫酸用量的增加，浸出率和沉积率都在增加，达某一用量后再继续增加用量其效果反而变差。如前所述，因随硫酸用量增加同时，杂质的溶量和氢离子的浓度均在增加，当电流密度不变时，就会引起电极电位的下降，故硫酸用量超过某一值时，电积法的浸出率和沉积率均有所降低。

硫脲用量的增加可以提高溶金的推动力，浸出率和沉积率都随之增加，但在出现一最高值后趋于平稳，溶液中的Fe^{3+}是硫脲浸出过程的有效氧化剂，只有保持硫脲与氧化剂有适宜的比例，才能有最佳的效果，否则会造成一方的浪费。电解过程中，当其他条件都确定的情况下，在阳极析出的氧量也就一定了，氧进一步把Fe^{2+}氧化成Fe^{3+}以提供足够的氧化剂。当硫脲用量过大时，就会因氧化剂不足，使多余的硫脲不能发挥作用。

已溶金在阴极沉积的几率与电极电位、矿浆循环速度、极间距和阴极板面积等因素有关。当其他条件相同时，金的沉积率随阴极板面积的增加而显著上升（表9-1）。在一定容积的电解槽中，随着极板面积的增大和极间距的减小，可缩短阳离子电迁移和对流扩散的距离，有利于已溶金在阴极板上沉积；极间距太小时，操作不便易短路，反而会降低金的沉积率。当沉积率达到某一值后，金的浸出率基本趋于稳定。

表9-1 阴极板面积的影响

$\frac{阴极板面积}{矿浆体积}/m^2 \cdot m^{-3}$	12.5	25.0	37.5	50.0
浸出率/%	77.21	79.42	79.72	78.26
沉积率/%	75.81	91.25	95.70	96.46

当阴极板面积一定时，电极电位随电流密度而变化，且阳极电位升高的梯度较阴极电位下降的梯度大得多，金的浸出率和沉积率开始皆随电流密度的增大而增大，但有一峰值。研究发现，电流密度过大后，浸出率显著下降，且贫液呈现棕红色，甚至观察到元素

硫的沉淀，其原因是硫脲阳极氧化分解。

此外，金的浸出率和沉积率在过程开始阶段皆随时间增加而增加，但达到一时间后趋于平稳，金浸出率随磨矿细度的增加而显著上升。

直接电积时，极板直接与矿浆接触，原料中的硫化物和自然金属导电颗粒会黏附在极板上成为极板的一部分，当电流密度达一定值后，黏附于阳极上的自然金及其连生体颗粒有可能直接被氧化而呈 $Au(SCN_2H_4)_2^+$ 离子转入溶液中，从而可加快金的溶解。磨矿细度越高，矿物导体解离度越好，此作用越强。此外适宜的搅拌循环，才能充分发挥阳极氧化溶解的作用。

在浸出—沉积过程中，已溶金除在阴极上沉积外，还可能黏附于阴极上的导电颗粒表面上沉积，这些黏附的颗粒易受矿浆的冲刷而脱落，因此，应定期地刷洗阴极表面以回收沉积在黏附于阴极上的导电矿粒上的金。阴极板宜采用光滑平整的极板，刷洗所得的阴极泥可单独处理。

采用硫脲—电积法，可以大幅度降低药剂消耗，如对高砷、高碳、低品位金精矿采用硫脲电解法与硫脲—铁置换一步法进行比较：当精矿品位为53.35kg/t时，浸出率可提高1.52%，而硫脲用量从39.6kg/t降到19.8kg/t，硫脲用量从16kg/t降到7kg/t。

9.1.3.2 吸附法

在硫脲浸出液中，金呈 $Au(SCN_2H_4)_2^+$ 络阳离子形态存在，故可用阳离子交换树脂或中高温活化的活性炭作吸附剂，使已溶金从液相转入吸附剂中。用阳离子交换树脂吸附金时，只吸附金络阳离子、氢离子和其他金属离子，而不吸附阴离子和中性分子。采用活性炭作吸附剂时，除吸附金络阳离子、氢离子和其他金属阳离子外，还可以吸附阴离子和中性分子，所以试剂用量比电积法多一些。由于金络离子的浓度较低，因此可预计吸附剂对金的有效吸附容量较低，为保证金液中的含金量维持在废弃标准，达到足够的吸附率，需较高的吸附剂用量。吸附剂载金后可用筛分法将其与矿浆分离，洗涤后再用洗提法回收吸附剂所吸附的金。

9.2 液氯法提金

液氯法提金是以氯气、电解碱金属盐（NaCl）溶液析出的氯气再加上漂白粉加硫酸反应后生成的氯气作浸出剂浸出矿石中的金。此提金方法始于1848年，19世纪下半叶被大规模用于美国、澳大利亚的金矿选矿中。后来随着氰化提金工艺的出现和不断完善，液氯提金工艺逐渐被氰化提金工艺所取代。由于环保方面的需要，液氯提金工艺又引起各方面的重视，有可能再次成为提取金的主要方法之一。

$Cl-H_2O$ 系的简单电位 $\varepsilon-pH$ 图如图9-1所示。

由图9-1中可知，Cl^- 离子在整个pH值范围内均稳定，且覆盖水的整个稳定区，液 Cl_2 稳定区很小，Cl_2 仅存在于低pH值区域，在碱性液中将转变为次氯酸、氯酸和高氯酸。溶解氯、次氯酸、氯酸和高氯酸均为强氧化剂，可将水氧化而析出氧气，可氧化氯化物而析出氯气，也可氧化金属及其化合物。

$Au-Cl-H_2O$ 系 $\varepsilon-pH$ 图如图9-2所示。由图9-2可知，在强酸性介质中，液氯的电位高于除金以外的其他贵金属的氧化还原电位，液氯可水解为盐酸和次氯酸，次氯酸

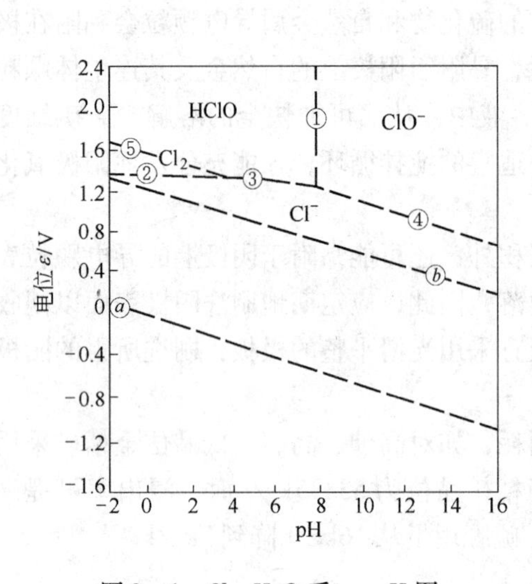

图9-1 Cl-H_2O系 ε-pH 图

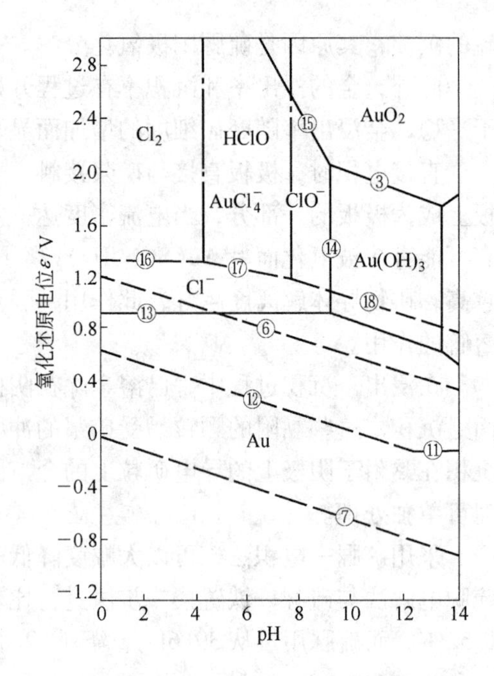

图9-2 Au-Cl-H_2O系 ε-pH 图

的电位高于金的氧化还原电位，因此，氯气可使其氧化而呈$AuCl_4^-$络阴离子形态转入溶液中，其反应可表示为：

$$2Au + 3Cl_2 + 2HCl = 2HAuCl_4$$

液氯法的溶金速度与饱和液中氯离子浓度和介质 pH 值密切相关。

漂白粉加硫酸产生的氯气也能溶解金银，其反应可表示为：

$$CaOCl_2 + H_2SO_4 = CaSO_4 + H_2O + Cl_2$$

$$Ca(OCl)_2 + H_2SO_4 = CaSO_4 + H_2O + 0.5O_2 + Cl_2$$

$$Cl_2 + H_2O = HCl + HClO$$

$$2Au + 3Cl_2 + 2HCl = 2HAuCl_4$$

液氯浸出的另一种形式是电氯化浸出，采用电解碱金属氯化物水溶液的方法产生氯气，其反应为：

阴极 $$2H_2O + 2e = H_2 + 2OH^-$$

阳极 $$2Cl^- - 2e = Cl_2$$

$$2ClO^- = 2Cl^- + O_2$$

$$2ClO_3^- = 2Cl^- + 3O_2$$

溶液中的Na^+离子与OH^-离子生成 NaOH。若以石墨板为阳极，氧在石墨板上的超电位比氯在石墨板上的超电位高。因此，电解碱金属氯化物水溶液时，阳极反应主要是析氯反应，总的反应可表示为：

$$2H_2O + 2Cl^- = Cl_2 + H_2 + 2OH^-$$

电氯化浸出一般采用隔膜电解法，可将阳极产物与阴极产物（氢、碱）分开，进入阳极室的含金物料与新基态氯生成三氯化金，进而生成金氯氢酸。

$$2Au + 3Cl_2 + 2HCl \xlongequal{} 2HAuCl_4$$

若采用无隔膜电解，此时电解产物相互作用，在阳极上生成氯酸钠和氢气，阴极上生成氧气，其电解反应为：

$$2Cl^- + 9H_2O \xlongequal{} 2ClO_3^- + 9H_2 + 1.5O_2$$

液氯浸金后溶液中的金可用还原剂将其还原析出。常用的还原剂为硫酸铁、二氧化硫、硫化钠、硫化氢、草酸、木炭或离子交换树脂等。其中二氧化硫具有价廉、使用方便、反应稳定、沉积物纯净及金的回收率高等优点。采用氯化亚铁还原金可获得很高的金回收率。如贵液含金2000mg/L或50mg/L时，贫液中的金含量可降到0.09mg/L。硫酸亚铁价廉易得，其还原反应为：

$$HAuCl_4 + 3FeSO_4 \xlongequal{} Au\downarrow + Fe_2(SO_4)_3 + FeCl_3 + HCl$$

还原反应可在渗滤槽（桶）或搅拌槽中进行。

液氯浸金速度远远高于氰化物的浸金速度，而且液氯浸金速度随溶液中氯离子含量的增加而急剧增大。溶液中添加其他可溶性氯化物时，通常能加速金的溶解，由于液氯饱和液中氯离子的浓度约5g/L，为了增加浸出剂中氯离子浓度，常在溶液中添加盐酸和氯化钠。

液氯法的浸金效率与原料中硫的含量有关，金浸出率通常随原料中硫含量的增大而急剧降低。因此，液氯法一般只用于处理含金氧化矿或含金硫化矿氧化焙烧后的焙烧。

含金原料中的贱金属增加氯的消耗量，生成可溶性氯化物转入浸出液中。液氯浸出时，铜和锌易进入溶液中，为了防止重金属的优先溶解，提高金的浸出率和降低氯的消耗量，可采用控制溶液氧化还原电位的方法进行液氯浸出。

含金原料中的金属铁可置换已溶金或被氧化为亚铁离子而还原沉积已溶金。因此，液氯浸金前需除去含金原料中的金属铁。液氯浸金前预先浸铜可提高原料中金的品位，减少液氯浸出的处理量和降低氯的消耗量。

液氯法主要用于提取贵金属，如从阳极泥、重选含金重砂、重选金精矿及含金焙砂中提取金。使金可溶性金氯络合物的形态转入浸液中，此外，液氯法也可用于预先处理氰化物难处理的含金物料，如采有液氯法预行处理难氰化的含炭金矿石，预先用液氯法氧化破坏金矿石的炭质，然后用氰化物提取矿石中的金。

液氯法提金的浸出速度高、金的浸出率高、浸出剂价廉易得，但浸出过程中元素硫易进入浸出液中，金的回收较困难。此外，氯化物的腐蚀性很强，对设备的防腐蚀能力要求较高。

9.3 高温氯化挥发法

由于金、银及常见金属（如铜、铅、锌、镉等）氧化物和硫化物在高温下易与氯化剂反应生成挥发性气态氯化物，可从烟尘、冷凝产物中提取金、银等有用组分。高温氯化挥发法是处理含微粒金的低品位多金属含金矿物原料的一种方法，可综合回收金及其他共生的有用组分。

氯化挥发时可采用气态氯化剂（氯气或氯化氢气体）或固态氯化剂（氯化钙、氯化钠等）。气态氯化剂一般用于球团矿，氯化挥发作业一般在竖炉中进行。固体氯化剂可用于球团矿或散料的氯化挥发。用于球团矿时，可将固体氯化剂（10%～15%精矿质量的氯化钠或5%～10%精矿质量的氯化钙）与磨细的含金物料混匀，加水于制球机中制成球团，在150~200℃条件下干燥固化后，筛分除去粉矿，将球团送入竖炉中进行氯化挥发；用于散料氯化挥发时，将固体氯化剂与含金物料配料混匀后送入回转窑中进行氯化挥发。实验室可采用马弗炉或管状炉进行散料的氯化挥发。

固体氯化剂具有很高的热稳定性，在一般焙烧温度下不会热离解。高温条件下，固体氯化剂与物料组分接触虽可产生氯化反应，但因固—固接触不良，反应速度慢。高温条件下，固体氯化剂的氯化作用主要是通过其他组分使其分解产生的氯气或氯化氢气体来实现。试验表明，气相中的二氧化硫、氧和水蒸气等皆可引起固体氯化剂的分解，物料中的二氧化硅和氧化铝等可起促进作用。

氯化钠和氯化钙常用作高温氯化挥发的氯化剂。二氧化硫可促进固体氯化剂的分解并可降低其氧化分解温度，但固体氯化剂的低温过早分解对氯化挥发不利，低温分解时产生的氯气虽可使目的组分氯化，但生成的金属氯化物不能挥发，当已生成的金属氯化物随同未分解的氯化剂进入高温区时，会因固体氯化剂的过早分解而造成氯气不足，使已生成的目的组分氯化物重新分解而降低氯化挥发效果，而且生成的硫酸钙相当稳定，残留于焙砂中，影响焙砂的进一步综合利用。因此，高温氯化挥发时，原料中含硫量高是不利的。当含金物料为硫化矿精矿时，应预先进行不完全氧化焙烧，使焙砂中的硫含量降至3%~5%以下，当含金原料中不含硫或氧化焙烧更完全时，氯化挥发温度应高于1150℃，氯化剂耗量可降至精矿质量的5%。

氯化挥发物的捕收和处理一般采用以下方法：

（1）氯化物的分段冷凝，使各种金属氯化物得到初步的分离，然后从各冷凝产物中提取富集相关目的组分。

（2）迅速冷凝使各目的组分氯化挥发物共同沉淀，然后在550~570℃温度条件下对冷凝产物进行硫酸化焙烧，水浸硫酸化焙砂，可除去水溶性贱金属硫酸盐。

（3）氯化挥发物通过水淋洗塔，使各目的组分氯化物溶于淋洗液中。淋洗液循环直至其中的氯化物浓度达一定值后再送去处理。首先从中沉淀出铅、金和银，然后可依次分离出铜和锌等有用组分。

前苏联采用的四种难浸金精矿焙砂的氯化挥发物试验条件及试验结果见表9－2。从表9－2中数据可知，金精矿焙砂氯化挥发时的氯化剂用量为焙砂质量的5%~10%，氯化挥发温度为1150℃，金的挥发回收率可达96%~99%。

表9－2 难浸金精矿焙砂的氯化挥发物试验条件及指标

编　号	金精矿特性	氯化剂用量/%	氯化温度/℃	氯化时间/h	渣含金/$g\cdot t^{-1}$	金回收率/%
1	金与硫化物紧密共生，并含大量炭	5	1150	3	0.8~3	96~99
2	金与砷黄铁矿	5	1150	3	0.8~3	96~99
3	金与黄铁矿共生	10	1150	3	0.1	99.7
4	含铜产品	10	1150	3	0.4	99.4

某含金黄铁矿焙砂氯化挥发物处理的原则流程如图9－3所示。氯化挥发沉淀物先用浓度为2%的硫酸溶液于20℃条件下浸出1~2h，铜、锌等组分进入浸液中，浸出渣即为

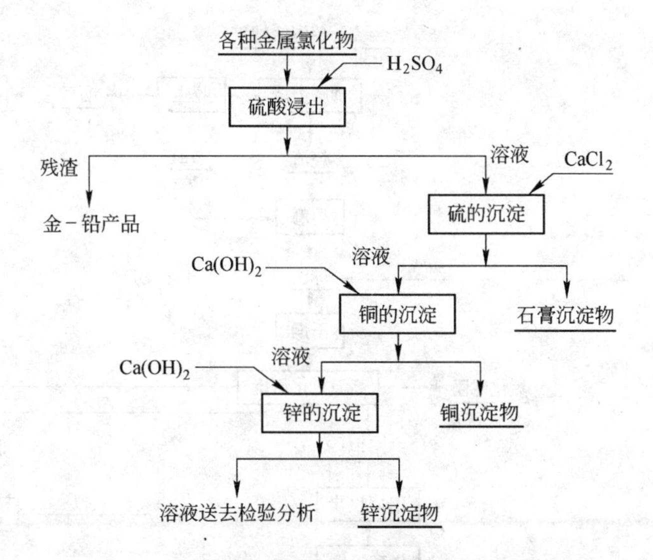

图9－3 某含金黄铁矿焙砂氯化挥发物的处理流程

金铅产物。浸液中加入氯化钙，于20℃条件下搅拌0.5～1h，沉淀出硫酸钙以除去硫酸银，过滤可除去硫；用石灰中和滤液，使pH＝4.5～5.0，搅拌2～3h，使铜水解沉淀析出，过滤，滤饼为铜产物；滤液再用石灰中和至pH＝10，搅拌1.5～2h，可使锌沉淀析出，过滤，滤饼为锌产物；滤液中含有用组分，可用相应的方法进行回收。

我国曾对某矿的金铜硫浮选混合精矿进行氯化挥发扩大试验，如图9－4所示。

该混合精矿组成为：金39.09g/t、银187.46g/t、铜1.6%、铅0.65%、硫42%、铁40%。现场将混合精矿进行分离浮选，获得金铜精矿和含金硫精矿。金铜精矿送冶炼厂回收铜和综合回收金，含金6g/t的硫精矿进行就地氰化，但氰化指标相当低，只好堆存。混合精矿硫含量高，先经沸腾焙烧除硫，烟气用于制酸。焙烧组成为：金55g/t、银194.2g/t、铜2.24%、铅0.3%、锌0.5%、铁55.3%、硫1.8%、水0.5%～1.0%。焙砂中金铜锌的回收率分别为98.81%、97.74%和98.37%。铅的挥发损失大，回收率较低。焙砂再磨至0.043mm占70%以上，与收尘干尘合并后于圆盘制球机上喷洒密度为1.29～1.30g/cm^{3}的氯化钙溶液，制成直径为8～12mm的球团。送入干燥炉中于250～300℃条件下进行干燥，干球水分小于1%，氯化钙含量为8%～10%。干球经振动筛除去粉料后立即送回转窑进行高温氯化挥发焙烧（因干球易吸潮）。高温氯化挥发温度为1050～1080℃，窑内烟气含氧5%～7%，球团在窑内停留时间为90min。此时，物料中的金、银、铜、铅、锌等金属及其化合物皆呈金属氯化物形态挥发。挥发物进入烟气中，经收尘系统予以回收。金属氯化物在高温下不稳定，很快分解为单体金。烟尘的物象分析表明，金在烟尘中呈单体金形态存在。试验中各组分的氯化挥发率为：金98.87%、银96.58%、铜95.31%、铅90.6%、锌89.27%。挥发后的球团含铁56%～58%，可作为高炉炼铁的原料。

氯化物挥发烟气经烟尘室、沉降斗、管道、冲击洗涤器、文氏管和湿式电收尘器除尘，得到干尘、湿尘和收尘溶液。干尘中的金属含量低，返回重新球团。湿尘组成为：金0.5%、银2%～3%、铜5%～7%、铅8.0%、锌0.16%～0.2%、炭2.0%。由于回转窑焙烧过程中柴油在窑内燃烧不完全，致使约11%的游离炭进入烟尘中，所以湿尘中的炭含量较高。因此，湿尘浸铜铅必须先经焙烧除炭。将湿尘在焙烧炉中于（450±20）℃条

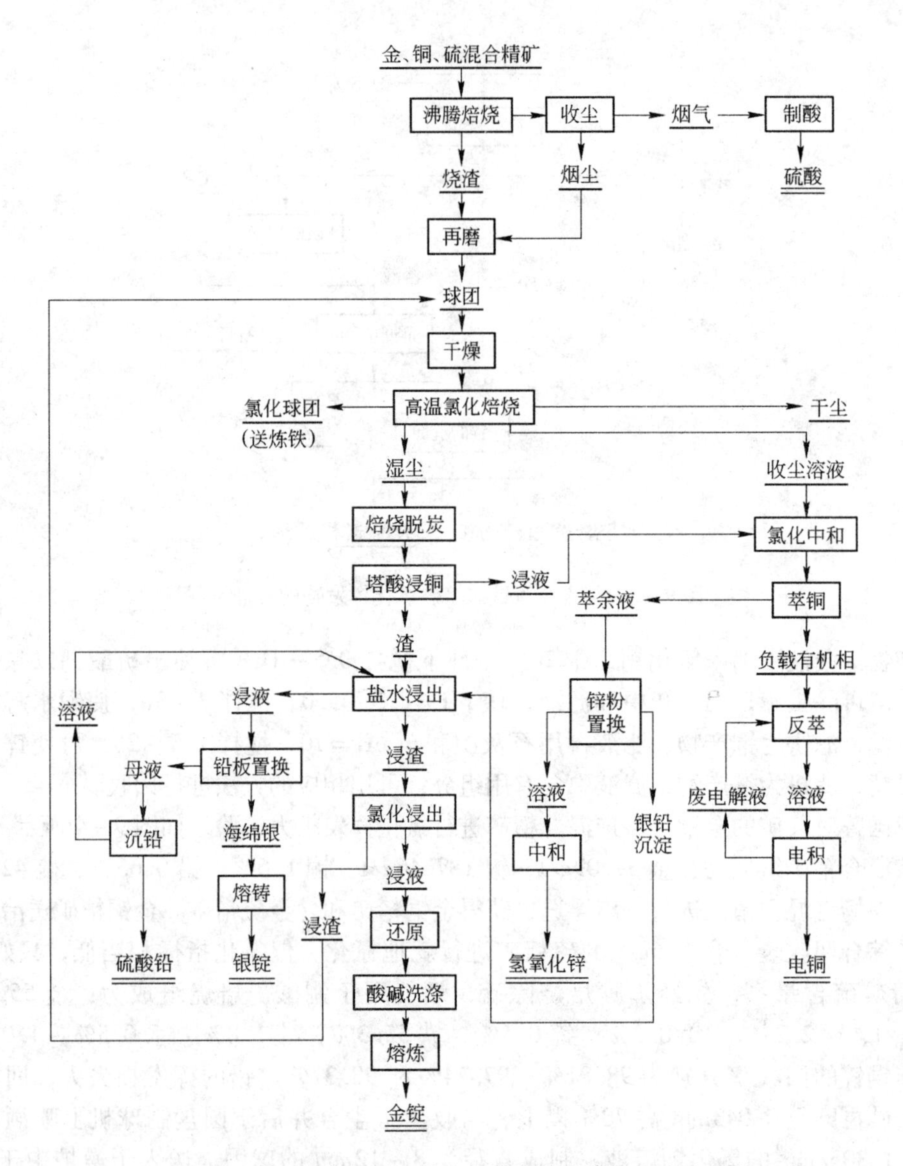

图9-4 高温氯化法处理某金铜混合精矿的扩大试验流程

件下焙烧3h，使其中的游离炭降至1%以下。脱炭后的焙砂用塔酸（为废气经洗涤塔回收的混合酸）浸铜。塔酸的组成为HCl∶H_2SO_4∶H_2O=5∶2∶93。塔酸浸铜时铜的浸出率大于95.5%，浸液含铜约20g/L。浸铜液与收尘溶液合并后送去回收铜。

塔酸浸出渣用酸性食盐溶液浸出银铅。浸出剂pH=0.5~1.5，氯化钠浓度为250g/L，浸出液固比为（8~10)∶1、温度为70~80℃、浸出2h，银铅浸出率大于80%。浸渣用pH=1.0的酸性食盐水洗涤，渣中的银铅含量分别降至110~180g/t和0.041%~0.089%。用酸性食盐溶液浸出塔酸浸出渣时，银铅呈2NaAgCl和Na_2PbCl_4的形态转入浸液中，然后分别采用铅置换法和硫酸钠沉淀法从浸液中回收银和铅。其反应为：

$$2NaAgCl_2 + Pb \xlongequal{\quad} 2Ag\downarrow + Na_2PbCl_4$$

$$Na_2PbCl_4 + Na_2CO_3 \xlongequal{\quad} PbCO_3 + 4NaCl$$

使用转动铅板在液温为70~80℃条件下置换2h，可得品位为85%~95%的海绵银，银的置换率达98.6%～99%，置换后液中的银含量可降至2～4mg/L。海绵银在1000～1050℃条件下加硼砂与碳酸钠进行熔铸可得银含量大于95%的银锭。

铅置换银后的溶液含铅6～12g/L，可在70～80℃条件下用碳酸钠沉铅。中和终了pH值为6～7，铅的沉淀率达99%以上。沉淀物水洗后，其中铅的含量大于52%。沉铅后的残液可返回食盐溶液浸出银铅作业。

除银铅后的银浸渣可用液氯法浸金，然后用亚硫酸钠还原沉淀法从浸液中析出金粉。液氯法浸金在室温下进行，在液固比为2∶1条件下通氯气浸出3h，金的浸出率达99%，渣中的金含量可降至20g/t以下。浸渣返回球团作业。盐浸渣中的金含量较高，也可采用盐酸、硫酸加漂白粉产生新生态氯的方法浸出二次，第一次浸出条件为：液固比2∶1，加入10%盐酸、5%漂白粉、4%硫酸浸出4h，金的浸出率达96.7%。第二次浸出条件为：液固比1.5∶1，加入10%盐酸、3%漂白粉、4%硫酸浸出4h，可使79.8%的残留金进入溶液。两次浸出金的总浸出率大于99%。

从液氯浸金液中沉金可用亚硫酸钠、硫酸亚铁和二氧化硫等作还原剂。试验中采用亚硫酸钠，其用量为理论量的1.2～1.8倍，通常1g金加入1.5g亚硫酸钠，还原沉淀率达99.9%。还原后溶液中金的含量小于1.2mg/L。还原得的金粉还有少量的铜、铅、银等杂质，可用1% NH_4Cl +5% NH_4OH 溶液洗涤，再用离子交换水洗涤以除去铅银，然后再用1%硝酸和离子交换水洗涤以除去铜。净化后的金粉在1200～1250℃条件下熔铸的金锭，金的含量大于99.5%，直接回收率大于98%。

氯化挥发时，绝大部分的铜锌及少部分铅进入收尘液中。收尘液组成为：铜14.7g/L、锌3.46g/L、铅0.83g/L、金0.0005g/L、银0.32g/L。一般可采用铁置换法或中和水解法从中回收各有用组分，但工艺流程复杂，金属回收率低。试验中采用萃铜和锌粉置换沉银铅的工艺。萃铜铅先用石灰将收尘液中和至pH=1～1.5，然后使pH值增至2.5～3.0，鼓入空气并加温至80～90℃，使硫酸根和三价铁分别呈硫酸钙和氢氧化铁形式沉淀析出，硫的沉淀率为95%，铁的沉淀率为79%以上，铜在沉淀物中的损失率约1%。固液分离后，在25～30℃，相比为1∶1条件下用30%环烷酸锌皂煤油溶液中进行五级逆流萃铜，接触时间约15min。负载有机相含铜4.12g/L、锌0.18g/L、铜的萃取率达97.2%。负载铜的有机相用含铜15.1g/L、酸度为1.93mol的电解废液作反萃剂。反萃作业在20℃、相比为（O/A）为2∶1的条件下进行，铜的反萃率达100%。可获得含铜60g/L的富铜液，送电积的电铜，铜的回收率为98%。存在与铜萃余液用的少量银铅可用锌粉置换法回收，置换获得海绵状的银铅沉淀物，可将其返至盐浸作业以回收银铅。锌粉置换银铅后的溶液可用石灰中和至pH=7～9以沉淀锌，锌的沉淀率约98%。

从上可知，采用高温氯化挥发法处理含微粒金的难选多金属金精矿可简化选矿流程、提高金银回收率、有用组分的综合利用系数高，是一种有前途的提金方法。但该工艺过程较复杂，尚需解决回转窑、提高球团质量、降低成本和扩大方法适应性等一系列问题。

9.4 硫代硫酸盐法

9.4.1 硫代硫酸盐法提取金银的基本原理

金银能与硫代硫酸根离子生成稳定的络合物 $[Au(S_2O_3)_2]^{3-}$ 和 $[Ag(S_2O_3)_2]^{3-}$，如：

$$Au^{+} + 2S_2O_3^{2-} \xlongequal{} [Au(S_2O_3)_2]^{3-} \qquad \Delta G^{\ominus}_{298} = -1022kJ/mol$$

金与硫代硫酸盐的络合的趋势相当大，其络离子的不稳定常数 $K_{不} = 1 \times 10^{-26}$，表明在酸性介质中既不氧化也不分解。

金溶解于硫代硫酸盐溶液的反应为：

$$2Au + 4S_2O_3^{2-} + H_2O + 0.5O_2 \xlongequal{} 2Au(S_2O_3)_2^{3-} + 2OH^{-} \quad \Delta G^{\ominus}_{298} = -24.2kJ/mol$$

实验证明欲使金顺利溶解，溶液应保持 NH_3、$Na_2S_2O_3$ 和 $Cu(NH_3)_4^{2+}$ 有适当的浓度。

矿石中银常以 Ag_2S 或 $AgCl$ 形式存在，它们也可在硫代硫酸盐的作用下溶解。

$$Ag_2S + 4S_2O_3^{2-} + 4H_2O \longrightarrow 2Ag(S_2O_3)_2^{3-} + SO_4^{2-} + 8H^{+}$$

$$AgCl + 2S_2O_3^{2-} \xlongequal{} Ag(S_2O_3)_2^{3-} + Cl^{-}$$

可见无论金银在原矿中成何形态，用硫代硫酸盐浸出后均以络阴离子转入溶液。但是硫代硫酸盐用作金银的浸出剂，在实际应用中遇到了动力学上的困难。巴格达萨良等人，用旋转圆盘法对金银在硫代硫酸钠溶液中溶解动力学进行了研究，指出在45～85℃温度范围内，金银溶解速度与温度呈直线关系。为避免硫代硫酸盐剧烈分解，浸出温度控制在65～75℃。金银在该溶液溶解，实际活化能分别为17.55kJ/mol 和21.4kJ/mol，这表明浸出过程是受扩散控制的，且认为当 $Na_2S_2O_3$ 浓度超过0.13mol/L，将对反应动力学不利。

研究表明，当金银圆盘表面逐渐生成硫和硫化物沉淀时，溶剂达到金属表面的速度降低，溶剂扩散通过硫化物层成为溶解过程的限制步骤，向溶液中加入亚硫酸钠（$Na_2SO_3 : Na_2S_2O_3 = 1:1$）可防止金属表面上硫和硫化物的沉积，这是因为热的亚硫酸钠溶液能溶解细碎状的硫，生成硫代硫酸钠。另外，亚硫酸钠价格低，且无毒，还可以提高溶液的碱度，它本身也是一种金的溶剂。

罗杰西可夫等人用含氨和氧化剂的硫代硫酸盐溶液从矿石中浸出金，从有关动力学的研究中，得出另一种结论：只有在热压浸出器中较高的温度（130～140℃）条件下，才能达到满意的浸出速度和回收率。

卡考夫斯基等人发现，铜离子对硫代硫酸盐溶金有催化作用，可使金的溶解速度提高17～19倍。但与此同时，它会在金的表面形成硫化铜隔离层，使浸出反应处于扩散控制。巴格达萨良却认为硫酸铜的反应，在添加和不加亚硫酸钠时分别发生如下反应：

$$2CuSO_4 + 4Na_2S_2O_3 + Na_2SO_3 + H_2O \xlongequal{} 2Na_3[Cu(S_2O_3)_2] + 2Na_2SO_4 + H_2SO_4$$

$$2CuSO_4 + 3Na_2S_2O_3 + 4H_2O + 3.5O_2 \xlongequal{} Cu_2S + 3Na_2SO_4 + 4H_2SO_4$$

可见亚硫酸钠能促使反应生成稳定的铜硫代硫酸盐络合物（$K_{不} = 1 \times 10^{-13}$）；不加亚硫酸钠则生成的硫代硫酸铜会水解成 Cu_2S 和 H_2SO_4。因此添加亚硫酸钠可减少硫代硫酸钠用量，并使生成的硫酸及硫酸钠量大大减少，故建议在用硫代硫酸盐浸出金时，浸出剂各组分的重量比应取 $Na_2S_2O_3 : Na_2SO_3 : CuSO_4 = 1:1:0.7$。

硫代硫酸盐浸出银的研究证明，当用硫代硫酸铵—硫代硫酸亚铜溶液浸出硫化银时，银浸出率随一价铜浓度的增大而提高，经过一定时间后，硫代硫酸银配合物开始分解，Ag_2S 再次沉淀，需有过量的硫代硫酸盐或加入亚硫酸盐以稳定体系。另外，铵离子的存在有利于稳定二价铜离子。据推测，部分硫代硫酸盐的损失是由其他硫氧化物的产生所致，铜离子的浓度和碱度的增高使这一损失增大。

9.4.2 硫代硫酸盐法浸出金银的工艺

蒂欧泰克（Thiotech）有限公司以硫代硫酸铵和硫代硫酸钠作为从矿石提取金银的主要浸出剂。在美国，硫代硫酸铵法也曾用于含金硫化铜精矿的处理，其浸出率大于90%。

波特指出，含金银的矿石和残渣在常压下可用硫代硫酸铵浸出，随溶液加热至50℃或更高温度，某种氧化剂如二价铜离子可加速反应。当硫代硫酸铵浓度高至20%时仍可采用，不过为了药剂的回收，需格外注意洗涤。为了减少铵损失，采用闭路系统是很必要的。

用硫代硫酸盐法还可以从尾矿中回收金。浸出条件是取浮选尾矿0.5kg，液固比3:1，温度70℃，时间12h，实验结果见表9-3。

表9-3 硫代硫酸盐法从尾矿回收金实验结果

原始溶液成分/%	金品位		含金量		溶液金回收率/%	备注
	滤饼 /g·t^{-1}	滤液 /mg·L^{-1}	滤饼 /g·t^{-1}	滤液 /mg·L^{-1}		
0.5$Na_2S_2O_3$	2.18	0.17	1.09	0.26	19.2	溶液浑浊
0.5$Na_2S_2O_3$+0.05$(NH_4)_2SO_4$	2.11	0.21	1.05	0.30	2.22	迅速浑浊
0.5$Na_2S_2O_3$+0.05$CuSO_4$	2.45	0.08	1.23	0.12	8.8	急剧浑浊
0.5$Na_2S_2O_3$+0.5Na_2SO_3	1.72	0.33	0.86	0.49	36.3	不浑浊
0.5$Na_2S_2O_3$+0.5Na_2SO_3+0.05$CuSO_4$	1.10	0.53	0.55	0.80	59.2	不浑浊

采用硫代硫酸盐法浸出金银在以下方面比氰化法优越：（1）硫代硫酸盐毒性小，铵盐可做化肥；（2）硫代硫酸盐法浸出速度较快，一般为3h，对某种矿物金浸出率比氰化法高；（3）适用于氰化法难以处理的含Cu、Fe_2O_3、Mn的矿石；（4）该法药剂消耗很低，这一点在经济上尤为重要。此外，该法在环保上具有吸引力。

与传统的氰化法相比，该浸出法条件苛刻，如需有铜离子存在、需加入稳定剂等，用于处理低品位金矿，浸出率要低得多，故尚未得到推广应用。

目前，几乎所有发表的硫代硫酸盐提金工艺的结果，都是从实验室和半工业厂研究中得到的，仅在美国Netmont研究和开发中心有用堆浸法从粗粒矿石中回收的硫代硫酸盐浸出剂的应用。硫代硫酸盐提金工艺是一个从难处理金矿中回收贵金属的有希望的方法，由于贵金属的硫代硫酸盐络合物不能被活性炭吸附，因此用以直接处理炭质矿石是可能的。此外，硫代硫酸盐可以与硫化物反应解离出金银，在此情况下金的回收率可能等于或高于常规氰化浸出的回收率。

硫代硫酸盐提金工艺欲在工业上成功应用，需要解决许多问题：更详细地解释浸出化学过程；尽管溶液中铜离子可加速贵离子溶解，但硫代硫酸盐的浸出速度还是慢的：在热力学上，硫代硫酸盐的不稳定性，会增加生产成本，降低贵金属回收率等。

9.5 其他方法

9.5.1 水溶液氯化法

水溶液氯化法在20世纪70年代末曾有不少专利。卡林（Carlin）公司二次氧化法建立日处理500t矿石的连续试验装置，使氯气消耗大大降低。美国专利曾报道在828kPa氧压下（160℃）氯化物溶液浸出，浸出率高于98.5%。

70年代初，我国也进行这方面试验。吉林冶金研究所作过电氯化法从含金细泥氧化矿提金的小型及半工业试验，基本过程是氯化浸出—离子交换吸附。其特点是氯化钠溶液的电解、金的浸出和吸附在同一设备中进行，充分利用初生态氯，使工艺过程及设备简化，金浸出率达86.39%。但该法在设备防腐、电解槽结构及密封等方面还是存在不少问题，后来未见过有关进展的报道。

水溶液氯化作为预处理手段受到重视，并在顽固矿石或精矿的处理上得到了工业应用；其中一例是卡林金矿选厂处理含碳难浸矿石时采用的矿浆氯气氯化法。卡林氧化矿石中存在活性炭及长链有机碳水化合物，难以用常规氯化法处理，但发现含炭物质的有害影响可用矿浆中加氧化剂消除，即可采用氯气或利用就地电解含盐矿浆生产的次氯酸钠，将炭及有机碳化物氧化成 CO 和 CO_2 这种经氯化法预处理过的矿浆便可以直接给入氯化回路。

实践流程：矿石磨至小于0.074mm占65%以上，矿浆浓度45%，温度27～38℃，以500t/d的给矿量加入4台串联的搅拌槽，总的搅拌时间为20h。氯化槽是衬胶的，外涂泡沫隔热层。氯气通过分配管送入前三个槽，第四个槽是储槽，以使氯化反应完成。密封槽的气体排至洗涤塔，该塔为一填料塔，有纯碱溶液循环通过，氯同纯碱反应生成次氯酸钠，在返回流程中同矿浆作用，氯气利用率超过99%。已用氯化法处理约60万吨矿石，当给矿含金8.71g/t时，提取率83.5%，氯气消耗18kg/t矿石。

借助氯化使难选冶矿石适于氰化法的这种预氧化处理，在美国至少有两个较大矿山采用。尽管如此，也还存在不同观点。马赛恩在关于莫克（Mercur）金矿流程选择的论证中认为，若采用氯气进行预氧化处理，在后继的氰化工业中欲达较高的金提取率，氯气等药剂消耗甚高（氯气86.26kg/t$_{矿石}$、碳酸钠48.12kg/t$_{矿石}$，金氰化浸出率方可达84%），因此认为该矿石预先氯化不是一种实用的方法。

水溶液氯化法还可以用于地下浸出，涅别拉认为这是从含金0.6～2.1g/t的贫矿中提金最经济的方法。美国专利介绍，未进行地下浸出，对含金矿石疏松爆破，然后让含氯、氧化剂和有机物质（钠叠氮化脂、羟乙胺或二乙胺）的溶液流入与金络合。初步研究表明，金的提取率达80%～90%（浸出时间三周），并证实含金低浓度溶液可用吸附、离子交换或电解等方法回收其中80%～90%的金。工业上能否采用这种地下浸出法主要取决于地质条件。

涅别拉提供了用于地下浸出的氰化物溶液的三种配方：

（1）$HCl + 0.1mol/L\ NaCl + Cl_2$；

（2）$Ca(OH)_2 + Cl_2$；

（3）$NaCl + 0.05mol/L\ Na_2CO_3 + Cl_2$。

其中，氯气都是达到饱和的，并对三者的浸出效果作了比较。

总之，水溶液氯化法适于处理较单一的含金原料或含炭矿物。其优点是金浸出率高，采用氯气作氧化剂价格比氰化物低（美国矿业局曾用氯气进行过中间工厂试验）。该法的主要缺点是许多杂质容易同时溶解而消耗药剂，并给后续提金过程带来困难，采用控制电位浸出法，可部分克服这方面缺点。

9.5.2 丙二腈法

丙二腈（$CNCH_2CN$）别名二氰代甲烷，无色结晶，有毒，可溶于水、醇、醚和苯，在碱性溶液中由丙二腈的离子化形成共振稳定的负碳离子。

$$CH_2(CN)_2 + OH^- = [CH(CN)_2]^- + H_2O$$

该离子与金配合形成 $Au[CH(CN)_2]_2$ 进入溶液，此配合物比金氰炭离子要大，往往超过炭质颗粒的内孔隙，使炭对其吸附率降低，因此用丙二腈浸出炭质矿石中的金可达到较高的浸出率。用0.05%丙二腈和足够的石灰制成pH=9的矿浆，当矿石含0.2%的有机碳时，用丙二腈可浸出83%的金，而常规氰化浸出率只达67%；当矿石含0.3%有机碳时，两种方法的金浸出分别为56%和33%。若同时采用树脂矿浆工艺，往矿浆中加入61.7%kgIonacA-300型阴离子交换树脂，则金的浸出率可由83%提高到95%，吸附于树脂上的金丙二腈配合物，用强无机酸可完全洗脱。

丙二腈法是美国矿业局提出的并取得美国专利，该法对炭质矿石的处理比氰化物稍强，但优越性不突出，加之丙二腈的毒性和挥发性，以及从溶液中回收时简单的锌、铝或镁粉置换都不能奏效，而未能在工业上应用。

据报道，与丙二腈相关的一些衍生物——有机腈，如α-羟基腈、乳腈及扁桃酸腈等对炭质矿石中金的浸出率比氰化法高十几倍，一般可用有机腈中腈基的含量评价其溶金作用，以含腈基较高的乳腈最为有利。在药剂量达1%时，金的浸出率为75%~90%，有机腈的优点除了对炭质矿石较适应外，还有价格便宜、来源充足的优点。

应当指出，对含金氧化矿，用丙二腈或有机腈浸出金时不如氰化法有效，故该法还没有用于工业生产。

9.5.3 多硫化物法

多硫化物法浸金最常用的是多硫化铵溶液，其中约含8%NH_3、22%S、30%$(NH_4)_2S_3$。该溶液有硫化氢味，遇酸分解出硫。有关热力学研究曾见于苏联学者卡可夫斯基的报道(1962)，后来南非也相继开展了这方面的研究，并在穆尔森格拉夫洛特厂建立了日处理5t的试验车间。

多硫化物主要是针对难处理的含砷金矿提出的，因为用传统的氰化法处理这种矿石既不经济又不安全。南非矿物处理研究所认为多硫化物法的优点除适于处理含砷锑的矿石外，还有它对金的选择性浸出率高、无污染，并且可以处理低品位矿。

对含砷或锑达4.5%的金矿，在25℃常压下用含40%多硫化铵的水溶液浸出金，金以NH_4AuS形式与锑（呈（$(NH_4)_3SbS_4$））一道被选择浸出，砷留于渣中。实验室试验表明，对特定的矿石，该法可提取80%以上的金，浸出液中溶解的金可用活性炭吸附，也可以用蒸汽加热的方法从溶液中沉淀金，此时产生Sb_2S_3和硫，放出NH_3和H_2S及升华硫，视浸出液成分而定，脱金后液可使多硫化铵再生返回用于浸出。拟定的原则流程如图9-5所示。

多硫化铵浸金不足之处是要求药剂浓度相当高，消耗量液相当大，而金的浸出率小型试验只有80%，实际生产中这一指标也很难保证。

碱金属多硫化物可否作为浸出剂是值得研究的，因为它们与多硫化铵同样易于解离出多硫根。

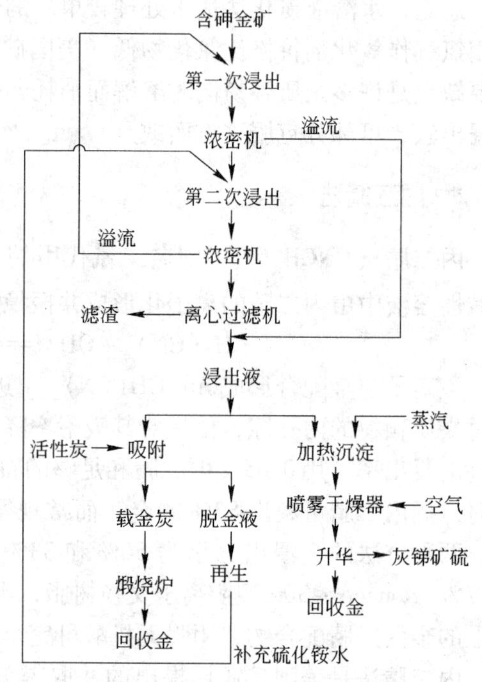

图9-5 多硫化物法从含砷金矿提金原则流程

9.5.4 含溴溶液浸出法

含溴的溶液试剂在美英等国20世纪80年代以获得专利，其溶解速度远超过氰化法，为王水溶解的几倍。此试剂制备简单、经济、无毒，且对金具有选择性。

此溶金试剂，实际上是一种有阳离子的含溴试剂，有时也可添加适量的氧化剂。溶剂可以是水或是低烷基纯（如甲醇或乙醇）。含溴试剂可以是溴（有机或无机溴化物），金与溶剂反应生成溴金酸盐 $MAuBr_4 \cdot nH_2O$（M为阳离子，n为0或正整数），如 NH_4AuBr_4、$NaAuBr_4 \cdot 2H_2O$、$KAuBr_4 \cdot 2H_2O$、$RbAuBr_4$ 及 $CsAuBr_4$ 等。这些溴金酸盐室温时在水中的溶解度很大。溴化物浸金过程的反应为：

$$Au + 4Br \Longrightarrow AuBr_4 + 3e \qquad E = 0.87V$$

溴化物浓度、金浓度、溶液pH值及氧化还原电位是影响金在溴化物溶液中溶解的主要因素。与氰化法相比溴化法的优点是它能很快地使重金属完全氧化成水溶性的卤化物盐类。溴化法提金工艺的优点是浸出速度快、无毒、对pH值变化适应性强，环保设施费用低。

用不同组成的溶金试剂对表面积为1cm²的细金带（纯度99.9%）进行浸出的试验结果（图9-6）表明，在17℃时，当溶液中有一定数量的NaOH和1.0%的溴，即可达到很高的溶金速度。在相同条件下添加适量氧化剂（表9-4）和提高温度将增加溶金速度（表9-5）。

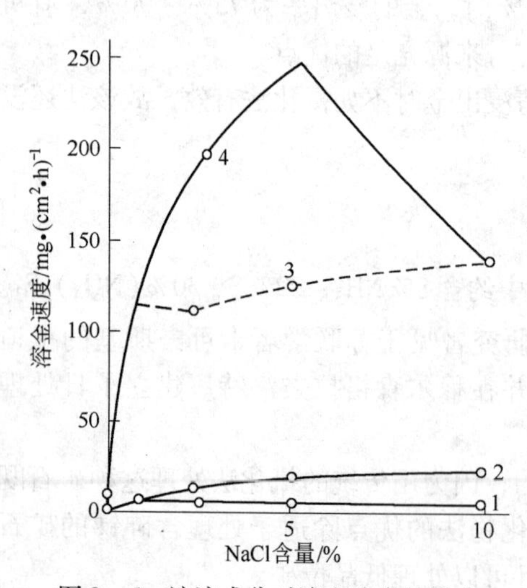

图9-6 溶液成分对溶金速度的影响

1—Br 0.1%，pH=7.3（加0.07% NaOH）；

2—Br 0.1%，pH=2.8~3.8；

3—Br 0.1%，pH=7.4~7.56（加1% NaOH）；

4—Br 0.1%，pH=2.8~3.4

阳离子的种类对溶金速度有明显影响（表9-6），NH_4^+、Na^+、K^+、Li^+ 等一价阳离子具有较高的溶金速度；高价阳离子，如 Fe^{3+} 溶金速度很慢。

表 9-4 氧化剂对溶金速度的影响（1.0% Br_2，16℃）

编号	NaCl 含量/%	NaOH 含量/%	氧化剂	pH 值	溶金速度/mg·$(cm^2·h)^{-1}$
1	—	—	无	2.8	6.3
2	—	—	1% Na_2O_2	7.1	129
3	—	0.05	1% Na_2O_2	7.4	110
4	—	—	1% $KMnO_4$	2.8	10.6
5	1	—	1% $KMnO_4$	3.15	140.6
6	—	0.8	1% $KMnO_4$	7.4	162

表 9-5 温度对溶金速度的影响（1.0% Br_2）

编号	NaCl 含量/%	NaOH 含量/%	起始温度/℃	最终温度/℃	pH 值	溶金速度/mg·$(cm^2·h)^{-1}$
1	1.2	—	20	20	3.6	92
2	1.2	—	45	33	3.1	272.0
3	—	1.2	70	20	7.8	81.2
4	—	1.2	45	33	7.2	131.2

表 9-6 阳离子种类对溶金速度的影响（1.0% Br_2）

编号	阳离子	pH 值	温度/℃	溶金速度/mg·$(cm^2·h)^{-1}$
1	—	2.8	17	6.3
2	1% $Fe_2(SO_4)_3·9H_2O$	2.0	13	5.0
3	1% $FeSO_4·7H_2O$	2.1	13	71.2
4	1% $ZnBr_2$	4.8	13	163.6
5	1% K_2CrO_4	5.6	13	91.7
6	1% $L_2Br_4O_7$	6.55	13	130.6
7	1% NH_4I	6.93	20	134.2
8	1% NH_4NO_3	6.83	20	143.8
9	1% NH_4Cl	6.67	20	152.0
10	1% $(NH_4)_2SO_4$	6.87	20	174.6
11	1% $(NH_4)_2HPO_4$	7.82	20	176.7
12	1% NaCl	3.15	17	118
13	1% NaBr，0.6% NaOH	7.35	16	207.4
14	1% NaBr	3.35	16	250

上述数据还说明，在酸性介质中溶金速度较快，但在温度较高（如炎热的夏季）时，最好在碱性介质中进行，以减少溴的损失。

含溴溶液具有高的溶金速度，如用含 10% NaCl 及 0.4% Br_2 的水溶液，在 pH = 1.4、16℃下处理含金 9.8g/t 的矿样，5min、20min、30min 时的金回收率分别为 61%、82%、96%。而用氰化法，则需要 24h。对于氧化矿，甚至不经破碎都可获得满意的浸出率，如用含 0.4% Br_2 及 0.4% NaOH 的溶液（pH = 7.4）在 16℃处理经破碎至 0.186mm 和未破碎的原矿，都可达到近100%的金回收率。

该溶剂对纯铁、铝及铅等有一定的腐蚀性，当溶液接近中性和碱性时可以减缓腐蚀，因此应注意反应容器的材质。同时，反应器应密封良好，且有回收挥发溴的装置，以提高溴的利用率。实际上溶金速度还受多种因素影响，用于工业生产还需要做不少工作，但可以肯定是一种有前途的新型溶金剂。

浸出所得含金液可用甲基异丁基酮、乙醚等溶剂萃取，然后用蒸馏或还原法从有机相中回收；或直接用锌或铝从含金液中置换沉淀金。此外，也可采用电解沉积、离子交换或碳吸附法，回收溶液中的金。含溴溶液浸出提金原则流程如图9-7所示。

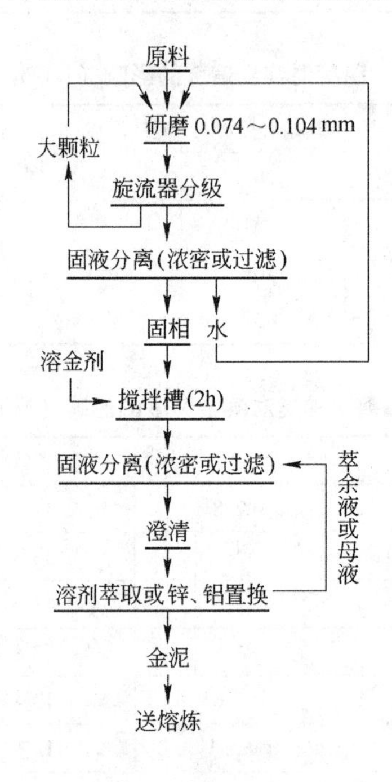

图9-7 含溴溶液浸出提金原则流程

9.5.5 细菌浸出法

细菌浸出早已成功地用于从贫矿石、尾矿及废石中提取铜或铀，浸出方式一般是采用地下浸出或堆浸，而用于从矿石提金还是一个新领域，特别是槽式细菌浸出法。

细菌浸出金时根据某些微生物能从周围环境吸收金，从而对一些低品位矿石或废渣起到富集金的作用。这些微生物往往得靠产生氨基酸与金形成络合物，使矿石中的金转入溶液。

细菌浸出法的技术关键是培育活性大、有特殊适应性的微生物新品种，以浸出某种变态的矿物质机体，例如某些嗜热微生物（*Ferrolobus* 和 *Sulfolobar* 等）可使元素硫、二价铁、辉铜矿和黄铁矿等在低pH值（2～3）和60～70℃时氧化。目前已培育出两种能在酸性介质中氧化亚铁的新微生物，即 *Leplospirillum ferroxida* 和生金菌属（*Metallogenium*）的丝状微生物。

细菌浸出适于处理含金的砷黄铁矿、磁黄铁矿或黄铁矿，不过在这种场合细菌浸出法并非直接从矿石获得含金溶液，而是作为一种预处理手段，一些顽固矿石先经细菌处理，然后转入氰化系统浸出金。

9.5.6 石硫合剂法

石硫合剂（LSSS）法是我国首创的无氰提金技术。石硫合剂利用廉价易得的石灰和硫磺合制而成，无毒，有利于环境保护。该法具有浸金速率快、金浸出率高、对矿石的适应性强、对设备材料要求低等优点。

石硫合剂的主要成分是多硫化钙（CaS_x）和硫化硫酸钙（CaS_2O_3）。石硫合剂法浸金过程是其中多硫化物浸金和硫代硫酸盐浸金两者的联合作用，因而使之具有优越的浸金性能。其主要溶金反应为：

$$2Au + 2S^{2-} + H_2O + 0.5O_2 \longrightarrow 2AuS^- + 2OH^- \qquad \Delta G_1^{\ominus} = -185.57kJ/mol$$

$$2Au + 4S_2O_3^{2-} + H_2O + 0.5O_2 \longrightarrow 2Au[S_2O_3]_2^{3-} + 2OH^- \qquad \Delta G_2^{\ominus} = -24.24kJ/mol$$

可见石硫合剂的溶金反应在热力学上是可行的。

针对实验用金精矿（含金 50g/t），在常温常压下浸出，最佳工艺条件为：$[CaS_x]$ 0.08mol/L，$[CaS_2O_3]$ 0.03mol/L，时间 6h，$[Na_2SO_3]$ 0.09mol/L，$[NH_3 \cdot H_2O]$ 0.08mol/L，$[Cu^{2+}]$ 0.038mol/L，搅拌速度 200r/min，L∶S = 4∶1，常温，采用 80% [LSSS]。金浸出率为97%，高于氯化法，浸出时间约为氯化法的1/4。

石硫合剂法与氰化法相比，不足之处在于添加剂的种类及量偏多，有待进一步研究解决。

9.5.7 海水提金

海水含金范围报道的数据相差很大，有的认为是$(0.01 \sim 46) \times 10^{-9}$，也有的认为是在$(0.001 \sim 0.5) \times 10^{-9}$范围内。还有的资料介绍为 0.01 ~ 0.05mg/t。各大洋的含金浓度也似乎是变化无常的。然而，海洋确实是金（以及银）庞大的储存库，利用海水的平均含金量（0.02×10^{-9}）和各大洋海水的总质量（143×10^{16}t）估计大洋系统里约存在金 28.6×10^{16}t。文献中对各大洋总含金量的其他估计数字范围为 $5 \times 10^6 \sim 6 \times 10^{10}$t，海洋中这样多的金引起许多科学家极大的兴趣。

兰卡斯特 1973 年认为，通过任何已知的方法从海水里提取金都是不切实际的幻想。弗里兹（Fritz，1923）和哈勃（Haber，1928）花了 7 年时间终于放弃了自己在有生之年研制成一种切实可行的商业海水提金技术的希望。此后还有人继续研究，企图以此消除各自国家的经济症结，如坡卡亚萨和达斯的工作。但是，正如克斯特尔和施缪克勒所说，除非将来出现了黄金高度特殊需要，或许会成为从各大洋这个庞大的储存库里进行金商业性开采的依据。

海水里的金主要是可溶性非离子态，而呈离子态和散粒态的金在海水里只占总量的 20% 左右。伍德发现呈阳离子态的金在海水里是不存在的，且金与被溶解的有机质相结合的也不多。伍德 1971 年估计海水里的金近 10% 呈离子态，大概是 Au（Ⅰ）的氯羟基络合物，如 $[AuClOH]^-$，还有 10% 是同散粒物质结合的，其余的 80% 都小于 0.45μm，为离子态，并且可能是胶体形态的，不能用三氯甲烷提取。只有呈离子态的金才可用三氯甲烷或醋酸乙酯萃取出来。

对大洋水里含金量的调查结果有很大的区域性差异，且资料很不充分，更得不出关于含金随深度变化的任何结论。

海水提金，人们进行过大量尝试，如混汞、离子浮选、吸附、离子交换、置换沉淀、化学沉淀及电解等，但无一成功。

关于海水提金较为具体的方案见于 1981 年美国专利，该发明的宗旨是提供一种能够从含有浮游生物的海水中回收金属阳离子（包括痕迹量金）的方法，其要点是将细粉末状的硬沥青混合料加入密封处理槽的海水中，以凝聚海水中含有金属的浮游生物，其加入的海水 26 ~ 792g/m^3，然后将此海水用细微的电动过滤机过滤，以提取海水中的浮游生物、金和其他金属。该发明的基本依据是浮游生物有从周围水域选择吸附金的能力，且吸附的金及其他金属阳离子的量要比海水中的盐量高 100 倍，发明者声称大约每处理 1m^3 海水可得 0.264mg 金；但又说在该法的经济效果上，海域位置起着重要作用，对来自特定海域如加利福尼亚海滨、中美洲和阿拉斯加等，这些海域的海水含金银等金属量就较高。

由海水提金的原则工艺流程（图 9 – 8）可见，该工艺的重要前提是海水中要有能富集金的浮游生物，因此实质上是微生物提金起着决定作用，而且还要求海水最好不掺杂干扰浮游生物的其他阳离子和污染物，故该法的实用性极其有限，发明提供的经济指标也显得过分乐观。

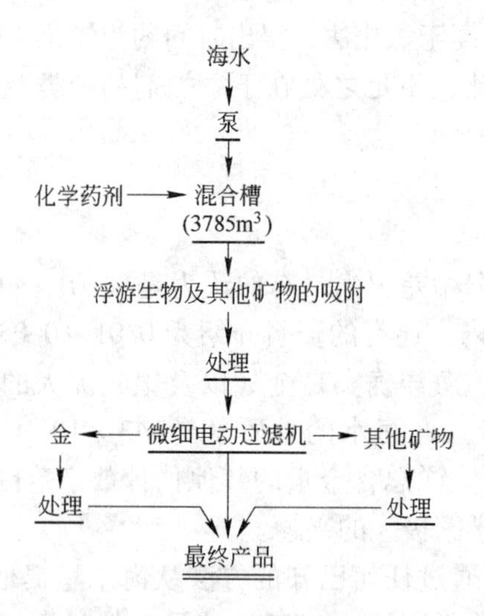

图 9 – 8　海水提金的原则工艺流程

10 难浸矿石的预处理

20 世纪 80 年代以来，黄金生产有了迅速的发展，这在很大程度上是因为采用了炭浆法，能够有效处理含泥高的氧化矿石和尾矿。然而随着开采深度的增加，选矿处理的氧化矿越来越少，硫化矿日益增加，而许多矿石又是难浸矿石。用常规氰化法无法有效回收的金矿石称为难浸矿石。在这些矿石中，有时含有各种形式的炭，有的金大部分被包裹在硫化矿中，而这些硫化矿通常是黄铁矿和砷黄铁矿，这些含金物料之所以难浸，其原因大致可归纳如下：

（1）这些矿石中金往往是微细粒的，有时是亚显微的，并包裹在硫化物颗粒中，这类矿石是不能用细磨的方法使金解离的。

（2）金浸出过程中，金颗粒表面可能形成阻止其溶解的薄膜，如溶液中砷的硫酸盐和 As_2S_3 胶体，As_2S^-、AsS_2^{3-} 等离子能吸附在矿石表面形成薄膜，使金的溶解速度急剧下降。

（3）氰化过程中硫化物分解出消耗大量氰化物或氧的物质，抑制金的溶解，如磁黄铁矿和铜矿物是主要的氰化物消耗者，而二络硫离子、硫代硫酸盐、亚砷酸盐和亚铁的氰化物很快消耗大量氧，阻碍了金的溶解过程。

（4）矿石中活性炭，无定型炭、石墨和高碳氢的有机物等的存在会吸附已溶解的金。

（5）有的矿石焙烧时在金颗粒表面生成氧化铁、硅酸盐难溶化合物或难溶合金。

（6）现已发现如金银合金，含金碳化物和砷化物，以及方金锑矿和黑铋金矿等矿物都难氰化。

对于难溶的金矿石，只有使整个硫化物破碎才能完全解离，因此，要求处理工艺必须具有非常高的水平，处理难溶矿石有很多不同的工艺，则以不同的方法使硫化物氧化并生成相应的产品，这些工艺多还处于实验研究阶段，只有焙烧、加压氧化和细菌氧化三种工艺实现了工业生产或半工业生产。

10.1 焙烧法

难浸含金矿石焙烧可使矿物颗粒变成多孔性，并使被包裹的细金粒暴露出来，以便于下一步氰化。在焙烧过程中还可以改变矿石的组成，如能吸附溶解金的炭物质，以及消耗试剂并影响氰化速度的磁黄铁矿和铜矿物。

10.1.1 焙烧机理

10.1.1.1　焙烧过程中黄铁矿的行为

含金硫化矿氧化焙烧的实质是矿物中的硫燃烧，使之呈气态挥发，这样在矿物颗粒内部就存在局部还原区域，矿物工艺学研究表明黄铁矿氧化是分两个阶段完成的：

（1）第一阶段。黄铁矿首先氧化分解成单体硫，生成的硫扩散到颗粒表面氧化成二氧化硫。在此过程中磁黄铁矿由于硫减少而重结晶。

$$FeS_2 \longrightarrow FeS + S$$

$$S + O_2 \longrightarrow SO_2$$

（2）第二阶段。当磁黄铁矿中 Fe∶S 的比值达到极限值 1∶1 后，随着颗粒中硫含量的减少，局部还原气氛被更富氧的气氛所取代，这样磁黄铁矿就转为四氧化三铁，进而氧化成三氧化二铁。

$$3FeS + 5O_2 \longrightarrow Fe_3O_4 + 3SO_2$$

$$2Fe_3O_4 + 0.5O \longrightarrow 3Fe_2O_3$$

10.1.1.2 焙烧过程中磁黄铁矿行为

由于磁黄铁矿在氰化溶液中不仅消耗大量氰化物和氧，而且对金在氰化溶液中的溶解产生化学抑制，故磁黄铁矿含量较多的含金矿石氰化前需进行处理，其焙烧处理反应过程与黄铁矿一样，由于金很少与磁黄铁矿共生，所以采用焙烧法处理含金磁黄铁矿石及其精矿，其主要作用在于使磁黄铁矿发生钝化以消除对氰化的不利影响。

10.1.1.3 焙烧过程中砷黄铁矿的行为

在中性及还原性气氛中，砷黄铁矿受热分解，在氧化气氛中则迅速氧化：

$$4FeAsS = As_4 + 4FeS$$

$$2FeAsS + 5O_2 = Fe_2O_3 + As_2O_3 + 2SO_2$$

但过强的氧化气氛则会导致难挥发的 As_2O_5 和砷酸盐的生成：

$$As_2O_3 + O_2 = As_2O_5$$

$$As_2O_5 + 3CaO = Ca_3(AsO_4)_2$$

$$As_2O_5 + 3FeO = Fe_3(AsO_4)_2$$

砷酸盐分解温度较高（如砷酸铁需 940℃）高价砷化物往往是焙烧砂中残留砷的主要形态。

上述反应产生的 As_2O_3 极易挥发，其蒸气压与温度关系如下：

$$\lg p_{As_4} = -\frac{6590}{T} + 9.52$$

$$\lg p_{As_2O_3} = -\frac{3132}{T} + 7.16$$

As_4 及 As_2O_3 的蒸气压随温度升高而迅速增大，按计算分别于 720℃ 及 476℃ 达到一个大气压，因而在一般焙烧温度下，两者均呈气相随炉气带走，随后在收尘系统中随着温度的降低而冷凝。

10.1.1.4 焙烧过程中金的行为

研究发现在焙烧过的含金砷黄铁矿颗粒中有很小的金颗粒存在，其粒度小于 0.5μm（焙烧前金的粒度小于 0.01μm），这种颗粒的形成和砷黄铁矿晶格脱砷有关，因为这种颗粒总是与砷黄铁矿焙烧后所成的磁黄铁矿伴生。

假定含砷黄铁矿中亚微金颗粒存在于结晶错位和晶格变形处。在燃烧过程中，金溶于砷和硫溶液中，因液体处于封闭压力下，所以任何裂隙或晶格缺陷都会成为压力释放点，最后，砷和硫全部转移出去，而金留在焙砂显微结构的孔隙相邻的孔洞中。在焙烧过程中，亚微金可聚合而略为长大，有助于细粒弥散金的提取，但当温度达金熔点（1060℃）时，所形成的熔珠状金往往又是导致浸出率低的原因之一。焙烧时由于砷、硫的脱除，原矿石呈现出疏松多孔的结构，使被砷硫矿物包裹的金得以充分表露，有利于金的提取。

沸点高达2860℃的金，在焙烧温度下，“挥发”损失于气相中的金随温度升高而增加，据初步分析认为，除部分由于外逸机械尘粒夹带所致外，“挥发”的金相当部分是由于其嵌布粒度极细，在焙烧时受到从矿物内骤然产生的蒸气极大的气流冲击而带入气相，特别是砷蒸气所夹带的那部分，直至其冷凝后方可沉积。由此可见，要减少该损失的金量，应避免精矿直接进入高温区。

亚微金粒的聚结是提高金浸出率重要条件。在焙烧过程中，黄铁矿和砷黄铁矿通过磁黄铁矿中间阶段，然后再完全氧化，如温度和p_{SO_2}不在磁黄铁矿的稳定区，亚微晶粒就不能有效聚结，金就会镶在氧化铁中；造成金的低浸出率硫化物颗粒大小也是主要参数，当细粒级暴露在高p_{O_2}气氛中，反应速度快，因而就不可能使金粒足以聚结长大。控制低反应速度、适当温度和p_{SO_2}分压是生产具有良好金粒聚结的重要条件。

10.1.2 焙烧工艺

焙烧工艺自1920年前后在生产上应用以来，一直是砷金矿预处理的基本手段。初期，人们使用的是简易的固定床焙烧，20世纪40年代后期，沸腾焙烧在砷金矿处理上的应用，大大提高了设备生产能力和焙烧质量。50年代末，两段沸腾焙烧工艺的实施，实现了在氧化气氛中脱砷及氧化气氛中脱硫的工艺要求，更进一步提高了焙烧效果，使金浸出率再度提高了百分之几。60年代以来随着环保要求的日趋严格，研究重点则放在收尘系统的改善及合理配置、砷尘回收利用上，逐渐形成了热电收尘—砷蒸气骤冷—电收尘的标准模式，打破了砷尘长期封存及清理的惯例。

我国砷金矿预处理起始于60年代，1978年我国独有的第一座较为完整的回转窑焙烧系统投入工业生产，其利用气固逆流的原理，较好地满足了脱砷、脱硫对炉内气氛的不同要求，有着极佳脱砷效果，且具有明显的经济效益和社会效益。

10.1.2.1 回转窑焙烧工艺

含砷金矿石焙烧预处理其目的是脱除砷、硫，使亚微金暴露出来且聚凝，就脱砷而言，要使砷优先氧化，并避免高价砷化物生成，希望系统内维持较低温度及弱氧化气氛，而就脱硫而言，则要求在较高的温度和氧化气氛中进行。国外实现在两段沸腾焙烧及我国所采用的回转窑焙烧，都遵循了上述热力学原理。采用回转窑焙烧，精矿由加料螺旋均匀推入加料管，由此导入物料迎着炉气逐渐移向窑内，在窑内经受喷嘴烧油供热及本身燃烧加热可形成的高温，完成整个焙烧过程，烧成的焙砂排至冷却圆筒，经水冷入库，炉气则由抽风造成的负压，逆着固体物料而由窑尾抽出，经三级旋风收尘器，使机械尘与砷、硫蒸气分离。As_2O_5蒸气继在表面冷却器及布袋收尘器冷凝收集，经布袋过滤的烟气由风机抽入烟道，以高烟囱高空稀释排放。机械尘及收集的白砷，分别排入各自灰斗，定期放出及包装。

回转窑焙烧采用气—固逆流的作业制度，既可避免精矿直接进入高温区，减少金的挥发损失，又满足了脱砷、脱硫对气氛的不同要求。焙烧时，精矿由窑尾低温区徐徐加入，并逆着炉气向前移动，此时的炉气因燃料及硫的燃烧已耗去部分氧，实为低浓度SO_2烟气，这样使为精矿中砷的优先挥发创造了良好条件，之后，随着砷的脱除，物料也逐渐移向窑头，温度逐渐升高，烟气含氧也相应增大，逐渐对硫的脱除有利，直至窑头高温区，遇着刚入窑的空气，硫化物的氧化过程进入高潮，物料中硫激烈氧化进入气相，所形成的SO_2烟气相继又逆着向前移动的物料而抽向窑尾。高砷物料始终遇着低氧炉气，低砷物料不断面临高氧气流，温度依次升高，因而回转窑逆流焙烧实现了国外需两座沸腾炉实现的作业，而且具有极高的脱砷效果。

砷金矿焙烧的主要目的并不在于砷的回收，而在于生产适于下一步提金的焙砂，而湿法提金要求降低砷硫，不仅是减小砷、硫本身对浸金的干扰，更重要的是通过砷硫的脱除产生疏松多孔的结构，使金从包裹状态下暴露出来。例如，通过焙烧物料中单体及连生体金的含量提高约70%，金的浸出率可由精矿直接浸出的47.39%提高到92.77%。焙砂中AsS含量只是焙砂质量好坏及金解离程度的相对标志，过高的焙烧温度，尽管砷硫脱除效果很好，但往往由于物料的熔结导致金浸出率的降低。

焙烧预处理—湿法提金，可减少火法提金过程的污染，并提高金的回收率。随着黄金生产的迅速发展，我国也陆续发现可利用的砷金资源，因而，砷金矿物处理的工艺研究，包括焙烧工艺研究更有其重要的意义。

10.1.2.2 *沸腾炉焙烧工艺*

传统的焙烧法已由固定焙烧炉和回转窑焙烧发展到沸腾焙烧炉。随着独立采矿公司发明的循环沸腾焙烧炉和富氧焙烧工艺问世，沸腾焙烧已由开始只处理浮选精矿而发展到原矿石的焙烧。

在含大量砷黄铁矿的情况下，采用两段焙烧，在低温（425℃）的还原气氛中的第一段焙烧过程中，砷以三氧化二砷气体形式挥发，然后转入高温氧化焙烧使硫充分氧化。

传统的焙烧工艺中金的回收率一般为80%～90%，低于其他工艺方法。金回收率低的原因，从矿物学观察表明，焙烧法使硫化物完全解离金暴露的量比其他氧化法少，此外温度控制差，特别是当温度太高时可产生不渗透的包裹金的玻璃质熔体。

10.2 加压氧化法

近年来，加压氧化法被认为是分解硫化物，并使金表面暴露于氰化物或硫脲等浸出液中，是更有意义并令人满意的方法之一。研究认为以加压氧化法作为难浸矿石的预处理，不仅提高难浸及金的回收率，而且还可以很好地控制污染。

10.2.1 加压氧化法机理

在高温氧化下进行加压氧化过程中，某些硫化物被氧化：

砷黄铁矿 $4FeAsS + 11O_2 + 2H_2O = 4HAsO_2 + 4FeSO_4$

黄铁矿 $2FeS_2 + 7O_2 + 2H_2O = 2FeSO_4 + 2H_2SO_4$

磁黄铁矿 $2Fe_7S_8 + 31O_2 + 2H_2O = 14FeSO_4 + 2H_2SO_4$

雄黄 $4AsS + 9O_2 + 6H_2O = 4HAsO_2 + 4H_2SO_4$

雌黄 $As_2S_3 + 6O_2 + 4H_2O = 2HAsO_2 + 3H_2SO_4$

在某些条件下，黄铁矿氧化可产生元素硫，$FeSO_4$和$HAsO_2$会进一步氧化：

$$FeS_2 + 2O_2 = FeSO_4 + S$$

$$4FeSO_4 + 2H_2SO_4 + O_2 = 2Fe_2(SO_4)_3 + 2H_2O$$

$$2HAsO_2 + O_2 = 2HAsO_4$$

部分硫酸铁以赤铁矿、水合氢黄钾铁矾和砷酸铁形式沉淀：

$$Fe_2(SO_4)_3 + 3H_2O = Fe_2O_3 + 3H_2SO_4$$

$$3Fe_2(SO_4)_3 + 14H_2O = 2H_3OFe_3(SO_4)_2(OH)_6 + 5H_2SO_4$$

$$Fe_2(SO_4)_3 + 2H_3AsO_4 = 2FeAsO_4 + 3H_2SO_4$$

由此可见，在高温氧化下进行加压氧化时，一部分砷和大部分铁会转变成不溶状态(即呈固态沉淀)，与此同时，有价金属，特别是最初由于某些物理的和化学的原因与铁的硫化物共生的金将会暴露出来，这样一来溶剂就会与金起作用了。

10.2.2 影响因素

加压氧化过程与温度、停留时间、矿浆浓度及氧的过剩压力等因素有关。一般来说，加压氧化过程，随温度的增加及停留时间的延长，金的浸出率也增加，然而增加的速率和幅度都与矿物原料的性质密切相关。

搅拌速度、矿浆浓度和氧分压是控制氧化过程中氧分散的三个主要因素，其中矿浆浓度和氧分压尤为重要。随着矿浆浓度的增加，其黏度也增加，氧分散困难，金的浸出率也随之下降，甚至增加搅拌速度浸出率也不会提高，但此时随着氧分压的增加，金的浸出率还会提高。

加压氧化过程中硫化物的分解及其程度直接影响着金浸出率的大小。硫化物分解率较低时，金的回收率很低，为浸出95%以上的金，就必须控制硫化物的分解率达90%～95%以上。

随着硫化物的不断分解，矿浆溶液的成分在不断变化，同时也改变着溶液中的电动势，那么在确定的条件下，矿浆中硫化物分解达95%时相对应的电动势的值亦可确定，因此，可以通过测量溶液的电动势来控制金的浸出率。图10-1所示为溶液的电动势与金浸出率之间的关系。

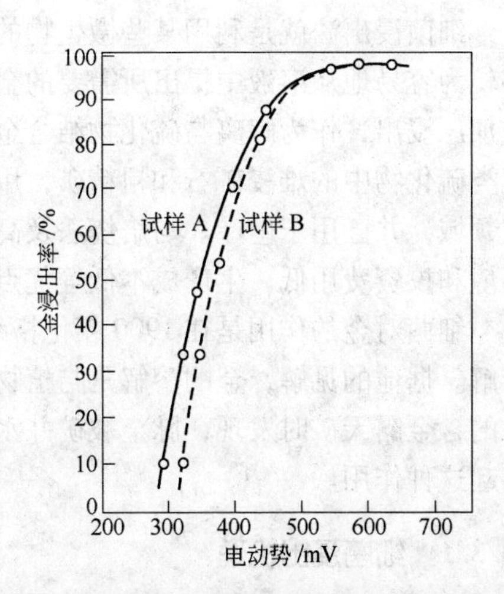

图10-1 溶液的电动势与金浸出率之间的关系

加压氧化预处理后物料可直接进行硫浸出或氰化浸出，当在水介质和硫酸介质中实行含金硫化物的加压氧化分解时，会生成元素硫是影响金浸出率的主要原因。当氧化过程进行的温度高于120℃时（这一温度对于黄铁矿和砷黄铁矿的完全分解来说是必要的），不可避免地会导致元素硫的熔化。因为单斜晶型硫的熔点为119℃，斜方晶型硫的熔点为112℃，熔化了的硫将会罩盖在硫化物颗粒的表面上，从而阻碍硫化物的进一步氧化。因此，降低了硫化物的分解率，使金暴露的程度降低了。

在中性或酸性介质中加压氧化后的物料采用硫脲浸出的优点是：直接浸出不用预先中和，浸出时间短和无毒，加压氧化产生的硫酸和高铁离子是下一步硫脲浸出的理想环境，其主要缺点是试剂消耗高，向矿浆中添加二氧化硫或其他还原剂不仅允许采用较低的硫脲浓度，而且可大大减少硫脲消耗。

在碱性（例如 NaOH）溶液中实施硫化物加压氧化分解时，可以克服元素硫的不良影响，并且经过碱分解的含金复杂硫化物滤饼适于氰化处理。因为这样不仅可以使金完全暴露出来，而且可以破坏金粒上的薄膜，分解消耗氰的杂质，以及使砷呈砷酸钠进入碱液中。

$$FeAsS + 3.5O_2 + 5NaOH = Na_3AsO_4 + Fe(OH)_3 + Na_2SO_4 + H_2O$$

$$As_2S_3 + 8NaOH + 6O_2 = 2NaAsO_2 + 3Na_2SO_4 + 4H_2O$$

$$As_2S_3 + 12NaOH + 7O_2 = 2Na_3AsO_4 + 3Na_2SO_4 + 6H_2O$$

$$As_2O_3 + 6NaOH = 2Na_3AsO_3 + 3H_2O$$

因此这一过程可以用作从砷黄铁矿的混合精矿中优先分离金和砷的水冶方法，所得的砷酸钠溶液可以用来回收砷（例如砷酸钙）和碱的再生：

$$2Na_3AsO_4 + 3Ca(OH)_2 = Ca_3(AsO_4)_2\downarrow + 6NaOH$$

南非默奇森联合公司格拉沃洛特厂以低碱加压氧化浸出技术从难浸浮选精矿、中矿中回收金获得成功。

此外，有研究认为对于金铜精矿还可以采用在氨存在的条件下进行加压氰化的方法综合处理，铜、锌等杂质呈可溶性络合物转入溶液，铅、砷等杂质呈不溶性化合物沉淀。而金则以硫代硫酸盐（$S_2O_4^{2-}$）硫氢酸盐（HS^-）存在于溶液中，氨溶液中的金可以用活性炭或离子交换树脂进行回收。

10.3 细菌氧化法

细菌浸出法就是利用某些微生物的生物催化作用，使矿石中的金属溶解出来，从而能够较为容易地从溶液中提出所需要的金属。在难浸金矿的处理中，细菌浸出可以代替焙烧或加压浸出，作为解离与硫化物结合金的手段，特别是对于金被包裹在砷黄铁矿和黄铁矿这类硫化物中的难浸矿石和粗精矿，用细菌氧化预处理后再用氰化浸金已为世人注目的研究领域，并已用于生产。与焙烧法及高压氧化法相比，细菌法具有金银回收率高、不污染环境和投资费用低、生产成本低等优点。

细菌对金的作用是在1900年伦格维茨第一次发现，金同腐烂的植物相搅混时，金会溶解。据他的见解，金的溶解是与植物生成的硝酸和硫酸有关。后来，马尔琴考察象牙海岸的含金露天矿时发现，脉金被矿井水迁移和再沉淀。经他研究，活的细胞通常条件下能够起这种作用。

10.3.1 细菌浸出机理

细菌浸出所用的微生物主要为氧化亚铁硫杆菌，这种细菌可存在于高酸度、高金属离子、温度可达35℃的无营养环境中。此外，还有兼性嗜热菌、专性嗜热菌（可在50℃的浓度下氧化铁和硫化物）以及极嗜热菌（双向酸杆菌，能在50～70℃或更高温度下反应）。

对分离的微生物系进行的研究表明，这些微生物本身不是溶解金的物质，而是具有氧化分解硫化矿物的能力。

在常温常压，采用氧化亚铁硫杆菌在酸性条件下，有强烈的氧化分解硫化矿石能力，特别是对砷黄铁矿分解能力更强。砷黄铁矿细菌氧化后产生砷酸和亚硫酸铁。

细菌浸出时发生的化学反应：

浸出反应：

$$FeS_2 + 3.5O_2 + H_2O \longrightarrow FeSO_4 + H_2SO_4$$

$$FeAsS + 3O_2 + H_2O \longrightarrow H_2AsO_3 + FeSO_4$$

$$2FeSO_4 + 0.5O_2 + H_2SO_4 \longrightarrow Fe_2(SO_4)_3 + H_2O$$

$$H_2AsO_3 + 0.5O_2 \longrightarrow H_2AsO_4$$

中性反应：

$$2H_3AsO_4 + Fe_2(SO_4)_3 \longrightarrow 2FeAsO_4 + 3H_2SO_4$$

$$3Fe_2(SO_4)_3 + 14H_2O \longrightarrow 2H_3OFe_3(SO_4)_2(OH)_6 + 5H_2SO_4$$

$$H_2SO_4 + CaCO_3 + 2H_2O \longrightarrow CaSO_4 \cdot 3H_2O + CO_2$$

$$H_2SO_4 + CaO + H_2O \longrightarrow CaSO_4 \cdot 2H_2O$$

在一个单独工序中，用石灰石或石灰中和溶解的铁、砷和酸，并沉淀出石膏、黄钾铁矾和砷酸铁的混合物，这些固体长期很稳定，可以不作为污染环境的尾矿处理。

在对金细菌浸出的诸因素中，培养基的成分是重要因素之一。因此，应选择好的细菌的新陈代谢条件。细菌的生理状态也对金的生物浸出过程有决定性的影响，新细胞的新陈代谢比老细胞或放置几天的细胞更强。

当介质的最初 pH 值为 6.8 或 8 时，金溶解得很好，在溶解过程中，细菌可以碱化介质，所以 pH 值将会分别提高到 7.7 和 8.6，pH 值不断升高，表明细菌的活动能力减弱，此时就可以认为硫化物就完全氧化。

与其他任何方法一样，金在各种硫化物中的分布以及金的赋存状态是影响浸出效果的最主要因素。如两种精矿基本上都是黄铁矿，次要矿物为砷黄铁矿，但其中精矿的浸蚀孔洞在黄铁矿晶体中的位错点或沿其他结构缺陷的晶面发展，这样的晶面可能是细金粒所在地方，也正是这些地方有利于细菌的浸蚀，所以细菌浸出过程中当 60% 的硫化物氧化后，金的浸出率就超过 90%，而欲使精矿氰化浸出率也达 90% 以上，则需硫化物氧化分解率达 85% 以上。

10.3.2 细菌浸出工艺过程

从土地和天然水样品中分离的能够溶解金的所有微生物都是无毒的。所以利用微生物可以在小采区里实现就地堆浸。

用细菌从矿石中溶解金的过程可以分为以下几个连续阶段：（1）第一阶段为潜伏阶段，如果使用最好的微生物群落，这一阶段达 3 个星期，如果培养基不太适于增强细菌的溶解能力，那么，这一阶段长达 5 个星期；（2）第二阶段为溶解阶段，在这一阶段金的溶解非均匀地增加，有时会反复析出金的沉淀物，在 2.5 ~3 个月期间内，金的溶解量最多；（3）第三个阶段为溶解度阶段，实际上在这一阶段金的溶解度没有变化，但是在 0.5 ~1 年时间已溶金浓度相当高（约 10mg/L）；（4）第四阶段为最终阶段，这一阶段的特点是金的溶解度有明显下降。因此，用细菌堆浸工艺浸出 2.5 ~3 个月时，金的回收率（溶解度）为最高。

世界上细菌浸出金的大量研究其目的都是减少细菌的浸出时间。一方面是驯化菌种使之更适应含金硫化矿的浸出过程；另一方面改善工艺提高效率。如贾恩特贝（Giant Bay）生物工艺公司进行的微生物槽浸工艺的研究，可使黄铁矿和砷黄铁矿的混合精矿氰化作业金的回收率由65%提高到98%，所用的氧化铁硫代杆菌的改良菌种，能够在溶解铁50g/L、砷20g/L、强酸性pH<1的溶液中生存。微生物槽浸原则流程如图10-2所示。

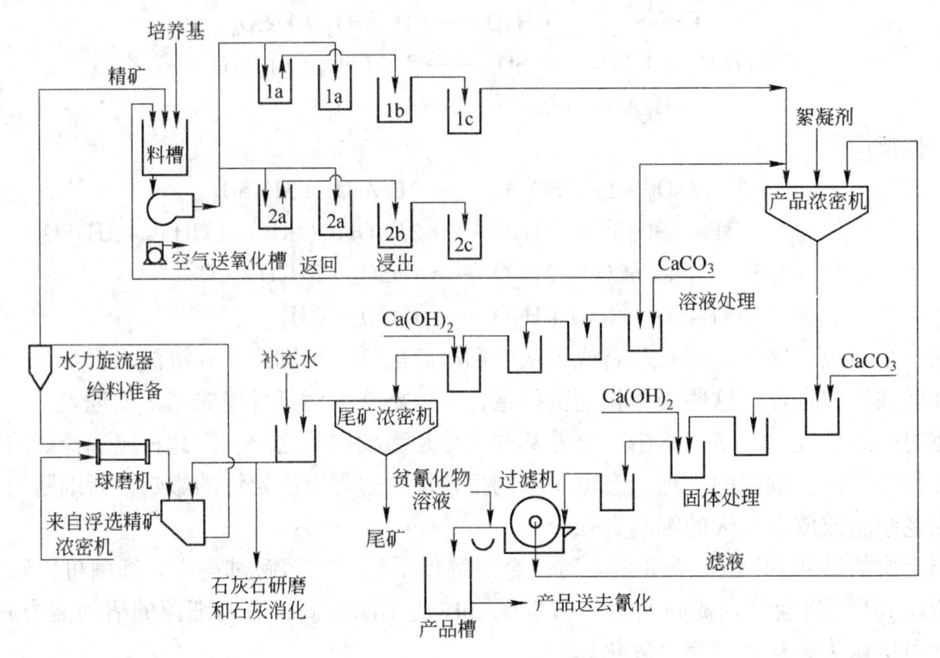

图10-2 微生物槽浸原则流程

此工艺微生物槽浸系统由8个搅拌槽构成，每个槽的直径为6.4m，高6.4m，这些槽的布置如图10-3所示。第一段浸出用4个槽氧化时间48h；第二段和第三段用2个槽，每槽氧化时间24h，总共停留时间96h。这些槽子分两列平行布置，如果需要可分成4段。每段氧化24h，进入槽子的空气总量174m^3/min，由83kPa压缩机供风，细菌所需要碳源二氧化碳来自精矿中碳酸盐的分解，充足的CO_2可以保证微生物快速浸出。用工业品位的肥料将供给少量的营养液。各段的搅拌器可保证能吸收足够的氧。由于氧化反应是放热反应，所以矿浆需要进行冷却特别是第一阶段放出热量占60%以上，每个槽都装有与冷却塔构成闭路的不锈钢蛇形冷却管，水在管内流动。

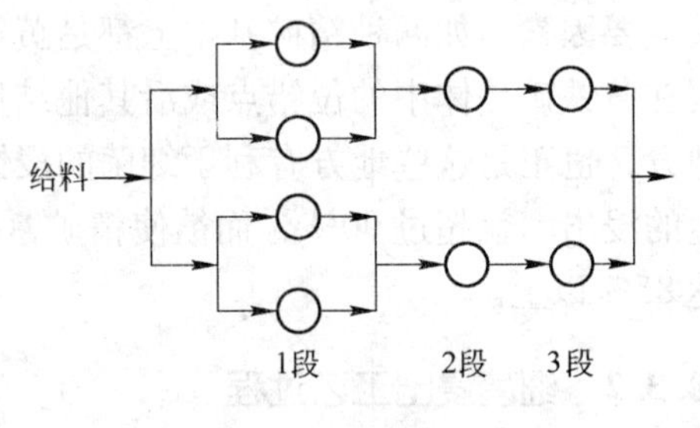

图10-3 槽浸设备布置

由最后浸出段的滤渣，底流经浓密、两段中和后过滤，滤饼送去氰化；浓密机溢流也进行两段中和，是为了沉淀砷酸铁、黄钾铁钒和石膏，中和是在串联的4个槽内进行的，为了产出具有比较好的浓缩性的粗粒沉淀物，矿泥从第4槽再循环到第1槽。

半工业试验及可行性研究证明，贾恩特贝的微生物槽工艺是可以代替普通工艺处理难浸的贵金属矿石和精矿。因为它具有基建、生产费用低，能把任何可溶的砷转换成不污染环境的废弃产品等优点。

贾恩特贝已经建设第一个工业规模的微生物槽浸厂，并且有一个处理砷黄铁矿和精矿的新的化学—生物学工艺的专利。

10.3.3 细菌浸出的发展

20 世纪以来，90% 的提金厂都采用氰化物溶液从脉金矿中浸出金，由于氰化物剧毒，人们一直在研制无毒或毒性较小的浸金溶液。鉴于微生物或其新陈代谢的产物多种多样，发现有的活性细菌能优先凝聚胶状金粒，有的微生物的新陈代谢产物能与金粒螯合，于是利用细菌作直接浸出矿石中的金，并从浸出液中加以回收的研究。20 世纪 70 年代开始进行的研究，已取得了可喜的成果。

前苏联学者在这方面做了大量的研究工作，研究结果表明，各类微生物中从矿石中浸金的能力不一样，而且还确认使金能溶解的因素是培养液中存在大量的氨基酸，主要天门冬氨酸、丝氨酸、组氨酸、甘氨酸等，它们能与金粒发生络合作用。各氨基酸对金的络合能力不同，其顺序为：含苯丙氨酸 > 天门冬氨酸 > 丝氨酸 > 组氨酸 > 甘氨酸。这些菌株若用紫外线诱变处理，浸金能力可增加 3 ~ 5 倍，原因在于诱变菌株的代谢产物中积累了更多的氨基酸。研究影响细菌浸金主要因素表明，培养液中氨基酸的浓度为 3 ~ 5g/L 时，浸金效果最好。而且还发现添加氧化剂（如 $KMnO_4$）还可增加浸出率 3 ~ 6 倍。

我国先后对广西平南县六岑金矿选厂浮选含砷金精矿（含 As 4% ~ 6%）新疆哈图金矿含砷（3% ~ 5%）进行试验研究。前者金的浸出率达 87%，后者氧化金精矿直接浸出回收率 76% ~ 78%，而经细菌氧化后，金氰化浸出率达 90%。

在浸出机理方面的研究也取得了一定成果，如在试验过程中发现氧化亚铁硫杆菌氧化砷黄铁矿速率不一，有的物料硫化物氧化率与氰化浸率成正比，有的则不然。研究还发现，如含砷矿物为砷黝铜矿、雄黄，它们几乎不被细菌氧化分解。

国外约有十几家正在生产和计划兴建细菌氧化提金厂，南非有三个厂其中金科公司的 Fairriew 金矿是世界上第一个细菌氧化提金厂，1986 年 10 月投入生产，效益越来越好，金浸出率稳定在 95% 以上，氧化处理时间由原来的 5 ~ 6 天已缩短至 3 ~ 4 天，同时浸出槽的金精矿的日处理量由原来的 12t 增至 20t；加拿大某厂处理含金银的尾矿，氧化处理时间 40h，金浸出率达 74%；澳大利亚有 2 个厂，采用嗜热铁硫杆菌；美国有 1 个厂（Tomkin Spring）槽浸容量大（槽高 13m，内径 17m）；巴西有 2 个厂，由南非 Gencon 公司设计；津巴布韦 1 个厂，由英国 Dary 公司投资兴建；加纳 1 个厂，由澳大利亚承担建设设计任务。以上细菌提金厂中生产规模最大的厂，日处理金精矿 574t。

10.4 硝酸氧化法

硝酸氧化法是 Arseno 工艺有限公司首先提出的。该方法对难浸精矿进行了初步试验研究表明，以硝酸为主的处理难浸金矿石有不少的优点，此法可处理低硫矿石到高硫矿精矿很宽的物料范围。已研究出来的处理工艺称为 Redox 法，已推向市场得到应用。

10.4.1 硝酸氧化法的化学过程

10.4.1.1 硫化矿物的氧化

在 Redox 法中，矿物的分解是利用硝酸的化学反应通过水溶液氧化完成的。以黄铁矿为例，在通常情况下其氧化的反应为：

$$4FeS_2 + 5O_2 + 2H_2O \longrightarrow 2Fe_2(SO_4)_3 + 2H_2SO_4$$

由于氧在水中的溶解度是有限的，所以溶解氧与硫化矿物的反应很慢。若用硝酸作为从气相中将氧带到硫化矿物表面的媒体而进行的氧化反应，可以克服这些限制。

硝酸氧化黄铁矿的反应为：

$$2FeS_2 + 10HNO_3 = Fe_2(SO_4)_3 + H_2SO_4 + 10NO + 4H_2O$$

这一反应可在60℃至几百摄氏度温度下进行，且反应速度很快，可在几分钟内使黄铁矿完全分解。

一般认为，硝酸氧化硫化矿物的实质是，反应过程中硝酸产生一系列中间产物，其中最主要的是亚硝酸起了重要作用。可用以下反应式表示亚硝酸氧化砷黄铁矿的反应：

$$FeAsS + 0.5H_2SO_4 + 14HNO_2 = 0.5Fe_2(SO_4)_3 + H_3AsO_4 + 14NO\uparrow + 6H_2O$$

氧化反应在较低的温度下进行时，如 Nitrox 工艺是在常压下和90℃的条件下进行的，尽管可使给矿中的铁、硫、砷和很多其他贱金属完全氧化，但却大约有 50% 的元素硫生成，而温度升高至大于 180℃以上元素硫便可进一步氧化完全。

氧化过程游离酸的存在对亚硝酸的形成及其还原成一氧化氮是必不可少的。为了使氧化反应能持续进行，必须控制溶液 pH 值保持在 1.7 以下，尽管黄铁矿氧化会产生酸，但如果矿石或精矿中含有大量耗酸的成分（如硫酸盐）则还需添加硫酸。在实际工艺过程中常常加入更多的黄铁矿来代替硫酸满足这一要求。

10.4.1.2 硝酸再生

硝酸或亚硝酸在氧化硫化矿物同时自身还原产物是一氧化氮，因其溶解度比较低，故逸出到气相并与氧反应，一氧化氮氧化成二氧化氮，便可迅速被水吸收再生硝酸。

$$4NO + 3O_2 + 2H_2O = 4HNO_3$$

当处理低品位硫化矿时，由于硝酸与固体的比很低，通常将一氧化氮从反应器中排出，在外部进行再生（Nitrox 法），而处理高硫精矿时，必须向反应器中加入氧气，可使硫化物的氧化和硝酸再生同时进行（Arseno 法），由于产生的硝酸可直接用于氧化硫化物，所以在处理这类物料时，可用略少于化学计算量的硝酸便可达到硫化物完全氧化之目的。

10.4.1.3 操作条件

硫化矿物与酸性硝酸盐溶液反应是在常压下进行的，反应时的温度可在很宽的范围内选择。工艺过程温度的选择在很大程度上取决于被处理的物料性质。处理低硫（1% ~ 3%）矿石时，可用加热矿浆的反应热，因此操作过程应在尽量低的温度下进行，这样可减少或不用外部供热。处理高硫精矿时，在100℃以上操作，使蒸气外溢，便可取消外部冷却。

在高温下处理还有一个优点是可较大程度地减少硫元素的干扰，在 195℃以下采用 Redox 法，含硫化物 60%（砷黄铁矿和磁黄铁矿）的硫化物精矿不产生元素硫，这是其他氧化法不可能比拟的。

10.4.2 工艺实例

两座半工业试验场有效运行为大规模生产奠定了基础。

10.4.2.1 原矿处理

以加拿大不列颠哥伦比亚省的 Cinola 矿床矿石进行了处理原矿的最佳操作条件研究，该矿床约有 2380 万吨矿石，金矿品位为 2.45g/t，硫 1.7%，用浮选法处理该矿石得到的金的效率不稳定，一般低于 70% ~ 80%，而矿石直接氰化浸出金的回收率仅 40% ~ 60%，该矿石中黄铁矿和白铁矿的粒度范围较宽，小至直径 1μm 在脉石中的包裹体。工艺流程如图 10 - 4 所示。

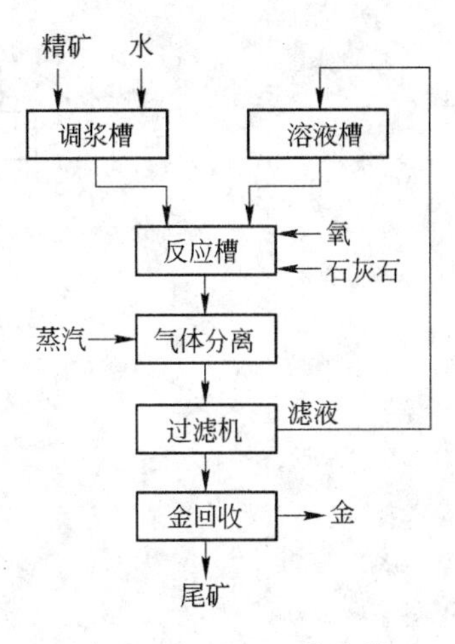

图 10 - 4 Redox 法流程

该方法的工艺过程为：

(1) 磨矿以后，矿浆被泵到第一个浸出反应槽，把硝酸加到反应槽达到所要求的硝酸与硫化物之比。

(2) 在常压和 85℃ 条件下，在一系列搅拌槽中进行氧化。

(3) 一氧化氮气体排入硝酸再生车间，一氧化氮被周围空气氧化成二氧化氮，并在常压下由三个串联的吸收塔中吸收。

(4) 氧化以后，全部矿浆用石灰石和石灰进行两段中和。中和后的矿浆用炭浸法处理提金。

研究确定：磨矿细度越细，硫化矿物的氧化和金的浸出率也就越高，当小于 100μm 占 80% 降到小于 44μm 占 80% 时，金的回收率增加 3%。

在小于 60μm 占 80% 的磨矿细度下，所需硝酸与矿石中硫化物的比例为理论值92% ~ 94%。

氧化反应速度随矿浆浓度的增加而提高，且提高矿浆浓度可使维持浸出温度所需热量减至最小。实际工艺过程中，矿浆浓度确定为 50%。

最佳的氧化浸出时间关系到随后氰化浸出金的浸出率及工厂废水中硝酸盐浓度的高低。试验确定在 85℃ 时最佳浸出时间在 90 ~ 120min 之间。

在矿浆浓度为 50% 的条件下，中性排放矿浆中硝酸盐的目标浓度为 1.5g/L NO_3^-。

用于 Redox 法排放矿浆的中和方法对以后金的浸出是一个重要影响因素。以石灰石热中和使 pH 值为 3.5，接着再加石灰使 pH 值 10.5 得到满意的结果。

10.4.2.2 精矿处理

对约含 60% 以砷黄铁矿和磁黄铁矿形式存在的硫化物精矿进行了试验研究，含金 11g/t 的精矿直接氰化浸出金的浸出率小于 10%。

该物料用 Redox 法处理，确定硫化物氧化率与金氰化浸出率之间的关系见表 10 - 1。

表 10 - 1 硫化物氧化率对金浸出率的影响 (%)

硫化物氧化率	24.3	79.1	86.7	90.0
金氰化浸出率	22.4	75.6	83.4	86.0

精矿在大于 180℃ 温度下处理，可避免元素硫形成，该工艺流程如图 10 - 5 所示。

(1) 精矿矿浆与预热的返回溶液和氧一起泵至管式反应器中，氧化反应很快地进行可在1 ~ 2min 内完成氧化，并且砷酸铁开始沉淀，为促进砷酸铁的形成或在硫化物氧化期间，向反应中加足够数量石灰石，使矿石的硫酸盐沉淀。

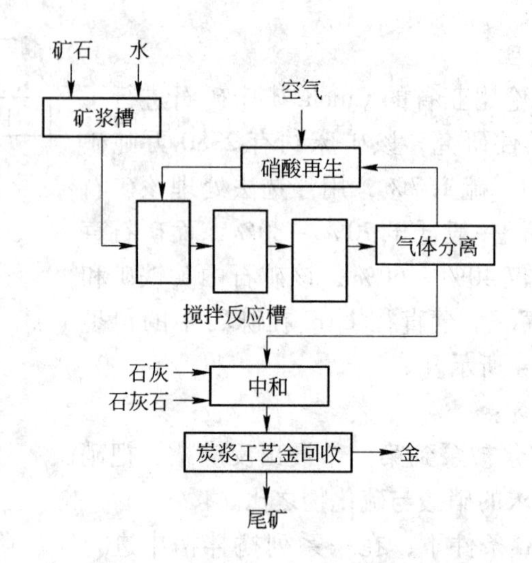

图 10-5 精矿高温氧化的工艺流程

（2）总的停留时间为5min，矿浆从195℃迅速降温，然后过滤，溶液返回到矿浆中，而固体残渣送去回收金。

在半工业试验基础上进行了可行性研究表明：投资和生产成本都不高，处理量6000t/d，精矿350t/d，投资分别为5100万加元，1650万美元，生产成本20美元/t，精矿42美元/t。

11 金的冶炼

黄金矿山通过不同的选矿方法所获得的合金产品有汞膏、金泥、砂金。钢棒阴极和各种有色金属含金精矿。除含金精矿送往冶炼厂外，前几种含金产品一般均可在矿山就地冶炼，且通常都是采用火法炼金工艺，即在高温下加入适宜熔剂，使贱金属和脉石进入炉渣与贵金属金、银分离，同时获得金银合金。火法冶炼的主要技术关键是炉渣的组成、熔炼温度、熔炼时间以及保证熔炼要求的设备等因素，以获得最佳的冶炼效果，提高金的冶炼效果既要提高成品金的质量，又要提高金冶炼的回收率。降低渣中金的同时，还力求使金呈易回收的形态产出，以便再从渣中回收金减少金的损失。

11.1 炼金原料及其预处理

选矿所得的各种含金产品，金品位均较低，杂质多。因此，在冶炼前必须进行处理，以清除其中的杂质，提高金的品位。

用重选所获得的砂金，在熔炼前须经干燥处理，并用磁铁将残余的含铁物质除去，人工风选将微粒石英和云母吹净，即可进行冶炼。

汞膏需经压滤和蒸馏，汞基本上被脱除后才能熔炼。

氰化—锌置换工艺所获金泥及氰化—炭吸附法所获得的铜棉阴极都因含有大量的杂质，在冶炼前必须进行浸洗。

对锌置换金泥通常用10% ~15% 的稀硫酸溶液与金泥在搅拌桶中进行搅拌，使锌溶解，待完全溶解后停止搅拌静置一段时间（一般为几个小时）以后，澄出清液，沉淀用热水搅拌、洗涤两次，再将其过滤烘干后，即可冶炼。载金钢棒通常用浓盐液（或硝酸）浸泡，以除去大量的阴极铁。

生产实践证明，当金泥或载金钢棒比较纯净时，也可不经酸洗直接冶炼，这不仅节省酸洗费用，还能减少清洗过程中贵金属的损失。

在含金物料预处理过程中，分离出的浸洗液必须过滤，以回收被酸溶液带走的微泥，减少金的损失；当溶液中杂质浓度较高时，还应考虑综合回收，如硫酸洗液中含有大量锌可加碳酸钠生成硫酸锌，再将其熔烧可制成氧化锌粉。溶液中的铜可用铁置换得海绵铜。

酸处理过程中不仅放出氢气，而且由于含金物料中含有一些氰化物和硫化物，它们与酸作用生成剧毒的氰化氢和硫化氢气体，因此，搅拌桶应当是密闭的，并且备有抽风设备，抽出的气体应用碱液充分洗涤以吸收氰化氢和硫化氢。气体管道排出口应该远离火源，避免明火和电火花引起氢气的爆炸。

11.2 火法炼金

火法炼金是将合金原料与溶剂相混合，在1200 ~1300℃的温度下进行熔炼，杂质经造渣后随炉渣排出，所剩的熔融体铸锭即为金银合金。如欲得纯金，则需进一步精炼除去杂质，并使金银分离。

炼金的主要溶剂是硼砂和碳酸钠、硝石，其次为石英砂和萤石，其主要功能为：Na_2CO_3为碱性溶剂，它与石英化合成Na_2SiO_3，并降低石英熔点；$Na_2B_4O_7$为酸性熔剂，几乎能与所有贱金属氧化物发生造渣反应，并降低炉料熔点；SiO_2为酸性熔剂，它与硼砂化合，以带走贱金属氰化物；硝石为氧化性熔剂，其作用是使物料中的贱金属和贱金属硫化物氧化成氧化物，再与熔剂造渣形成渣相，从而避免冰铜相产生，以减少贵金属损失，同时金银以单体状态赋存于熔体中便于贵金属回收；CaF_2与熔体中的铁化合，也能改进熔体和渣的流动性。

根据熔炼物料性质不同有不同的熔剂配方见表11－1和表11－2。

表11－1　某厂金泥熔炼配比 （%）

熔剂名称	Na_2CO_3	$NaNO_3$	$Na_2B_4O_7$	SiO_2	CaF_2
占干金银质量分数	12	45	43	40	
占阴极质量分数			40	30	
含Fe高的残余阴极		40	40	20	2满匙

表11－2　含锌金泥冶炼的配料比 （%）

物料组成	含石英少的纯净金泥	含石英少含锌高的金泥	含石英高的金泥
金　泥	100	100	100
硫酸钠	4	15	15
硼　砂	50	50	35
石英砂	3	15	0
萤　石	0	0	2

砂金较纯净，熔炼的主要目的是使散碎的金粒铸成型，所以熔剂加量较少，硼砂，苏打、硝石各加砂金量的10%即可。

置换金泥冶炼时，随着苏打、硼砂、二氧化硅不断加入，渣含金迅速降低，这是因为物料中的贱金属氧化物及脉石等成分与熔剂发生相互作用的结果。苏打是强酸性熔剂，当温度高到950℃左右时，它可发生分解反应，但反应很弱，可是当有SiO_2存在时，产生的Na_2O可与SiO_2发生反应便可促进苏打进一步分解，反应式为：

$$Na_2CO_3 + SiO_2 \longrightarrow Na_2SiO_3 + CO_2$$

大量的CO_2气体的产生，可加快熔体的搅动，增加了贵金属颗粒的碰撞几率，有助于贵金属的聚集，降低渣中的含金量，此外酸性溶剂的存在可生成低熔点的化合物。例如CaO熔点2580℃，而$CaO \cdot B_2O_3$熔点达到1154℃，而$Na_2O \cdot 3CaO \cdot 6SiO_2$熔点更低约为1045℃，可见造渣反应的结果能降低炉渣熔点改善炉渣流动性，使炉渣易与贵金属分离。不仅如此，由于造渣反应的作用，大量金被暴露出来，借助熔体搅拌，依靠自身聚集作用沉降与渣分离，因此，适宜的炉渣组成可促进贵金属的聚集沉降，降低渣中贵金属含量，提高贵金属置换率。

在冶炼过程中还可以加入一定量添加剂以改善熔体的黏度和流动性，为贵金属的聚集和沉降创造有利条件。

矿山冶炼根据处理量不同，采用不同的炉型，小型矿山多采用坩埚，坩埚有200~2000mL容积不等的石墨坩埚或硅质坩埚，坩埚的加热升温是用焦炭炉或柴油炉鼓风进行的。中频炉加热法熔炼时间为1.5~2.0h。如果渣量较少，可将渣自熔炼坩埚内刮出；若渣量很多，则得全部熔融体倒入一“蹲罐”（一种口大底尖的圆锥形铸铁罐）内。熔融体在蹲罐内按密度分层并经自然冷却。待冷凝后再分离，用小锤打击即可将渣与金银合金块分开，坩埚平均使用次数为2.5次。

火法炼金所用的铸模由灰口铁铸成，浇注前，铸模应烘干，有的矿山还于铸模内熏一层“油烟”，以防浇铸时熔融体飞溅于模外。

火法炼金过程简单、设备少，容易操作，但这种炼金方法劳动条件较差，金的损失较多，产品质量较低。经火法炼金后的炉渣中还含有金和其他有色金属，不能废弃，应采用重选法或其他方法将渣中的有价成分予以回收。

11.3 金的湿法精炼

金的湿法精炼即用硝酸、硫酸或王水处理金银合金，以获取纯度较高的金。硝酸和硫酸不溶解金可溶解银，但不能从含金大于25%的金银合金中将银溶解出来。分离含金高的金银合金要采用王水法处理。

11.3.1 硝酸法

采用硝酸法分离金银，首先要在原金银合金中补加银，制成含金银为75%的所谓分银合金。其次，将分银合金熔成熔融状倒入水中，制成适于硝酸浸出的颗粒。图11-1所示为硝酸法分离金银的工艺流程。反应机理为：

$$3Ag + 4HNO_3 \longrightarrow 3AgNO_3 + 2H_2O + NO$$

$$3Au + 4HNO_3 \longrightarrow 3AuNO_3 + 2H_2O + NO$$

反应在不锈钢容器中进行。亚硝气（NO）氧化后生成HNO_3回收。银和铂转入溶液，而金及其他稀有金属呈细散状黑泥存在。

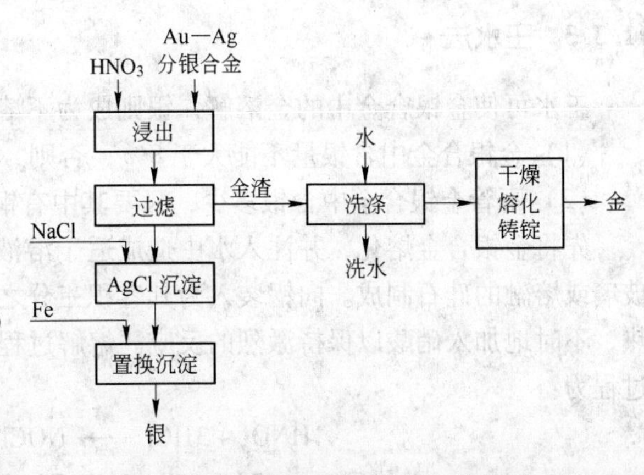

图11-1 硝酸法分离金银工艺流程

用NaCl与$AgNO_3$溶液作用，生成AgCl沉淀。再用铁屑将AgCl转变成金属银。金渣经洗涤、干燥、熔化并铸成金锭。

11.3.2 硫酸法

与硝酸法相比，采用硫酸法分离金银能大大降低成本，可以使用铸铁容器，而且合金中的铜也可以转化成硫酸铜。图11-2所示为硫酸法分离金银的工艺流程，反应机理为：

$$2Ag + 2H_2SO_4 \longrightarrow Ag_2SO_4 + 2H_2O + SO_2$$

$$Cu + 2H_2SO_4 \longrightarrow CuSO_4 + 2H_2O + SO_2$$

此法是在高温下用 H_2SO_4 长时间浸煮，合金中的含金量应大于33%，铅含量应尽可能低（不大于0.35%）或预先用火法除去铅，否则产生的金中含有大量铅的杂质，需进一步处理。浓 H_2SO_4 消耗量约为含金属量3~5倍。

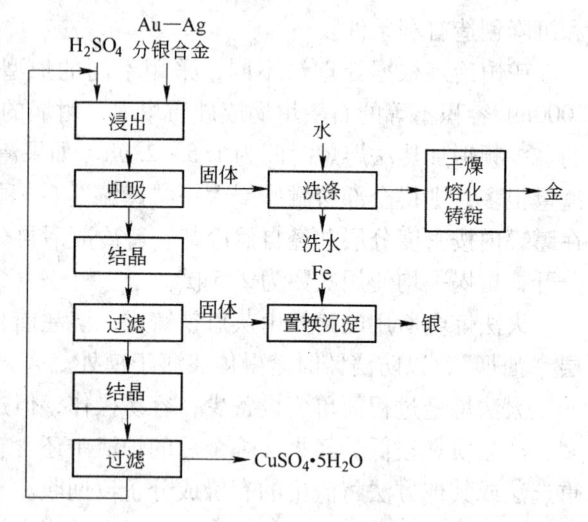

图11－2 硫酸法分离金银工艺流程

将合金熔化淬成粒或碾成薄片，在铸造锅内分次加入浓 H_2SO_4 在160~180℃下搅拌浸煮4~6h或更长时间，此时Ag及Cu等杂质便转化成硫酸盐，浸煮完后冷却，倾入衬铅槽中，加水2~3倍稀释后过滤，用热水洗涤后再加入新的浓 H_2SO_4 进行浸煮，如此反复3~4次，所得金粉洗净、烘干，含金量可达95%以上。这时铜、银以及部分钯熔解，而Au、Ru、Rh及Ir则不溶。含银和铜的溶液送至衬铅槽中，用水稀释，并冷却结晶得 Ag_2SO_4，从母液中分离出来的 Ag_2SO_4 经洗涤，以铁屑还原得银，熔化铸锭。将母液蒸发，冷却后得 $CuSO_4$，残余硫酸再循环使用。该方法不能用于含大量铅的金铅合金，因为 $PbSO_4$ 将会与金渣一起沉淀。

11.3.3 王水法

王水可使金银合金中的金溶解，银则成为不溶渣，该法应用的条件为：

（1）金银合金中含银量不能大于8%，否则，生成不溶的AgCl层，使溶解作用中止。

（2）不管金银合金中含银多少，只要其中有铜，就能使合金溶解。

先将金银合金熔化，并注入水中造成适于溶液得颗粒或碾压成薄片。熔解锅为陶瓷、玻璃或熔融的硅石制成。向锅装入为其容积三分之二的金银合金粒和盐酸，以蒸汽直接加热，不时地加入硝酸以保持激烈的反应。熔解过程完成后，将过量酸煮沸逐出，整个反应过程为：

$$HNO_3 + 3HCl \longrightarrow NOCl + 2H_2O + Cl_2$$

$$2Au + Cl_2 \longrightarrow 2AuCl \text{（可溶）}$$

$$2Ag + Cl_2 \longrightarrow 2AgCl \text{（不可溶）}$$

$$Cu + Cl_2 \longrightarrow CuCl_2 \text{（可溶）}$$

溶液自然澄清，上清液用虹吸法吸出并用还原剂（如 $FeCl_2$、草酸、SO_2）处理以沉淀金后滤出，用水洗涤再用稀硝酸处理除去杂质后，经洗净，烘干后熔化铸锭。

AgCl渣为沉淀物，用清水洗涤数次，首次洗涤液中含有金，所以返回熔解锅。以锌粉或铁屑为还原剂，将AgCl中的Ag还原为金属银。图11－3所示为王水法分离金银工艺流程。

湿法精炼由于酸的大量蒸发而操作条件较差，多次洗涤、过滤又易造成金的损失，所得金的品位最高为99%，欲制取高纯度金必须电解精炼。

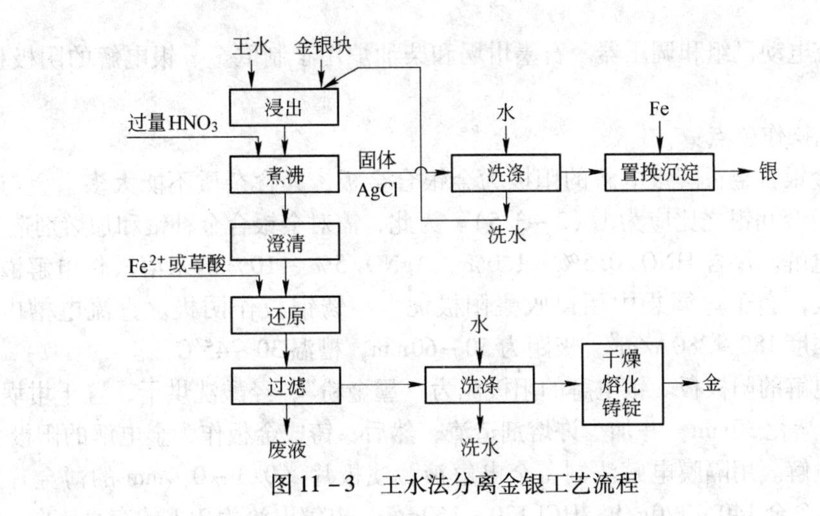

图 11－3 王水法分离金银工艺流程

11.4 电解法精炼金

用电解法精炼金，可制取含金 99.99% 的纯金，银与铜也能充分回收，劳动条件较湿法炼金有很大的改善。我国某金铜矿用电解法在矿山制取纯金，已取得良好的效果，其精炼金的工艺流程如图 11－4 所示。该厂用电解法精炼金的主要设备为石墨坩埚、柴油炉、

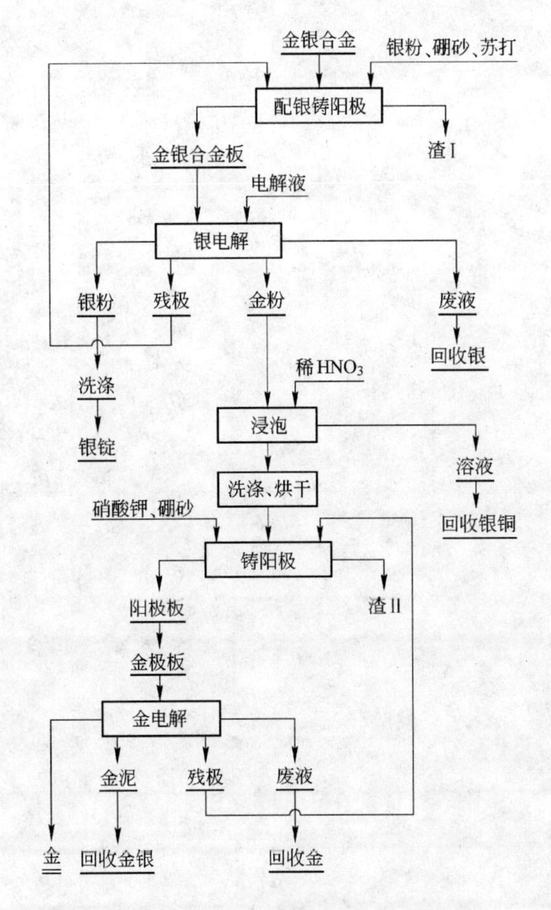

图 11－4 电解法精炼金工艺流程

电解槽、直流电动机组和调压器。石墨坩埚和柴油炉用于制取金、银电解的阴极板和金、银铸锭。

主要工艺操作要点：

（1）制金银合金板。银电解的阳极为金银合金板，其含杂质不能太多，金与银之合应大于98%，金和银之比应为1:(2～3.5)。为此，需对金银合金补银和加熔剂造渣。

（2）银电解。用含HNO_3 0.5%～1.0%，$AgNO_3$ 5%～10%的水溶液作电解液。金银合金板为阳极，套于丝绸袋中用以收集阳极泥。不锈钢板作阴极。直流电槽电压1～1.8V，电流强度180～280A/m^2，极距为50～60mm，槽温30～45℃。

（3）金电解的阳极板。银电解的阳极泥为“墨金粉”，经酸洗烘干，置于坩埚内加热1200～1300℃熔化30min，并加少许熔剂造渣，然后，铸成金板作为金电解的阳极。

（4）金电解。用隔膜电解法制备金电解液，使极片（0.3～0.4mm的薄金片）作阴极，电解液由含金140～720g/L，HCl 120～160g/L，电解电流为2:1的交直流电，槽电压0.3～0.6V，电解密度500～700A/m^2，极距35～40mm，槽温40～60℃，每槽电解周期110～143h，所得电解金用50%硝酸煮沸3～4h，再于氨水中浸泡3～4h后含金品位可达99.99%。电解精炼可使金冶炼回收率达到99%。

12 金的化验

12.1 样品加工

金矿石属于组成很不均匀的试样，选取具有代表性的均匀试样是一项较为复杂的操作。为了使采取的试样有代表性，必须按一定程序，自物料的各个部位，取出一定数量的大小不同的颗粒，取出的份数越多，试样的组分与被分析物料的平均组成越接近。平均试样选取量与试样的均匀度、粒度、易破碎度有关，可用采样公式表示：

$$Q = Kd^2 \tag{12-1}$$

式中 Q——采取平均试样的最小质量，kg；

K——经验常数，由物料的均匀度和易破碎程度等决定，可由试验求得，K 值在 0.02～3.0 之间，矿石样品的 K 值见表 12－1；

d——试样中最大颗粒的直径，mm。

表 12－1 按矿石均匀程度确定 K 值

矿 石 性 质	K 值
极均匀和均匀的	0.05
不均匀的	0.1
极不均匀的，包括含细粒金的均匀金矿石	0.2
含中粒金（0.2～0.6mm）的极不均匀的金矿石	0.4～0.8
含粗粒金（>0.6mm）的极不均匀金矿石	0.8～1.0

样品重量 1kg 以下，固金样品基本分析重量不少于 500g，加工时中间不缩分，破碎至 0.074mm 以下，分成两份，一半留作副料，另一半用作分析试样；样品超过 1kg，加工时需按式（12－1）缩分。

样品加工设备主要有颚式破碎机、双轴粉碎机以及振动磨矿机（或圆盘机、棒磨机、球磨机）。在没有上述设备情况下，可采用手工加工办法研磨，所用工具有铁锤、冲土钵、捣臼、研体、碾子等。

样品加工程序：

（1）粗碎，由颚式破碎机把大块试样破碎至 3.327～4.699mm。

（2）中碎，用双辊粉碎机碎至 0.833mm 以下。

（3）细碎，用振动磨矿机等磨至近似所要求的筛孔为止。在任何一次过筛时，应将未通过筛孔的粗粒进一步破碎，直至全部通筛为止，不可将粗粒弃掉。筛子一般用细的铜合金丝制成，有一定孔径，用筛号（网目）表示，通常称为标准筛，其规格见表 12－2。

表 12-2 标准筛规格

筛号/目	3	6	10	20	40	60	80	100	120	140	200
筛子直径/mm	6.72	3.36	2.00	0.83	0.42	0.25	0.177	0.149	0.125	0.105	0.074

（4）缩分是在样品再次破碎后，用机械或人工取出一部分有代表性的试样，继续加以破碎。这样，样品量就逐渐缩小，便于处理。常用手工缩分方法是“四分法”。四分法是将已破碎的样品充分混匀，堆成圆锥形，将其压成圆饼状，通过中心按十字形切成四等份，弃去任意对角线的两份，由于样品中不同粒度，不同密度的颗粒大体分布均匀，留下样品的量是原样品的一半，仍能代表原样品的成分。缩分应按式（12-1）进行，否则应再粉碎后缩分。

12.2 金化验的主要仪器设备

金化验的主要仪器设备见表 12-3。

表 12-3 金化验的主要仪器设备

仪　器	规格型号	数　量
分析天平	分度值 0.1mg	1 台
马弗炉		1 台
烘箱		1 台
电热板	3kW	2 台
蒸馏水器	10L/h	1 台
真空泵	60L/min	1 台
吸附分离过滤装置		1 套
原子吸收分光光度计		1 台
大肚移液管	50mL	2 只
	25mL	2 只
	10mL	2 只
蓝线滴定管	50mL	2 只
	25mL	2 只
烧　杯	400mL	40 个
	50mL	40 个
量　筒	1000mL	2 个
	500mL	2 个
	100mL	2 个
	50mL	2 个
	10mL	2 个
瓷坩埚	50mL	100 个
方瓷舟	100mL	50 个
容量瓶	1000mL	4 个
滴定台		2 台

12.3 金的分析方法

金的分析方法很多，根据物料和含金量，可选用其中一种，目前在矿山应用较多的是碘量法。

12.3.1 碘量法

12.3.1.1 方法简介

A 试样分解

试样用王水分解，金以 $AuCl_4^-$ 状态存在于溶液中，其化学反应为：

$$Au + 4HCl + HNO_3 = HAuCl_4 + 2H_2O + NO\uparrow$$

B 分离和富集

试样用王水溶解后，金呈 $AuCl_4^-$ 络离子存在于溶液中，过滤使其与残渣分离，滤液经过活性炭层，金被100%吸附，少量铜、铁、二氧化硅亦被吸附，活性炭用盐酸和氟化氢铵稀溶液洗涤，能很快除去活性炭吸附的二氧化硅和其包含的铁等，洗涤效果很好。

C 测定原理

三价金盐在弱酸性溶液中能定量氧化碘离子成碘，碘可用标准硫代硫酸钠溶液滴定，其化学反应式如下：

$$AuCl_3 + 3KI = AuI + I_2 + 3KCl$$

$$I_2 + 2Na_2S_2O_3 = 2NaI + Na_2S_4O_6$$

D 干扰元素及其消除

滴定时少量铜和铁均有干扰，可加入 EDTA 和 NH_4HF_2，形成稳定络合物，从而消除其影响。

$$Cu^{2+} + H_2Y^{2-} = CuY^{2-} + 2H^+ \text{（Y 代表 EDTA 阴离子）}$$

$$Fe^{3+} + 6F^- = [FeF_6]^{3-}$$

E 适用范围

适用于铜、铅、锌多金属硫化矿以及含石墨硫化矿物中金的测定。

12.3.1.2 试剂和仪器

A 试剂

（1）盐酸：工业用；化学纯，2%洗液。

（2）硝酸：工业用；化学纯。

（3）1∶1 正王水；水∶工业盐酸∶工业硝酸 = 4∶3∶1。

（4）1∶1 逆王水；水∶纯盐酸∶纯硝酸 = 4∶1∶3。

（5）正王水：盐酸∶硝酸 = 3∶1。

（6）氟化氢铵：分析纯，2% ~5%滴洗液。

（7）活性炭纸浆混合物：取1g分析纯活性炭和1g滤纸浆，加适当水充分混匀。

（8）碘化钾：分析纯。

（9）1mol/L 氯化钠溶液，称5.85g 氯化钠溶解于100mL 水中。

（10）0.02mol/L EDTA 溶液：称取0.72g EDTA = 钠盐溶于少量水中，稀释到100mL。

（11）1%淀粉溶液：1g分析纯可溶淀粉用少量水调成糊状倒入100mL沸水中，继续加热煮沸到澄清，冷却。

（12）金标准溶液：称取0.5000g纯金置于150mL烧杯中，用10mL王水完全溶解后，加1g氯化钠在水浴上蒸干，加2mL于浓盐酸蒸干，再处理一次。金盐用水溶解，溶液移入1000mL容量瓶中，冷却，稀释到刻度摇匀。此溶液每毫升含金500μg取上述溶液用水稀释5倍，得到溶液为每毫升含金100μg。

（13）硫代硫酸钠标准溶液：称取分析纯结晶硫代硫酸钠25.2g，溶于少量蒸馏水中，加0.1g碳酸钠，稀释到1000mL，放置一周后备用。此储备液每毫升约相当于10mg金。

分别取上述储备液3mL、10mL及30mL，各加入0.1g碳酸钠，稀释到1000mL，所得溶液每毫升分别相当于30μg、100μg及300μg金，所用水，都是新煮沸后冷却的蒸馏水。

标定：准确取适当量金标准溶液于50mL瓷坩埚中，加1mL 0.02mol/L EDTA，少量氟化氢铵，搅拌溶解后，加少量碘化钾搅拌后立即用待标硫代硫酸钠溶液滴定到浅黄色，加1%淀粉溶液5滴，继续滴定到蓝色完全退去为终点。

计算：

$$T_{Au}=\frac{rV_1}{V_2}$$

式中 T_{Au}——1mL硫代硫酸钠溶液相当金的质量，mg；

r——1mL金标准液含金的质量，g；

V_1——吸取金标准液的体积，mL；

V_2——滴定消耗硫代硫酸钠的体积，mL。

B 仪器

（1）分离吸附装置如图12－1所示。

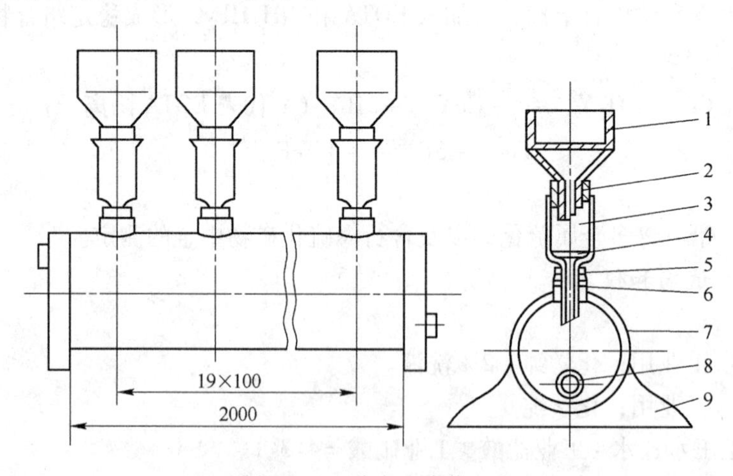

图12－1 分离吸附装置

1—布氏漏斗；2，5—胶塞；3—吸附柱；4—滤板；6—吸附柱蠕孔；7—抽滤筒；8—排气口；9—抽滤筒底座

图12－1中，1）布氏漏斗：ϕ80mm；2）活性炭吸附柱：内径32mm玻璃柱：3）活性滤板：直径为30mm，有19～30个孔，孔径1.3～2mm的有机玻璃板。

（2）真空泵：60L/min。

（3）瓷坩埚：50mL。

（4）高溶电炉。

12.3.1.3 分析程序

A 试样分解

精确称取10～50g试样于400mL烧杯中，用少量水润湿，盖上表皿，在通风橱内，对含硫高的试样小心加20mL 1∶1逆王水，待反应平稳后再加入20mL（以免试样溅出），共加入100mL，含硫低的试样可直接加入100mL 1∶1正王水，然后在砂盘上加热到试样分解完全时取下，用水洗杯壁稍冷却后过滤。

B 过滤和吸附

把吸附柱安置在抽滤筒上，放入底板，底板上铺一张新滤纸，均匀分次加入1.2～2g活性炭低浆混合物，抽气成均匀活性炭层，用水冲洗吸附柱内外。然后把洗净布氏漏斗安在吸附柱上，漏斗上铺两张定性滤纸，加少量水铺平，抽气使之不漏气。

把溶解好的试液，倒入正在抽气的布氏漏斗过滤和吸附，试液滤完后，用温热2%盐酸溶液洗烧杯和残渣各3～4次，抽干，取下漏斗，残渣弃去。活性炭层用25mL 2%温热盐酸溶液洗5～6次，用20mL温热氟化铵溶液洗3～5次，用20mL温热盐酸溶液洗3～5次，再用20mL热水洗3～5次。抽干后，停止抽气，取下吸附柱，把活性炭纸浆混合物倒入洗净的50mL瓷坩埚中，取出浮动底板。

C 灼烧和溶解

将坩埚放入已预热到300℃左右的高温炉中，关炉门，升温到700℃，直到灰化完全。取出冷却加1mol/L氯化钠溶液2～3滴和1mL王水，在水浴上低温溶解反应平稳后，提高温度蒸干，到无酸时取下，加4～5滴浓盐酸，在低温水浴上蒸至无酸味。

D 滴定

加1mL水溶解金盐，然后再加入1mL 0.02mol/L EDTA溶液，少量氟化氢氨，搅拌使铁盐等络合完全后，加少量碘化钾搅拌，立即用适当浓度硫代硫酸钠溶液滴定到浅黄色，加5滴1%淀粉溶液，继续滴定到蓝色完全消失为终点。

$$M_{Au} = \frac{T_{Au}V}{G}$$

式中 M_{Au}——试样中金的含量；

T_{Au}——1mL硫代硫酸钠溶液相当金的质量，mg；

V——滴定消耗硫代硫酸钠溶液的体积，mL；

G——取试样质量，g。

E 注意事项

（1）试样中如果含有有机碳、石墨等，必须在300～200℃烧除，否则结果偏低。

（2）如果试样中含有大量的铅（如铅精矿），试样分解后，试液应冷却到5℃左右，冷过滤，并用冷盐溶液洗涤，使大部分铅成$PbCl_2$沉淀留在碱渣里。

（3）为达到试样分解完全，加入王水（逆王水）的量，可根据各矿种及其细度，视情况而增减。

（4）活性炭应保持在0.6～1g，太少吸附不完全，太多过滤灼烧太慢，并且带下杂质多影响滴定；活性炭含杂质高也影响测定，活性炭低浆混合物可在3%～5%氟化氢铵溶液中浸泡2～3天。

（5）过滤前一定要将滤纸铺平，在抽滤后，漏斗发出"吡吡"声方可过滤，以免跑滤。

（6）抽干后，停止抽气直接取下吸附柱，由于吸附层上下气压变化，能将活性炭层冲出，可先用小刀把布氏漏斗上的滤纸划破，再取下吸附柱，即可克服。

（7）浮动底板上有少量活性炭滤纸含金极微，可忽略不计。

（8）加盐酸蒸干除硝酸，蒸干时间不要太长，至无酸味即取下。否则，活性炭带下的铁盐将转化为砖红色氧化铁。此氧化铁不被氟化氢铵络合，影响滴定终点观察，如果出现红色氧化铁，可用盐酸再仔细蒸干一次。

12.3.2 火试金重量法测定金精矿中的金

12.3.2.1 方法简介

试样经配料、熔炼成获得适当质量的含有贵金属的铅扣和易碎性的熔渣，熔渣两次试金得到的铅扣半灰吹，残铅与一次铅扣合并灰吹，得金银合金粒，硝酸分银，试金天平称金重，可测定含金40.0~450g/t的金精矿。

12.3.2.2 试剂

（1）碳酸钠，工业纯、粉状。

（2）氧化铅，工业纯、粉状、金属小于$2\times10^{-6}\%$，银量小于$2\times10^{-5}\%$。

（3）硼砂，工业纯、粉状。

（4）玻璃粉，180~150μm。

（5）硝酸钾，工业纯，粉状。

（6）纯银，99.99%。

（7）氯化钠，工业纯，粉状。

（8）硝酸，优级纯，不含氯离子，1:7，1:2。

（9）面粉。

12.3.2.3 仪器

（1）4号黏土坩埚，高130mm，顶部外径90mm，底部外径50mm，容积约为300mL。

（2）铸铁模，铅扣和熔渣分离用。

（3）镁砂灰皿，顶部内径约为35mm，底部外径约40mm，高30mm，深约17mm。制法：水泥（标号425）、镁砂（180μm）与水按15:85:10（质量比）搅拌均匀，在灰皿机上压制成型，阴干三个月后备用。

（4）分金试管，25mL比色管。

（5）吸管。

（6）试金天平，分度值0.01mg。

（7）电炉，最高使用温度1350℃。

（8）制样机，密封式。

12.3.2.4 分析步骤

（1）配料，称取经105~110℃烘干试样10~20g，加入预先配有一定重量的硫酸钠、氧化铅、玻璃粉、硼砂，硝酸钾的4号黏土坩埚里，混合均匀，覆盖10mm厚精盐。

（2）熔炼，将坩埚置于炉温为800℃的试金电炉内，关闭炉门，升温至900℃，保温

15min 再升温至 1100 ~ 1200℃，保温 10min 后出炉，将坩埚平稳的旋转数次，并在铁板上轻轻敲击 2 ~ 3 下，使粘着在坩埚壁上的铅珠下沉，然后将熔融物小心地全部倒入预热的铸铁模中。冷却后，把铅扣与熔渣分离，将铅扣锤成正方体并称重（应为 25 ~ 40g），收集熔渣，保留铅扣。

（3）二次试金，面粉法配料，即熔渣粉碎后（180μm）加 20g 碳酸钠 10g 玻璃粉，30g 氧化铅，5g 硼砂，3g 面粉置于原坩埚中，搅拌均匀，覆盖约为 10mm 厚的氯化钠，按熔融操作，弃去熔渣，保留铅扣。

（4）灰吹，将二次试金铅扣放入已在 950℃炉中预热 20min 的镁砂灰皿中，关闭炉门 1 ~ 2min，待熔铅脱膜后，半开炉门，并控制炉温在 850℃灰吹至铅扣剩 2g 左右，取出灰皿。冷却后，将剩余铅扣与一次试金扣合并放入已预热过的灰皿中按上述操作灰吹，至接近灰吹终点时，升温至 880℃，使铅全部吹尽，将灰皿移至炉门放置 1min，取出冷却。

（5）将合金粒从灰皿中取出，刷去黏附杂质，在小钢砧上锤成 0.2 ~ 0.3mm 薄片。

（6）分金，将金银薄片放入分金试管中，加 10mg 微沸的 1∶7 硝酸，置入沸水浴中加热。待合金粒与酸反应停止后，取出试管，倾出酸液，再加入 10mL 微沸的 1∶2 硝酸，再加热 20min，取出试管，倾出酸液，用热蒸馏水洗净金粒后，移入坩埚中，在 600℃高温炉中约烧 2 ~ 3min，取出冷却。

（7）称量，将金粒放在试金天平上称取重量，以毫克计。

（8）计算。

$$\text{Au (g/t)} = \frac{\text{金重 (mg)}}{\text{试样重 (g)}} \times 1000$$

12.3.2.5 注意事项

（1）测定金的试样应通过 0.075mm 的筛孔，并在 100 ~ 105℃干燥 1h，置于干燥器中冷却至室温备用。

（2）试样量应根据各种类型金精矿的组成和还原力，控制硝酸钾加入量小于 30g。称样量一般为 10 ~ 20g。

（3）试样还原力的测定。称取 5g 试样，10g 硫酸钠，6g 氧化铅和 10g 玻璃粉混匀，进行熔炼操作，称量所得铅扣。

$$\text{试样的还原力} = \frac{\text{铅扣重 (g)}}{5}$$

（4）氧化铅空白值的测定。新进氧化铅都要测定其中金量（空白值），每次称取三价氧化铅平行测定取平均值。

称取 200g 氧化铅，40g 硫酸钠，35g 玻璃粉，3g 面粉按分析步骤操作测定金量。碳酸钠加入量为试样量的 1.5 ~ 2.0 倍。

氧化铅加入量计算：

$$\text{氧化铅加入量 (g)} = 1.1FG + 30$$

式中 F——试样还原力；

G——取样质量，g。

当还原力低时，氧化铅的加入量不应少于 80g。如试样中含铜较高时，氧化铅加入量除需要造 30g 铅扣的氧化铅外，还需补加 30 ~ 50 倍铜量的氧化铅。

（5）玻璃粉加入量。首先计算在熔融过程中生成的金属氧化物，以及加入的碱性熔剂，在0.5～1.0硅酸度时所需二氧化硅总量。减去试样中含有的二氧化硅即需加入二氧化硅量。此二氧化硅的1/3用硼砂代替，2/3按0.4g二氧化硅相当于1g玻璃粉计算出玻璃粉加入量。

（6）硼砂加入量。按加入二氧化硅量的1/3，除以0.39计算，但至少不能少于5g。硝酸钾的加入量计算：

$$硝酸钾加入量（g）=\frac{GF-30}{4}$$

除要求特高准确度外的验证或仲裁分析外，一般生产试样不作二次试金分析。

13 金尾矿综合利用

13.1 金矿山尾矿堆存与危害

尾矿是矿石经磨矿后进行选别，将有用矿物分选后所排弃的残渣含有多种脉石矿物，是矿山的一种工业废料。

金矿开采过程中，剥离及掘进时产生的无工业价值的矿床围岩和岩石称为废石。矿石提取黄金精矿后所排出的废渣即为黄金尾矿。黄金尾矿呈碱性，pH 值大于 10。尾矿中 SiO_2、CaO 含量较高，同时含有一定量的 Fe_2O_3、Al_2O_3、MgO 和少量贵金属（如 Au、Ag）、重金属（如 Cu、Pb、Zn）。由于金矿矿石性质、提金工艺的不同，尾矿的矿物性质、有价金属元素含量等也会有所变化；但也存在一定的共性，例如矿物相通常以石英、长石、云母类、黏土类及残留金属矿物为主等；矿物粒度很细，泥化现象严重等。黄金的生产因矿物含量少、金元素化学稳定性高而有其独特的行业规律。金矿脉一般较薄，储量小，每吨矿石含金在几克至几十克，因此矿石开采时产生了大量废石；选矿后产生的尾矿基本上与投入的矿石量相同。与黑色金属、有色金属矿种相比，是一个产生固体废物比例较大的生产过程，同时也导致了黄金生产成本偏高。它具有量大、集中、颗粒细小的特点。

黄金矿山开采主要分为露天开采和地下开采。露天开采时，表土剥离量和废石产生量比例较大，规模较大的露天开采其固体堆弃场常常需占地几平方千米，且废石山裸露地面，地表植被破坏严重，生态环境难以恢复。地下开采时，固体废物的产生量也比较大。据统计，仅矿石开采时产生的固体废物总量约占矿山固体废物总排量的50%。在选冶过程中，从选矿厂和冶炼厂排出的尾矿和固体废渣，基本上和矿山的日处理矿石量相等。由于缺乏可行的综合利用技术，尾矿的利用率低，全国尾矿利用率不到10%。所以，黄金行业是产生固体废物较多的行业之一。

随着黄金开发规模的扩大和开采历史的延长，黄金矿山尾矿逐年增加。目前，尾矿多采用堆存方式处理，这不仅占用大量土地，浪费大量资金，而且严重污染环境，大体通过四种途径：(1) 尾矿在风化过程中逸出某些有害气体，经大气传播而进行污染；(2) 极细的尾矿砂粒受风吹的作用（甚至可形成沙暴），使周围环境受到严重危害；(3) 遇到汛期，尾矿连同雨水流入农田、河流，尾矿中金属硫化物淋滤形成酸性废水污染地下水而且破坏农田；(4) 尾矿中的有毒元素如 Pb、Zn、Cu 等重金属严重污染生态环境。综上所述，尾矿污染占用土地，损害景观，破坏土壤，危害生物，淤塞河道，污染大气，必须采取措施进行治理。

13.2 黄金矿山尾矿的综合利用途径及要求

黄金矿山尾矿的综合利用主要包括两方面：一是再回收，即将尾矿作为二次资源再选，综合回收有用矿物；二是利用，即将尾矿作为相近的非金属矿产直接加以利用。矿山应根据实际情况，选择其一，优先发展，或两者结合开发，实现尾矿的资源化。

13.2.1 尾矿中伴生元素的回收

在金矿石中往往伴生少量其他有用组分，在金、银等提取后，这些组分在一定程度上得到富集。将这些有用组分回收也是增加企业经济效益、减少环境污染的重要途径。在我国，许多黄金矿山矿石中均含有可以综合回收的伴生组分，如铅、锌、铜、铁、硫等。据调查，有些矿山尾矿中铅品位大于1%，硫品位大于8%，有的铜品位超过0.2%，有的锌品位大于0.5%，都具有一定的回收价值。

13.2.2 黄金矿山尾矿的直接利用

黄金矿山现存尾矿即使将有用元素回收后，仍留下大量无提取价值的废料。这种废料仍含有可利用的物质，可将其视为一种“复合”的矿物原料直接利用。

（1）用尾矿生产建筑材料。我国黄金矿床类型复杂，围岩种类多样，部分矿床中金属矿物含量稀少，脉石矿物比较纯净，尾矿可作为重要的非金属原料或建筑材料直接利用。火山凝灰岩贫硫型黄金矿床，尾矿富含硅、铝，可直接压制建筑用砖或作为水泥原料；石英脉型矿床，尾矿中石英含量高，铁、钛、硫含量较低，可作为铸造型砂、玻璃原料或冶金熔剂；碱性岩贫硫型矿床及碱性变岩贫硫型矿床的尾砂，以碱性长石、高岭土为主，富含钾、钠、铝等元素，当尾矿中铁、钛、钙等有害组分含量符合工业指标要求时，尾矿可作为陶瓷、釉面砖的原料；碳酸岩型矿床，尾矿也可作为水泥原料。山东建材学院利用焦家金矿尾砂，添加少量当地的廉价黏土研制出符合国家标准的陶瓷墙、地砖制品。烧成的制品经测试，其物理力学性能符合有关的国家标准，外形尺寸及外观质量也符合有关国家标准。丹东市建材研究所利用金矿矿渣为主要原料，加入部分塑性较好，并显示颜色的黏土原料，经烧结而制成一种新型建筑装饰材料——废矿渣饰面砖。经烧结制成的饰面砖，密度2.19g/cm^3，吸水率6.07%，抗折强度26.85MPa，抗冻性、耐急冷急热性、耐老化等性能都达到规定标准。

（2）用尾矿作井下充填料。采用充填法的矿山每开采1t矿石需回填0.25～0.4m^{3}或更多的充填料。尾矿是一种较好的充填料，可以就地取材、废物利用，免除采集、破碎、运输等生产充填料碎石的费用。一般情况下，用尾矿作充填料，其充填费用较低，仅为碎石充填费用的1/4～1/10。对于价值较高的黄金矿山的矿体，为了改善矿柱回采条件，降低贫化损失，往往在充填料中加入适量的水泥或其他胶结材料，使松散的尾矿凝结成具有一定强度的整体。尾矿胶结充填法在山东省某金矿应用后，不仅使采矿安全可靠，减少贫化损失，减轻了工人的劳动强度，而且生产能力提高34.7%，同时因外排尾矿量的减少也降低了对环境的污染。

（3）利用尾矿堆积场复垦造田。在一些邻近城市或土地相对紧张的矿山，对矿山复垦造田，尤为有利。对尾矿复垦造田有两种方法：一种是在尾砂表面覆盖一层厚度适宜的土壤，然后再种植植物。这种方法虽然有效，但需要大量的“好土”；取土、运输、覆盖等一系列工作使这种方法的费用较高而影响了推广应用。另一方法是直接在尾矿砂上种植植物进行植被，国内外已有成功的经验。金厂峪金矿是我国重点产金矿山，废弃的老尾矿坝给周围环境造成一定影响。20世纪80年代末，该矿开始对老尾矿坝进行植被治理，在雨季播种耐旱、耐风沙的牧草——沙打旺。在1988年施以0.075kg/m^2的草籽，到1990年后尾矿坝植被覆盖率已达95%以上，牧草平均高80cm，最高达150cm。该方法投资少，见效快，简便易行，又为周围农民饲养牲畜提供了很好的饲料。

对于黄金矿山的氰化尾矿，在阳光和水的作用下，新排入尾矿坝中的氰化物，通过形成氰化氢挥发及分解而含量降低，进一步转化成为天然肥料（如尿素）。这一转化过程为及时治理尾矿防止环境污染创造了条件。例如：菲律宾的马斯巴特金矿在尾矿坝堤形成后便开始了复垦试验研究，结果尾矿坝上的农作物长势旺盛。这一事实充分说明上述转化过程是迅速而有效的。试验的成功保证了该矿在1990年第一期尾矿坝填满后，马上开始在尾砂表面全部种植了农作物。这样，不仅实现了在建设和生产的同时维持环境的平衡，而且使农民获得利益。黄金尾矿的直接利用，不仅能消耗大量的尾矿，使矿物资源得到充分利用，而且有良好的经济效益、环境效益和社会效益。

尾矿的综合利用应立足于：尾矿用量大、产品销路广、燃料用量省、生产周期短、基建投资省、上马快、经济效果显著。尾矿综合利用还是一项新兴事业，应考虑到将来工艺过程的不断革新和改进，产品用途的逐渐推广，经营管理的提高，虽少盈利，但能做到少占地，不危害农业，达到兴利除害之目的，就应大力探索研究，并兴建相应的工厂，以期将来的发展。

至于矿山的尾矿怎样利用，首先应根据尾矿的物理化学性质和矿物组分，选择适宜的利用途径，同时根据矿山的开发和建设的需要，矿区附近对建筑材料的需要情况，并考虑矿山的交通运输、电力、材料、燃料等的供应条件合理确定。例如某矿的井下需充填，而该矿的尾矿不易风化水解、不产生有毒有害气体、粒级大部分在0.037mm以上时，则可将尾矿用作井下充填材料；对于尾矿中含石英很高，当地对建筑材料的需用量大，则可考虑利用尾矿生产蒸压硅酸盐砖、瓦，当尾矿中的石英含量高，同时有害组分（硫、铁、钛、铬等）的含量又很微时，还可用作玻璃的原料；又如当矿山产出的尾矿中含CaO较高，而MgO的含量又很低时，则可用作水泥的原料；再如当矿山产出的尾矿中富含Al_2O_3和SiO_2，则可考虑用作耐火材料的原料。此外，对于成分复杂的尾矿，当尾矿中的矿物组分和化学成分符合生产铸石制品的原料要求时，则可用来试制铸石制品，或用于烧制陶粒。总之，尾矿的综合利用应根据矿山的具体条件，全面考虑确定。

但是不论将尾矿利用于哪种途径，必须注意以下几点：

（1）尾矿中有用金属或有用矿物的含量很微，预计在较长年限内在选矿技术上难以回收。

（2）尾矿中不含有放射性元素或含量极微，如用以制作建筑材料，其放射剂量不致危害人体健康。

（3）尾矿的物理化学性质和矿物组成（包括有用矿物和微量有害元素）基本符合于利用途径的要求。

（4）在利用尾矿之前，对其所含选矿药剂和油类，应采取适当措施妥善处理。

（5）利用尾矿制作建筑材料时，必须注意回收尾矿中所含微量的有用金属和稀、贵金属。

为此，在利用尾矿时，应对尾矿进行化学成分的全分析、粒级组成的分析、药剂和油类含量的分析，并对其密度、堆密度、孔隙率、压实系数、渗透率、水解难易度等进行测定。

13.3 金尾矿的再选

由于金的特殊作用，从选金尾矿中再选金受到较多重视。实践证明，由于过去的采金及选冶技术落后，致使相当一部分金、银等有价元素丢失在尾矿中。我国每生产1t黄金，大约要消耗2t的金储量，回收率只有50%左右，也就是说，大约还有一半的金储量留在尾矿、矿渣中。国外的实践表明，金尾矿中有50%左右的金都是可以再回收的。

在我国20世纪70年代前建成的黄金生产矿山，选矿厂大多采用浮选、重选、混汞、混汞+浮选或重选+浮选等传统工艺，技术装备水平低，生产指标差，金的回收率低。尾矿中金的品位多数在1g/t以上，有些矿山甚至达到2~3g/t；少数矿石物质组分较复杂的矿山或高品位矿山，尾矿中的金品位达3g/t以上。随着近年来选冶技术水平的提高，特别是在国内引进并推广了全泥氰化炭浆提金生产工艺后，这部分老尾矿再次成为黄金矿山的重要资源。选矿成本如按照全泥氰化炭浆生产工艺计算，在尾矿输送距离小于1km的条件下，一般盈亏平衡点品位为0.8g/t。因此尾矿金品位大于0.8g/t者，均可再次回收。同时，金尾矿中的伴生组分，如铅、锌、铜、硫等的回收也应得到重视。

13.3.1 从金矿尾矿中回收铁

13.3.1.1 *磁—重联合回收工艺*

陕南月河横贯安康、汉阴两市县，沿河有五里、安康、恒口、汉阴4座砂金矿山，9条采金船，3个岸上选厂。月河砂金矿经采金船和岸上选厂处理后所得尾矿中共有21种矿物，矿物以强磁性矿物为主，弱磁性矿物为辅，夹杂有微量的非磁性矿物，目前可利用的只有4种：磁铁矿（42%）、赤铁矿（18%）、钛铁矿（18%）、石榴石（17%），其中石榴石以铁铝石榴石为主。以磁铁矿为主的铁精矿作为强磁性矿物，在砂金尾矿中含量最多，一般为60%，小于1mm粒级中含量达90%以上。

考虑到选厂尾矿中的粉尘已被重选介质——水浸洗过，故可采用干式分选工艺分选铁精矿，既可简化工艺设备，又可减少脱水、浓缩和过滤作业，减少占地面积和选矿用水。

安康金矿根据选厂尾矿特性，通过实践，采用ϕ600mm×600mm（214.97kA/m）永磁单辊干选机和CGR-54型（1592.36kA/m）永磁对辊强磁干选机顺次从尾矿中分选磁铁矿、赤铁矿（合称铁精矿）及钛铁矿与石榴石连生体的两段干式磁选工艺（图13-1），在流程末还增加了两台XZY2100mm×1050mm型摇床，用来分选泥砂废石中的金。利用该工艺，安康金矿每年可从选厂尾矿中获得铁精矿1700t，回收砂金2.187kg。

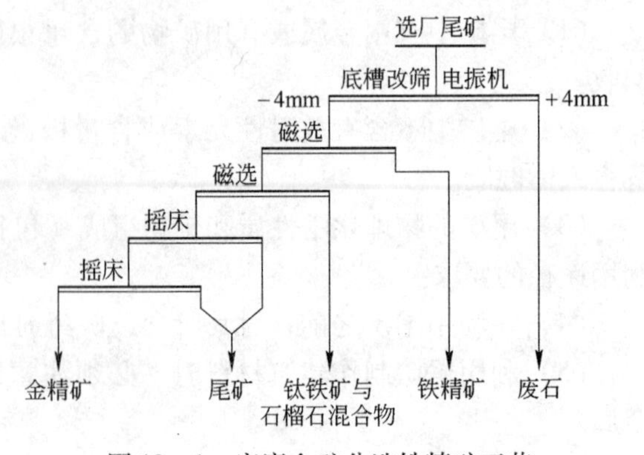

图13-1 安康金矿分选铁精矿工艺

陕南恒口金矿采用单一的ϕ600mm×600mm（87.58kA/m）永磁单辊干选机从选厂尾矿中分选铁精矿，精矿产率达

31.2%，选得铁精矿的品位为65%～68%，从尾矿中可产铁精矿1100t/a，借助摇床从中可选砂金1.5309kg，共创产值近30万元。

13.3.1.2 磁选—焙烧—磁选回收

汉阴金矿依照尾矿性质，选择场强为135.35kA/m的湿式磁选机从尾矿中分选铁精矿，分选铁精矿后的尾矿再采用焙烧—磁选的工艺分选出钛铁矿和石榴石，生产工艺如图13－2所示。据初步估算，可年产钛铁矿360t、石榴石468t和选铁时未选净的磁铁矿216t，从中分选细金屑1.218kg。

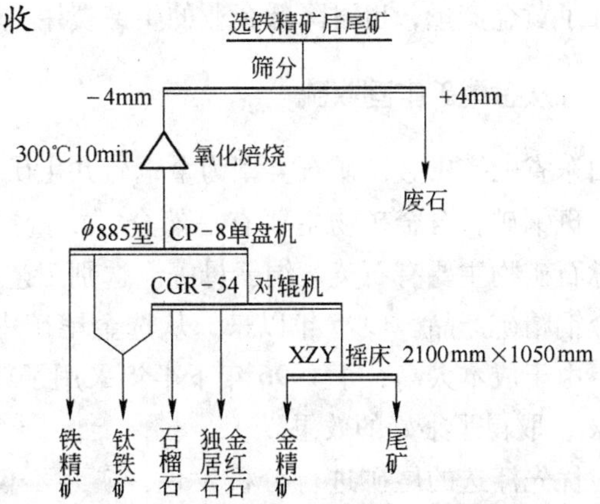

图13－2 汉阴金矿分选钛铁矿及石榴石等工艺

13.3.2 用炭浆法从金尾矿中回收金银

银洞坡金矿于1981年建成投产了100t/a的选矿厂，1985年以后选矿工艺为炭浆工艺，生产能力提高到250t/d。在1992年新尾矿库建成之前，老尾矿库堆存了达约90万吨含金较高的可回收尾矿资源，含金量约1665kg，含银25t。

选矿厂于1996年开始利用原有的250t/d的炭浆厂进行处理尾矿的工业实践，采用全泥氰化炭浆提金工艺回收老尾矿中的金、银。生产工艺流程为：尾矿的开采利用一艘250t/d生产能力的简易链斗式采砂船，尾矿在船上调浆后由砂泵输送到250t/d炭浆厂，给入由φ1500mm×3000mm球磨机和螺旋分级机组成的一段闭路磨矿。溢流给入φ250mm旋流器，该旋流器与2号（φ1500mm×3000mm）球磨机形成二段闭路磨矿，其分级溢流给入φ18m浓缩池，经浓缩后浸出吸附，在浸出吸附过程中，为了扩大处理能力，更进一步提高指标，用负氧机代替真空泵供氧，采用边浸边吸工艺，产出的载金炭，送解吸电解后，产成品金。其选冶工艺原则流程如图13－3所示。

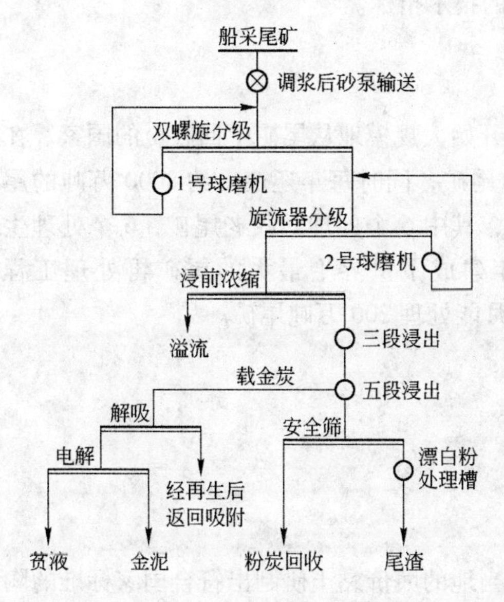

图13－3 尾矿炭浆法提金选冶流程

经过工业生产实践，主要指标达到了比较满意的结果。生产能力为250t/d以上，尾矿浓度为20%左右，细度为小于0.074mm占55%左右，双螺旋分级机溢流为小于0.074mm，占75%，旋流器分级溢流小于0.074mm，占93%，浸出浓度为38%～40%，浸出时间为32h以上，氧化钙用量3000g/t，氰化钠用量1000g/t，五段吸附平均底炭密度为10g/L。各主要指标如下：浸原品位金2.83g/t、银39g/t，金浸出率为86.5%，银浸出率为48%，金选冶总回收率为80.4%，银选冶总回收率为38.2%。

据老尾矿库尾矿资源的初步勘察，含金品位大于2.5g/t的尾矿约38万吨，可供炭浆厂生产4~5年，按工业生产实践，则可从尾矿中回收金760kg，银5t，创产值7000多万元。同时指出，由于处理尾矿的直接成本较低，因而处理大于1g/t的尾砂也稍有盈利，它不仅增加了黄金产量，也可降低企业的生产费用，因此处理1g/t以上的尾矿也是有利的。

13.3.3 从金尾矿中回收硫

山东省七宝山金矿矿石类型为金铜硫共生矿，金属硫化物以黄铁矿为主，另有少量黄铜矿、斑铜矿，含金矿物主要有自然金、少量银金矿；金属氧化物以镜铁矿、菱铁矿为主，脉石矿物主要有石英、绢云母等。选别工艺流程采用一段磨矿、优先浮选流程，一次获得金铜精矿产品。1995年以来，从选金尾矿中回收硫精矿，最初采用硫酸活化法回收硫，但由于成本太高，于1996年下半年采用了旋流器预处理工艺，使选硫作业成本降低了45%，取得了很好的效果。

对优先浮选的尾矿进行分析发现，矿浆不仅pH值高，而且含有许多细小的石灰颗粒，同时由于矿石中黄铁矿的散布粒度粗，密度比脉石矿物大，因而采用旋流器对选金尾矿矿浆进行浓缩脱泥，丢掉细泥部分，沉砂加水搅拌擦洗可以恢复黄铁矿的可浮性，通过下一步的浮选作业，获得硫精矿。ϕ350mm旋流器安装在搅拌槽上方，沉砂进入搅拌槽，同时补加清水，选硫浮选中采用一次粗选、一次扫选流程，加黄药60g/t、松醇油40g/t。

该工艺不使用硫酸，使选硫精矿成本降低，获得的硫精矿品位达37.6%，回收率82.46%，且精矿含泥少，易沉淀脱水，可年增加效益约120万元。

13.3.4 金尾矿堆浸

三门峡市安底金矿对混汞—浮选尾矿进行小型堆浸试验，共堆浸1640t尾矿，尾矿含金品位为4~5g/t，堆浸后取得了最终尾渣含金品位0.7g/t，浸出率80.56%，炭吸附率99.30%，解吸率99.30%，总回收率为79.44%的技术指标。

13.3.5 国外从尾矿中回收金

南非是世界上最大的黄金生产国，也是最早开始大规模地从尾矿中回收金的国家。在南非估计有34亿吨含金品位在0.2~2g/t的金矿尾矿，同时每年还产出约8000万吨的尾矿，目前南非的19个浮选厂中有12个处理尾矿，其中6个处理回收老尾矿，6个处理生产过程中的尾矿，从中回收金。南非于1985年建成了世界上最大的尾矿再处理工程（Anglo - American公司的Ergo尾矿处理厂），每月能处理200万吨尾矿。

13.4 金尾矿制砖

13.4.1 陶瓷墙地砖

13.4.1.1 金矿尾砂、黏土制砖

山东建材学院利用焦家金矿尾砂，添加少量当地的廉价黏土研制出符合国家标准的陶瓷墙地砖制品。

A 主要原料

主要原料为金尾砂和坊子土。尾砂选自焦家金矿的尾砂，其主要矿物包括 SiO_2、$NaAlSi_3O_8$、$KAlSi_3O_8$、NaCl、$Al_2O_3 \cdot SiO_2$（红柱石）。坊子土为当地的一种黏土，如来源有困难时，可用其他同类黏土代替。

B 生产工艺

生产工艺流程为：配料→加水搅拌→轮碾打粉→困料→100t 摩擦压机成型 60min 辊道干燥器干燥→辊道窑素烧（90min）→素检→上釉→辊道窑釉烧（90min）→检选包装。其中配料中坊子土占 18%，尾砂含水量约为 8% ~17%，生产中可根据实际需要调整加水量。素烧与釉烧均采用 50m 煤烧辊道窑，烧成周期均为 90min，烧成温度为 1140 ~ 1180℃。釉料配方见表 13 – 1。

表 13 – 1 釉料配方 （%）

名称	长石	石英	高岭土	石灰石	萤石	烧 ZnO	锆英砂	熔块	烧滑石
底釉	40	21	12	4	5	4	5	3	6
面釉	46	11	5	5	3	3	10	11	6

在实际生产过程中，厂方可根据市场现状及用户的要求而选择不同的彩色釉和艺术釉，从而提高产品的附加值。

烧成的制品经测试，其物理力学性能符合有关的国家标准，外形尺寸及外观质量也符合有关国家标准。

13.4.1.2 金尾砂生产陶瓷墙地砖

用金尾砂生产陶瓷墙地砖产品，同生产水泥免烧砖相比，成本低、售价高，为尾矿的利用开辟了一条新途径。

A 生产工艺

蒸压选金尾矿棒式砖的生产工艺流程如图 13 – 4 所示，只是在压砖工序上，不是采用转盘式压砖机，而是采用 HQY 型液压地砖机，并应配备不同规格的制砖模具。

B 工艺条件

为了保证制品的强度，一般要求尾矿中可溶于水的 SiO_2 与石灰中可溶的 CaO 之物质的量的比约等于 1∶1。生产时的物料配合比为：尾矿 89% ~91%；生石灰 8% ~9%；石膏 0.5% ~1%；晶坯 0.2% ~0.5%。

在相同成型压力条件下，尾矿越粗，制品越致密，强度越高。其主要原因是由于物料在拌和时，必然会混入大量空气，当受压时，这些空气被迅速压缩，而压力退去后又会反弹，致使砖坯结构受到损害。然而，当物料颗粒较粗时，部分空气可以通过颗粒间的空隙逸出，从而使上述反弹效应减弱。

C 养护制度

所谓的蒸压养护制度，主要包括升温时间和升温速度、最高温度及恒温时间、降温速度以及后期堆放环境等。通过试验研究及经济技术比较确定尾矿砖的养护制度（表 13 – 2）。

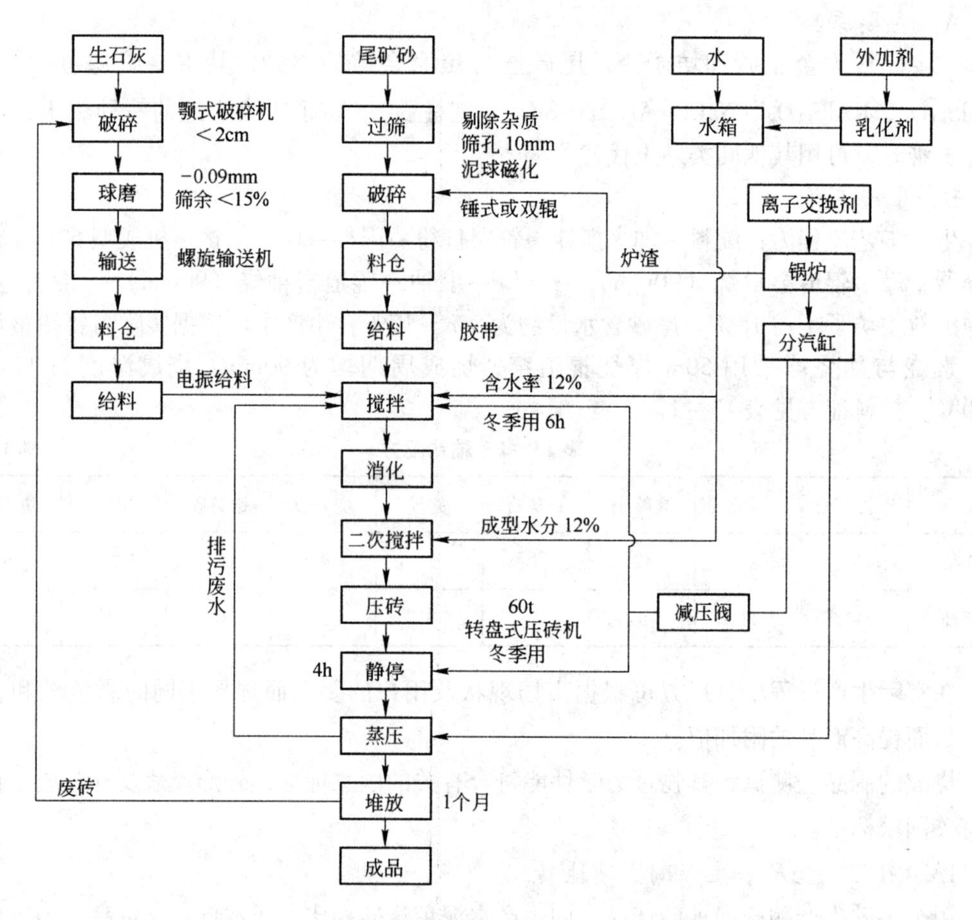

图 13-4 选金尾矿砖厂工艺流程

表 13-2 尾矿砖最佳养护制度

养护过程	温度区间/℃	养护时间/h
静 停	25～45	4
升 温	25～191	0.5
恒 温	191	2.5
自然降温	191～120	2.5
降 温	120～60	1.5
常温养护	>0	720

生产的成品经测试满足 GB 11945—89 质量标准。

13.4.2 饰面砖

丹东市建材研究所利用金矿矿渣为主要原料，加入部分塑性较好并显示颜色的黏土原料，经烧结而制成一种新型建筑装饰材料——废矿渣饰面砖。这种面砖可用于外墙和地面装饰，具有吸水率低、强度高、耐酸碱度、耐急冷急热性能和抗冻性能优良等特点，经小试产品性能达到并优于饰面砖的技术标准。

13.4.2.1　原材料

废金矿渣选用五龙金矿废渣，细度为小于 0.074mm 占 97% 以上，其化学组成为：SiO_2 79.11%、Al_2O_3 8.92%、Fe_2O_3 3.5%、CaO 0.60%、MgO 3.16%、烧失量 2.0%。

因废矿渣塑性差，颜色不理想，采取掺加部分黏土来解决废矿渣作饰面砖的不足。选用喀左县小营子的紫土作原料，来料需经球磨粉碎，细度 -0.074mm 占 97% 以上，其化学组成为：SiO_2 60.7%、Al_2O_3 15.5%、Fe_2O_3 6.02%、CaO 3.45%、MgO 1.21%，烧失量 9.67%。

经试验，废矿渣饰面砖的理想配方为：废矿渣∶紫土＝（60～65）∶(40～35)。

13.4.2.2　生产工艺

废矿渣饰面砖试制工艺流程如图 13-5 所示。

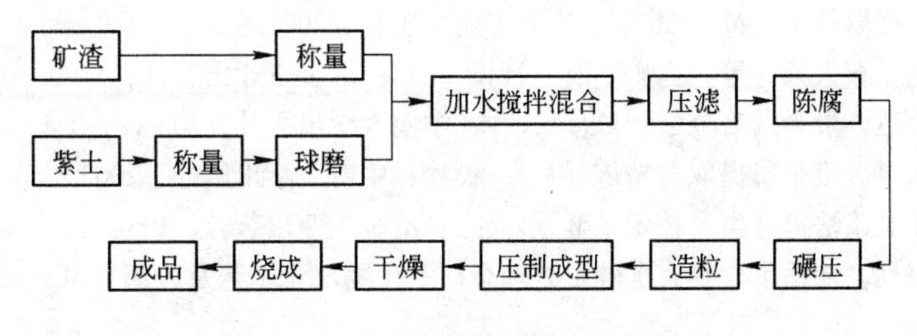

图 13-5　废矿渣饰面砖试制工艺流程

13.4.2.3　工艺条件

混合料造粒必须要有合理的颗粒级配和密实性。颗粒细度控制在小于 0.074mm 占 97%～98%，陈腐好的坯料经碾压后过筛，形成团粒，其大小为 0.25～2mm，团粒中粗、中、细的比例要适当。

加水量应控制在 5%～7%，并且水分要均匀分布。

合理控制成型压力和加压时间，必须保证空气的顺利排出。

干燥制度：干燥温度控制在 60～80℃，一般干燥时间 3～4h；坯体各部位在干燥时受热必须均匀，以防止收缩不均而造成开裂；坯体放置要平稳，以防产生变形。

烧成制度：在烧成阶段的低温阶段，升温速度可快些；在氧化分解阶段，为了使碳氧化和便于盐类分解，在 600～900℃采取强氧化措施和适当控制升温速度；在瓷化阶段，从 900℃到烧成温度（1100～1120℃）需低速升温，提高空气过剩系数，采用氧化保温措施；在高温保温阶段，保温时间为 1.5h；在冷却阶段，不过快冷却。

经烧结制成的饰面砖，密度为 2.19g/cm^3，吸水率为 6.07%，抗折强度为 26.85MPa，抗冻性、耐急冷急热性、耐老化等性能都超过规定标准。

参考文献

[1] 孙戬．金银冶金［M］．北京：冶金工业出版社，1998.

[2] 韦永福，吕英杰，等．中国金矿床［M］．北京：地震出版社，1994.

[3] 张根儒，等．金矿物研究［M］．长沙：中南工业大学出版社，1989.

[4] 薛光，任文生，薛元昕．金银湿法冶金及分析测试方法［M］．北京：科学出版社，2009.

[5] 徐敏时．黄金生产知识［M］．北京：冶金工业出版社，2007.

[6] 李培铮，吴延之．黄金生产加工技术大全［M］．长沙：中南工业大学出版社，1995.

[7]《选矿手册》编委会．选矿手册［M］．北京：冶金工业出版社，1991.

[8]《选矿设计手册》编委会．选矿设计手册［M］．北京：冶金工业出版社，1991.

[9]《黄金矿山实用手册》编委会．黄金矿山实用手册［M］．北京：中国工人出版社，1990.

[10] 黄礼煌．金银提取技术［M］．北京：冶金工业出版社，2001.

[11] 王岚，王永德，石大鑫，等．选矿手册［M］．北京：冶金工业出版社，1990.

[12] 卢宜源，宾万达．贵金属冶金学［M］．长沙：中南大学出版社，2004.

[13] 黎鼎鑫，王永录．贵金属提取与精炼［M］．长沙：中南大学出版社，2003.

[14] 张明朴．氰化炭浆法提金生产技术［M］．北京：冶金工业出版社，1994

[15] 杨松荣，邱冠周，胡岳华，等．含砷难处理金矿石生物氧化工艺及应用［M］．北京：冶金工业出版社，2006.

[16] 宋文代，范顺科．金银精炼技术和质量监督手册［M］．北京：冶金工业出版社，1998.

[17] 蔡树型，黄超．贵金属分析［M］．北京：冶金工业出版社，1984

[18] 吉林省冶金研究所．金的选矿［M］．北京：冶金工业出版社：1978.

[19] 王俊，等．炭浆提金工艺与实践［M］．北京：冶金工业出版社，2000.

[20] 徐晓军，白荣林，张杰，等．黄金及二次资源分选与提取技术［M］北京：化学工业出版社，2009.

[21] 马荣骏．离子交换在湿法冶金中的应用［M］．北京：冶金工业出版社，1991.

[22] 钱庭宝，刘维琳等．吸附树脂及其应用［M］．北京：化学工业出版社，1990.

[23] 李培铮．金银生产加工技术手册［M］．长沙：中南大学出版社，2003.

[24] 徐晓军，管锡君，羊依金．固体废物污染控制原理与资源化技术［M］．北京：冶金工业出版社，2007.

[25] 黄孔宣，柯家俊，等译．黄金提取新工艺［M］．北京：原子能出版社，1989.

[26] 中国科学院化工冶金研究所．黄金提取技术［M］．北京：北京大学出版社，2003.

[27] 赵捷，乔繁盛．黄金冶金［M］．北京：原子能出版社，1988.

[28] 林国进，赵洪克．堆浸法提金工艺与设计［M］．沈阳：东北大学出版社，1993.

[29] 宋建斌．低品位金矿石的浮选生产实践［J］．黄金，2005，26（4）：38～41.

[30] 南君芳，李林波，杨志祥．金精矿焙烧预处理冶炼技术［M］．北京：冶金工业出版社，2010.

[31] 夏光祥，等．难浸金矿提金新技术［M］．北京：冶金工业出版社，1996.

[32] 马斯列尼茨基．贵金属冶金学［M］．田玉芝，迟文礼，译．北京：原子能出版社，1992.

[33] 孙凯年，等．中国黄金生产实用技术［M］．北京：冶金工业出版社，2006.

[34] 徐惠忠．尾矿建材开发［M］．北京：冶金工业出版社，2000.

[35] 王伟之，张锦瑞，邹汾生．黄金矿山尾矿的综合利用［J］．黄金，2004（7）：43～45.

[36] 张锦瑞．矿产资源开发的生态学思考［J］．黄金科学技术，1999（8）：27～29.

[37] 李礼，谢超，等．金尾矿综合利用技术研究与应用进展［J］．资源开发与市场，2012（9）：816～818.

[38] 刘辰君．世界黄金储备的现状及对中国的启示［J］．金融论坛，2010（5）：14～16.
[39] 张凤霞，程佑法，张志刚，等．二次资源贵金属回收及检测方法进展［J］．黄金科学技术，2010（4）：75～79.
[40] 饶俊，张锦瑞，徐晖．酸性矿山废水处理技术及其发展前景［J］．矿业工程，2005（6）：47～49.
[41] 国家发改委．我国黄金地质勘察取得新进展［J］．中国贵金属，2007，（3）：27～28.
[42] 马尔斯顿 J O. 世界黄金加工技术概况［J］．李长根译．国外金属矿选矿，2007（1）：4～8.
[43] 王瑞山．对中国砂金矿床类型划分的商榷［J］．黄金科学技术，1994，（3）：10～15.
[44] 庞绪成，顾雪祥，崔仑．黄金矿业近年来的新进展［J］．中国矿业，2004，13（8）：9～12.
[45] 李德钧，张玉成．联合混汞回收金的试验研究及生产实践［J］．有色矿冶，2008，24（1）；20～22.
[46] 程红华，胡敏，罗仙平．我国褐铁矿型金矿的选矿和综合利用现状［J］．四川有色金属，2007（4）：8～12.
[47] 高志明，刘学杰．提高含银铅铜金矿石金回收率的研究与生产实践［J］．黄金，2005，26（4）：35～37.
[48] 拉伯迪 S R. 纵论金矿的各种分选加工处理方法［J］．国外金属矿选矿，1997（10）：21～36.
[49] 李德彻．采金船发展状况［J］．采金技术，1993（3）：14～16.
[50] 印万忠．黄金浮选工艺的最新进展［J］．黄金学报，2001，3（3）：187～191.
[51] 布鲁特维克 S M. 斑岩铜—金矿和难处理含金硫化物矿中金的浮选研究［J］．国外金属矿选矿，1998（1），19～26.
[52] 童雄．强化贵金属金的选矿、化学提取、微生物浸取和深加工的新技术与新工艺［J］．金属矿山，2005（B8）：95～100.
[53] 杨剧文，王二军．黄金选冶技术进展［J］．矿产保护与利用，2007（4）：34～38.
[54] 段玲玲，胡显智．硫代硫酸盐浸金研究进展［J］．湿法冶金，2007，26（2）：62～66.
[55] 罗斌辉．张家金矿硫脲提金工艺研究．湖南有色金属，2007，23（4）：8～11，55.
[56] 张艮林，童雄，徐晓军．氨性硫代硫酸盐浸金体系中氧化剂选择探讨［J］．金属矿山，2005，（11）：31～33.
[57] 王艳丽，黄英．硫脲提金技术发展现状［J］．湿法冶金，2005，24（1）：1～4.
[58] 张晓飞，柴立元，王云燕．硫脲浸金新进展［J］．湖南冶金，2003，31（6）：3～7.
[59] 孙家寿．难浸金矿石的生化处理［J］．矿产保护与利用，1994（5）.
[60] 许良江．立式压滤机用于脱水和洗涤作业［J］．有色金属（选矿部分），1999（5）.
[61] 黄志国．黄金矿山尾矿的再资源化［J］．中山大学研究生学刊，2007（1）：33～38.
[62] 张建军，杨根祥．黄金矿山尾矿的分类与开发利用［J］．沈阳黄金学院学报，1996（45）：28～31.
[63] 薛文平．黄金矿山固体废物的危害与资源再利用［J］．黄金，2004（2）：37～40.
[64] 陈平．汉阴黄金尾矿综合利用途径探讨［J］．金属矿山，2012（8）：160～163.
[65] 杨保成，任淑丽，宋殿举．浮选金精氰化尾矿的综合利用［J］．黄金，2004（3）：33～35.
[66] 索明武，任华杰．从库存金尾矿中回收金的实验研究［J］．金属矿山，2009（8）：167～169.
[67] 李国昌，王萍．黄金尾矿透水砖的制备及性能研究［J］．金属矿山，2006（6）：78～82.
[68] 姚志通，李金惠．黄金尾矿的处理及综合应用［J］．中国矿业，2011（12）：60～66.
[69] 王吉青，王萍．黄金生产尾矿综合利用的研究与应用［J］．黄金科学技术，2010（10）：87～89.
[70] 刘忠友，任国义，陈亚东．黄金老尾矿库尾矿利用技术的探讨［J］．现代矿业，2011（10）：72～74.
[71] 袁玲，孟杨，左玉明．黄金矿山尾矿资源回收和综合利用［J］．黄金，2010（2）：52～56.

[72] 牛桂强．焦家金矿尾矿综合利用的试验研究与生产实践 [J]．黄金，2009 (4)：42.
[73] 任忠富．黄金资源国内外供需形势分析及合理开发利用建议 [J]．黄金，2009 (12)：1~4.
[74] 金英豪，邢万芳，姚香．黄金尾矿综合利用技术 [J]．有色矿冶，2006 (5)：16~19.
[75] 徐惠忠．黄金尾矿用于生产建筑材料的技术和经济可行性研究 [J]．黄金，1996 (10) 17~21.
[76] 薛彦辉，薛大兵，周宝友．金尾矿综合利用技术的研究 [J]．黄金科学技术，2008 (5)：51~53.
[77] 焦瑞琦．金渠金矿尾矿资源综合回收研究与应用 [J]．中国矿山工程，2012 (2)：39~42.
[78] 朱仁锋，刘家弟，李宗站．金矿尾矿综合回收利用工艺技术研究 [J]．黄金，2011 (2)：53~55.
[79] 王学娟，刘全军，王奉刚．金矿尾矿资源化的现状和进展 [J]．矿冶，2007 (2)：64~67.
[80] 台明青，唐红雨，等．金矿废水和尾矿中氰化物的处理研究进展 [J]．中国资源综合利用，2007 (2)：22~25.
[81] 李志波．浅论微细粒浸染型岩金矿的选矿工艺 [J]．中国外资，2012 (1)：154.
[82] 宋翔宇．某氰化尾矿中金铜铅铁的综合回收试验研究 [J]．黄金，2012 (4)：39~42.
[83] 张宝丽．某黄金矿山尾矿综合利用研究 [J]．黄金，2012 (4)：41~44.
[84] 陈瑞文，林星泵，等．利用黄金尾矿生产窑变色釉陶瓷 [J]．工业与实践，2007 (4)：1~4.
[85] 丁亚斌，吴卫平．利用黄金尾矿生产加气混凝土砌块 [J]．新型建筑材料，2009 (12)：38~40.
[86] 林积梁．利用黄金尾矿和瓷土尾矿生产加气混凝土砌块的探讨及实践 [J]．福建建材，2009 (6)：39~42.